U0142253

Mechanics of Sediment Transport

泥沙運行學

五南圖書出版公司 印行

詹錢登　著

序 言

序 言

　　泥沙運行學是研究泥沙在流體中沖刷搬運和沉積的規律。和泥沙運移相關的問題非常廣泛，包括集水區泥沙沖蝕與生產、河道沖刷與淤積、水庫淤積與排沙、河口與海灘沖淤變遷、海岸漂沙等等。泥沙運動具有高度的複雜性，在觀測上也非常困難，在基本觀念上仍然存有許多不同的看法，因此泥沙運行學是一門非常重要但不容易學習的知識。

　　筆者於 1982 年在臺灣大學土木研究所就讀時，承蒙恩師盧衍祺及林銘崇教授的指導，開始學習河道輸沙及海岸漂沙的相關知識，進行水槽實驗探討波浪作用下沙波之特性，於 1984 年完成碩士論文。服完兩年兵役後，回到臺大土木系擔任助理，在林銘崇及楊德良兩位教授指導下進行濁水溪河口淤沙問題之研究，期間也曾經向當時剛從美國愛荷華大學畢業回國任教的李鴻源教授學習泥沙運行學。1988 年幸運獲得教育部公費補助到美國加州大學柏克萊校區攻讀博士學位，在美國工程院士沈學汶教授（Prof. Shen, Hsieh-Wen）的指導下學習河道輸沙專業知識；就讀期間協助沈教授執行美國地調所（USGS）之委託計畫，因而有機會向美國地調所陳振隆博士（Dr. Chen, Cheng-lung）學習土石流知識。1992 年完成博士學位後，回國到成功大學水利系服務，繼續從事河道輸沙與土石流的教學與研究工作；服務期間經常受惠於系上同事蔡長泰及謝正倫教授的指導，讓筆者有更多機會了解河道輸沙與土石流方面的問題。

　　有鑒於泥沙運動的複雜性，泥沙運動存在許多不同的看法，同一個問題也有許多不同的理論及經驗公式，不利於初學者的學習。因此，筆者想以河道泥沙為對象，將多年來在研究所的教學

講義及研究成果彙編撰寫成冊，希望以簡單易懂的方式介紹河道泥沙的基本性質、泥沙在水裡的沉降速度、水流的基本特性、泥沙起動規律、沙波運動、水流阻力、推移質及懸移質運動等等與泥沙輸沙相關的知識。本書在編寫過程中力求深入淺出、簡單易懂，相關公式的推導盡量詳細清楚些，以利於大學以上具有理工背景的學生學習，甚至也可以自修學習。書中的內容當然也可提供給實務工程師作為泥沙問題分析之參考。此外，書中有許多的示意圖是筆者研究室助理鄧鈺潔小姐及其他學生協助完成的，特此誌謝。由於作者知識有限，書中不足或缺漏之處在所難免，敬請惠予指正。

詹 錢 登
成功大學水利系

目　錄

序言

Chapter *1*

緒　論

　　泥沙運動力學是探討泥沙在流體中沖刷、搬運和沉積的規律。泥沙運移的分類，以地理位置而言，大致可區分為：集水區產沙（Sediment yield）、河道輸沙（River sediment transport）及海岸漂沙（Coastal sediment transport）。以泥沙顆粒性質而言，大致可區分為：黏性泥沙運移（Cohesive sediment transport）、非黏性泥沙運移（Noncohesive sediment transport）。以泥沙濃度而言，大致可區分為：挾沙水流（Sediment-laden flow）、高含沙水流（Hyperconcentrated flow）及土石流（Debris flow）。以泥沙運動方式而言，大致可區分為：懸浮載（Suspended load）及推移載（Bed load）。因此泥沙運行學相關問題及可能應用對象包括集水區泥沙沖蝕、河道輸沙、河道沖淤、河道形狀變遷、水庫淤積、水庫排沙、河口沖淤、海岸漂沙、海灘變遷、港灣淤積及海岸線沖淤變化等等。此外，近年來也有人開始重視及研究海底泥沙的運移情形，美國太空總署（NASA）甚至開始去探討火星上的液體流動與土壤運移。

　　河道中的泥沙搬運及海灘水裡的漂沙現象是最常見的泥沙運動現象，水流帶動泥沙在運動；海灘邊風吹沙現象及沙漠上風吹沙現象也是泥沙運動的一種，空氣流動帶動泥沙在運動。無論在水裡或者在空氣中，流體中的泥沙運動是屬於流體與泥沙兩相流的範疇，泥沙在流體的作用下發生運動，而泥沙的運動又反過來影響流體的運動行為，兩者互相制約，互相影響。然而，要以兩相流來分析泥沙的運動現象，非常複雜，不容易處理，因此一般大多是以單相流的方式。以河道水流為例，在河流含沙較少時，一般只考慮泥沙在水流作用下的規律，而忽略泥沙運動對水流的反作用。河道泥沙運動中，最重要的是靠近床面的區域，在這個區域裡的流速梯度和含沙量梯度都比較大，水流的勢能在此集中轉化為紊動的動能，床沙和推移質之間以及推移質和懸移質之間的交換均在此進行。這個區域不是很大，一般不到水深的十分之一。由於這個區域的厚度很小，因此也非常不容易進行量測。

　　在河道的水流過程中，假如底床及邊界都固定不動，不受水流影響，我們將此水流現象稱為定床水流，反之稱為動床水流。在河道定床水流的情況下，我們一般把河道的底床糙率視為常數；但對於動床河道水流，河

道邊界在水流的作用下可以發生不同大小的變化，造成河道底床糙率不再是定值，而是隨水流強度、泥沙運動多寡及床形變化大小而有所改變，其結果反過來影響到水的流動情形。

　　泥沙運動現象本身具有高度的複雜性，由於量測困難，缺乏大量的實測資料，因此對於泥沙運動機制的基本觀念存在許多不同的看法，對同一個泥沙問題可以有許多不同的泥沙輸送計算公式。因此泥沙運動學的研究主要在於取得精確可靠之實驗資料，做出深入細緻的分析，以了解泥沙運動的內在機理，進而建構計算泥沙運移量的相關公式，或者對於已有之泥沙運動公式，進行一番對比、轉化或綜合的工作，去粗求精，去偽存真，建構理論上或者實驗上更可靠之計算公式或計算方法。

　　本書以河道泥沙運移為主要內容，共十一章，以簡單易懂的方式介紹泥沙的基本性質、泥沙在水裡的沉降速度、水流的基本特性、泥沙起動規律、沙波運動、水流阻力、推移質運動、懸移質運動，以及輸沙量計算公式。同時，在偶數章的最後一節，簡要介紹沈學汶、楊志達、錢寧、甘洒迪及愛因斯坦這五位傑出泥沙研究學者的生平給讀者認識，除了景仰前輩們治學之風範之外，期能使讀者有見賢思齊的效果。本書所介紹的泥沙運移知識，潛在應用對象包括：地表沖蝕、河道輸沙、河道形狀變遷、河口海灘變遷、海岸漂沙及海岸沖淤、港灣淤積、水庫淤積及水庫排沙等常見的問題。

Chapter *2*

泥沙及渾水的性質

　　本書所謂的泥沙是指受水流、風力、波浪、冰川及重力作用移動或移動後沉積下來的固體顆粒碎屑。在分析泥沙運動前，我們需要先了解泥沙的性質。泥沙的基本性質可分為單一顆粒的性質及群體顆粒的性質，如圖2.1 所示。單一顆粒的性質包括：(1) 顆粒大小（粒徑）、(2) 顆粒形狀、(3) 礦物組成（比重）、(4) 表面組織、(5) 沉降速度；群體顆粒的性質包括：(1) 粒徑分布、(2) 孔隙率、(3) 滲透率、(4) 安息角。

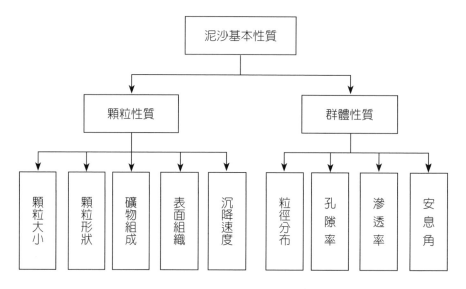

圖 2.1　泥沙基本性質分類

2.1　泥沙的顆粒特性

⧖ 2.1.1　粒徑大小的重要性

　　泥沙顆粒的大小，簡稱粒徑或粒徑大小，是泥沙顆粒性質中最重要之性質，因為：

　　1. 泥沙粒徑的範圍非常廣，很小的泥沙（如黏土，Clay），粒徑大約只有 0.001 mm；很大的泥沙（如漂石，Boulder），粒徑大約有 1,000 mm

甚至更大，泥沙粒徑大小可相距百萬倍。

2. 在泥沙的運動與沉積過程中，泥沙顆粒的重量及流體作用於泥沙顆粒的作用力（拖曳力及上舉力）是兩個非常重要的因素，因為泥沙顆粒的重量與泥沙粒徑的三次方成正比，流體作用於泥沙顆粒的作用力則與泥沙粒徑的二次方成正比。例如，泥沙顆粒大小相差 10 倍，顆粒表面積大約相差 100 倍，流體作用於顆粒上的拖曳力也可能相差 100 倍，泥沙顆粒的重量則可能相差 1,000 倍，由此可知泥沙顆粒大小的重要性。河道中泥沙粒徑的變化幅度非常大，如圖 2.2 所示，由極細的黏土（Clay）或粉沙（Silt）到較大的礫石（Gravel）或漂石（Boulder），他們粒徑大小可相差百萬倍以上，因此在泥沙的重量及流體作用在泥沙的外力方面，粒徑大小所造成的影響遠大於泥沙顆粒形狀、比重及顆粒表面之影響。

3. 泥沙表面的物理化學作用也與泥沙顆粒的大小有密切之關係。因為泥沙表面常吸附一薄層水膜，其厚度約 0.1 微米（μm，百萬分之一米）左右。對於粗顆粒泥沙而言，水膜所占有之體積遠小於泥沙體積，因此水膜對於粗顆粒泥沙的運動與沉積影響很小。但是對於細顆粒泥沙（例如粉沙或黏粒），水膜所占體積與泥沙體積大小相當，特別是粒徑小於 0.1 μm 的細黏粒（Fine clay），水膜不但和顆粒不可分離，而且對泥沙顆粒的運動或沉積也起了決定性的作用。

4. 泥沙顆粒的礦物組成及形狀也與泥沙顆粒的大小有密切之關係。粒徑 2 mm 以上的泥沙顆粒常為多礦質結構，粒徑 0.05～2 mm 的沙粒常為單礦質結構，粒徑 0.005～0.05 mm 的粉粒常為抗風化能力較強之礦質（如石英）所組成。泥沙顆粒的圓度和球度也常與其粒徑大小有密切的關係，粗顆粒泥沙比細顆粒泥沙更接近球體。

(a) 高雄市小林村附近（2015 年拍攝）

(b) 高雄市拉庫斯溪接近（2015 年拍攝）

圖 2.2　旗山溪低流量河床景象，河床上包含巨石、卵石、礫石、沙、粉沙及黏土等各種不同大小及形狀之泥沙

⌛ 2.1.2　粒徑的量測

　　一般天然泥沙的形狀常常不是球體，而是具有不規則之形狀，因此表示泥沙顆粒粒徑之大小時，須選擇或決定泥沙的代表粒徑。一般表示泥沙代表粒徑的方法有：軸平均粒徑、篩孔粒徑、等容粒徑、沉降粒徑及雷射

分析粒徑，如表 2.1 所示。對於卵石以上的泥沙較適合用軸平均粒徑表示；
對於細沙至卵石之間的粒徑，一般採用篩孔粒徑表示；自細沙以下，由於
無法直接量測泥沙粒徑，則多用沉降粒徑表示，或者利用光散射法（Laser
scattering）來分析泥沙顆粒大小組成百分比，然後推求泥沙顆粒代表粒徑。

　　對於卵石以上的泥沙，直接量測泥沙顆粒三個正交的長、中、短三軸
長度 a、b、c 來計算，求取其算術平均值或幾何平均值。對於細沙至卵石
之間的粒徑，一般採用篩孔粒徑表示。泥沙經過篩分析後，介於上下兩篩
網（篩孔大小分別為 d_1 及 d_2）間的泥沙顆粒大小，可以算術平均值或幾
何平均值求取其代表之粒徑大小。表 2.2 及 2.3 分別列出美國標準粗篩網及
細篩網之編號及篩網大小。粗篩網的編號是以英制篩網大小（英寸）直接
稱呼，細篩網的編號則是以代碼編號稱呼。例如編號 10 號的篩網大小是 2
mm，而編號 200 號的篩網大小是 0.074 mm。

表 2.1　表達泥沙顆粒粒徑大小的方法

代表粒徑	說明
軸平均粒徑（Triaxial diameter）	對於卵石以上的泥沙，直接量測泥沙顆粒三個正交的長、中、短三軸長度 a、b、c 來計算，求取其算術平均值或幾何平均值，即 $d = (a+b+c)/3$ 及 $d = \sqrt[3]{abc}$。
篩孔粒徑（Sieve diameter）	對於細沙至卵石之間的粒徑，一般採用篩孔粒徑表示。泥沙經過篩分析後，介於上下兩篩網（篩孔大小分別為 d_1 及 d_2）間的泥沙，求取其算術平均值或幾何平均值，即 $d = (d_1+d_2)/2$ 或 $d = \sqrt{d_1 d_2}$。
等容粒徑（Nominal diameter）	量測泥沙單一顆粒的體積 V，用同體積的球體直徑來表示泥沙顆粒的大小，即等容粒徑 $d_n = \sqrt[3]{6V/\pi}$ 或 $d_n = \sqrt[3]{6abc/\pi}$。
沉降粒徑（Fall diameter）	自細沙以下，由於無法直接量測泥沙粒徑，根據泥沙的沉降速度反求與該泥沙顆粒相同比重、相同沉速的球體直徑，以此球體直徑代表泥沙粒徑。
雷射分析粒徑	泥沙太小不能直接量測粒徑時，可用光散射法雷射粒徑分析儀（Laser diffraction particle size analyzer）來分析泥沙顆粒大小組成百分比，然後推求其代表粒徑。

表2.2　美國標準粗篩網之編號及篩網大小

篩網編號	篩網大小（mm）	篩網編號	篩網大小（mm）
#4″	100	#3/4″	19.0
#3-1/2″	90	#5/8″	16.0
#3″	75	#0.53″	13.2
#2-1/2″	63	#1/2″	12.5
#2.12″	53	#7/16″	11.2
#2″	50	#3/8″	9.5
#1-3/4″	45	#5/16″	8.0
#1-1/2″	37.5	#0.265″	6.7
#1-1/4″	31.5	#1/4″	6.3
#1.06″	26.5	#1/8″	3.17
#1″	25	—	—
#7/8″	22	—	—

表2.3　美國標準細篩網之編號及篩網大小

篩網編號	篩網大小（mm）	篩網編號	篩網大小（mm）
#3-1/2	5.60	#45	0.355
#4	4.75	#50	0.300
#5	4.00	#60	0.250
#6	3.35	#70	0.212
#7	2.80	#80	0.180
#8	2.36	#100	0.150
#10	2.00	#120	0.125
#12	1.70	#140	0.106
#14	1.40	#170	0.090
#16	1.18	#200	0.074
#18	1.00	#230	0.062
#20	0.85	#270	0.053
#25	0.710	#325	0.045
#30	0.600	#400	0.038
#35	0.500	#450	0.032
#40	0.425	#500	0.025

此外，光散射儀器使用單一波長的雷射光、X 光或中子射線照射在分散在液相中的待測粒子表面，量測在幾個反射角的反射光強度，或者固定在某一個角度量測反射光強度的衰變情形，再配合理論分析模式，

便可以得到粒子的平均大小及分布。光散射法可測量的粒徑範圍大約介於 0.01～3000 μm 之間。常見的雷射粒徑分析儀（Laser diffraction particle size analyzer）就是利用光散射法分析細顆粒泥沙粒徑大小及分布。

2.1.3　泥沙的分類

泥沙粒徑的變化幅度非常大，小至黏土，大至巨石，因此需要加以分類。學者 Krumbein 於 1936 年建議將泥沙粒徑 d，以毫米（mm）為單位，用二進位對數來表達粒徑大小，即以 ϕ 尺度法來表示泥沙粒徑之大小。

$$\phi = -\log_2 d = -\frac{\log d}{\log 2} = -3.322 \log d \qquad (2.1)$$

例如：

d (mm)	16	8	4	2	1	0.5	0.25	0.125	0.625
ϕ	-4	-3	-2	-1	0	1	2	3	4

使用 ϕ 尺度法來描述泥沙粒徑大小，它的好處是在區分泥沙分類時省去一些極小或極大的數字，而以簡單的整數從 -12～12 進行泥沙分類，如表 2.4 所列。美國地球物理學會（American Geophysical Union, AGU）將泥沙粒徑大小以毫米（mm）為單位，然後按指數 ϕ 的大小，由 -12～12，將極細的泥沙（$\phi = 12$）至極大的泥沙（$\phi = -12$）區分為黏土（Clay）、粉沙（Silt）、沙（Sand）、礫石（Gravel）、卵石（Cobble）及巨石（Boulder）等六大類，如表 2.4 所列。黏土粒徑的 ϕ 值介於 8～12 之間，沙粒徑的 ϕ 值介於 -1～4 之間，巨石的 ϕ 值介於 -8～-12 之間，如圖 2.3 所示。使用 ϕ 尺度來描述泥沙粒徑大小，另外一個好處在於繪製泥沙粒徑分布圖時，只要使用一般算術座標即可，不需要使用對數座標系統。

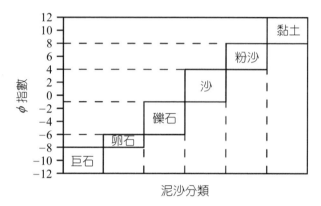

圖 2.3　按照 φ 指數將泥沙分成六大類

表 2.4　六大類泥沙分類之粒徑基準

名稱		AGU 之分類	粒徑範圍（mm）		指數 φ
巨石 Boulders	巨礫石	Very large boulders		4096～2048	−12～−11
		Large boulders		2048～1024	−11～−10
		Medium boulders		1024～512	−10～−9
		Small boulders		512～256	−9～−8
卵石 Cobbles	大礫石	Large cobbles		256～128	−8～−7
		Small cobbles		128～64	−7～−6
礫石 Gravels	中礫石 Pebbles	Very coarse gravels		64～32	−6～−5
		Coarse gravels		32～16	−5～−4
		Medium gravels		16～8	−4～−3
		Fine gravels		8～4	−3～−2
	細礫石	Very fine gravels		4～2	−2～−1
沙 Sands	極粗沙	Very coarse sands	2～1	2～1	−1～0
	粗沙	Coarse sands	1～1/2	1～0.5	0～1

名稱		AGU 之分類	粒徑範圍（mm）		指數 ϕ
	中沙	Medium sands	1/2～1/4	0.5～0.25	1～2
	細沙	Fine sands	1/4～1/8	0.25～0.125	2～3
	微細沙	Very fine sands	1/8～1/16	0.125～0.062	3～4
粉沙 （壤土） Silt	粗粒粉沙	Coarse silt	1/16～1/32	0.062～0.031	4～5
	中粒粉沙	Medium silt	1/32～1/64	0.031～0.016	5～6
	細粒粉沙	Fine silt	1/64～1/128	0.016～0.008	6～7
	微細粒粉沙	Very fine silt	1/128～1/256	0.008～0.004	7～8
黏土 Clay	粗粒黏土	Coarse clay	1/256～1/512	0.004～0.002	8～9
	中粒黏土	Medium clay	1/512～1/1024	0.002～0.001	9～10
	細粒黏土	Fine clay	1/1024～1/2048	0.001～0.0005	10～11
	微細粒黏土	Very fine clay	1/2048～1/4096	0.0005～0.00024	11～12

⏳ 2.1.4 泥沙的形狀

　　一般情況下泥沙的外觀形狀不是球體形狀，而是各種可能的不規則形狀。表達泥沙顆粒外觀形狀接近球體形狀的參數可分為：(1) 形狀係數 SF（Shape factor）、(2) 球度係數 S_p（Sphericity）、(3) 扁度率 F（Flatness ratio）、(4) 圓度 C_i（Circularity）及 (5) 圓滑度 R_0（Roundness）五種參數，它們的定義及說明，列於表 2.5。另外，還有顆粒外觀的稜角性（Angularity），這部分比較複雜一些，不在此深入討論。

　　除了扁度率，表 2.5 中各參數值均介於 0～1 之間；球體是 1，離球體愈遠，其值就愈接近於 0。球體的 $SF = 1$、$S_p = 1$、$C_i = 1$ 及 $R_0 = 1$。正八面體（Regular octahedron）、正方體（Cube）及正四面體（Regular tetrahedron）的球度係數 S_p 分別為 0.846、0.806 及 0.670。1949 年 Corey 的碩士論文及 1950 年 McNown 和 Malaika 曾經以顆粒正交的長、中、短三軸的長度值 a、b、c 來計算不規則形狀顆粒的形狀係數 SF，其定義如下：

$$SF = \frac{c}{\sqrt{ab}} \tag{2.2}$$

上式有時被稱為 Corey shape factor，這個公式被廣泛使用來評估泥沙顆粒的形狀。形狀係數 SF 是影響泥沙沉降速度及影響泥沙運動的重要參數，也是實務上最為常用之形狀參數。一般河道泥沙的形狀係數介於 0.3～1.0 之間，大多接近於 0.7。

表 2.5　表達泥沙顆粒外觀形狀之相關係數

特徵	定義	說明
形狀係數 SF	$SF = c / \sqrt{ab}$	a、b 及 c 分別為泥沙顆粒的長軸、中軸及短軸。
球度係數（I）S_p	$S_p = A_0 / A$	A 為泥沙顆粒之表面積；A_0 為與沙粒同體積的球體表面積。
球度係數（II）S_p	$S_p = \left(\dfrac{b}{a}\right)^{2/3} \left(\dfrac{c}{b}\right)^{1/3}$	由於泥沙顆粒表面積不容易求得，原定義之球度係數無法求得。Zingg 於 1935 年建議以較簡單的公式推估球度係數。
球度係數（III）S_p	$S_p = \dfrac{d_n}{a}$	由於顆粒表面積求取有困難，原定義之球度係數無法求得。改用體積比計算球度係數，$S_p =$（顆粒體積／顆粒外切球體積）$^{1/3}$。若 d_n 為等容粒徑，a 為長軸，則可簡化為 $S_p = d_n / a$。
扁度率 F	$F = (a + b) / 2c$	扁度率 $F \geq 1$，球體 $F = 1$，顆粒愈扁 F 值愈大。自然泥沙的 F 值介於 1.05～10 之間。
圓度 C_i	$C_i = P_0 / P$	P 為泥沙投影面積之周邊長；P_0 為與泥沙投影面積相同面積之圓的周邊長。
圓滑度 R_0	$R_0 = \gamma_0 / R$	R 為內接於泥沙顆粒最大投影面積之最大內切圓半徑；γ_0 為泥沙顆粒在同一平面上各稜角之平均曲率半徑。

　　球度係數是描述顆粒接近球體的程度。不同形狀的顆粒在相同體積之下以球體狀的顆粒具有最小的表面積。Wadell 定義的球度係數 S_p：和顆粒相同體積的球體表面積 A_0 與顆粒實際表面積 A 之比值，即

$$S_p = A_0 / A \qquad\qquad (2.3)$$

例如：球體、正十二面體、正八面體、正六面體及正四面體的球度係數分別為 1.0、0.906、0.846、0.806 及 0.670。但是實際上泥沙顆粒的實際表面

積不容易求得，甚至無法求得，導致無法計算原先定義之 Wadell 球度係數。瑞士學者 Zingg 在 1935 年提出按照顆粒長、中、短三軸長度計算不規則顆粒的球度係數 S_p：

$$S_p = \sqrt[3]{\left(\frac{b}{a}\right)^2 \left(\frac{c}{b}\right)} \qquad （2.4(a)）$$

上列方程式顯示軸比值 b/a 及 c/b 愈小，對應之球度係數 S_p 就愈小；此方程式也顯示造成球度很小的原因可能是比值 b/a 很小（如：柱狀）或 c/b 很小（如：盤狀），或兩者都小（如：片狀）。給定一個特定 S_p 值，前述方程式可以改寫為

$$\left(\frac{b}{a}\right) = S_p^{3/2} \left(\frac{c}{b}\right)^{-1/2} \qquad （2.4(b)）$$

給定一個特定 S_p 值後，可繪製顆粒三軸長度相對大小與球度係數之關係圖，如圖 2.4 所示。

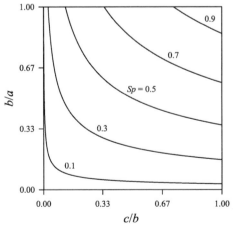

圖 2.4　顆粒三軸長度相對大小與球度係數之關係圖

　　除了球度係數之外，顆粒三軸長度之間的相對大小也可以用來區分顆粒的其他形狀特性。Zingg 曾經按照 b/a 及 c/b 之間的相對大小，將顆粒形

狀區分為：球狀（Spheroid）、盤狀（Disc）、柱狀（Roller）及片狀（Blade）
等四種。我們可將其再細分為：球狀、盤狀、厚盤狀、柱狀、短柱狀、片
狀、寬片狀、厚片狀及板狀等九種，如圖 2.5 所示。

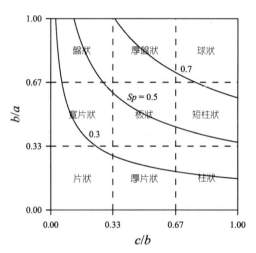

圖 2.5　依據顆粒三軸長度相對大小區分顆粒形狀

例題 2.1

　　有一個正方體，它的表面是由六個正方形所組成，當其邊長為 R
時，所對應之表面積 $= 6R^2$，體積 $= R^3$。試推求此正方體的球度係
數及形狀係數。

答：

(1) 與立方六面體同體積的球體半徑 $R_0 = (3 / 4\pi)^{1/3} R$。

(2) 與正方體同體積的球體表面積 $A_0 = 4\pi R_0{}^2 = 4\pi (3 / 4\pi)^{2/3} R^2$。

(3) 球度係數 $S_p = \dfrac{A_0}{A} = \dfrac{4\pi (3 / 4\pi)^{2/3}}{6} \approx 0.806$。

(4) 正方體長軸 $a = \sqrt{2}R$、中軸 $b = \sqrt{2}R$ 及短軸 $c = R$，用公式
　　$S_p = (b / a)^{2/3}(c / b)^{1/3} \approx 0.891$，此答案略大於原定義之答案。

(5) 形狀係數 $SF = c / \sqrt{ab} = 1 / \sqrt{2} = 0.707$。

(6) 扁度率 $F = (a + b) / 2c = \sqrt{2} = 1.414$。

由於不容易求得泥沙顆粒的表面積，原定義之球度係數不容易直接求得，因此也有另以顆粒體積比來計算球度係數：

$$S_p = \left(\frac{顆粒體積}{顆粒外切球體積}\right)^{1/3} = \frac{d_n}{a} \qquad (2.5)$$

其中 d_n 為等容粒徑，a 為長軸。

例題 2.2

有一個立方八面體（Cuboctahedron），它的表面是由六個正方形及八個正三角形所組成，當其外接圓半徑為 R 時，所對應之表面積 $= (6 + 2\sqrt{3})R^2$，體積 $= (5\sqrt{2}/3)R^3$，正方形邊長 $= (2\sqrt{6}/3)R$ 及正三角形邊長 $= \sqrt{2}R$。試推求此立方八面體的球度係數及形狀係數。

答：

(1) 與立方八面體同體積的球體半徑 $R_0 = (5\sqrt{2}/4\pi)^{1/3}R$。

(2) 與立方八面體同體積的球體之表面積

$A_0 = 4\pi R_0^2 = 4\pi(5\sqrt{2}/4\pi)^{2/3}R^2$。

(3) 球度 $S_p = \dfrac{A_0}{A} = \dfrac{2\pi(5\sqrt{2}/4\pi)^{2/3}}{(6 + 2\sqrt{3})} \approx 0.905$。

(4) 立方八面體長軸 $a = 2R$、中軸 $b = 2R$ 及短軸 $c = \sqrt{2}R$，用公式 $S_p = (b/a)^{2/3}(c/b)^{1/3} \approx 0.891$，兩個答案相近。

(5) 形狀係數 $SF = c/\sqrt{ab} = 1/\sqrt{2} = 0.707$。

(6) 扁度率 $F = (a + b)/2c = \sqrt{2} = 1.414$。

⧖ 2.1.5 泥沙的礦物組成

泥沙源於岩石風化，而岩石則為不同礦物的混合體，因此泥沙的礦物組成也就不止一種。組成岩石的主要礦物為：長石、石英、輝石、角閃石、雲母石、橄欖石、碳酸化物、高齡土、氧化鐵等九種，如表 2.6 所示。一般而言 2 mm 以上的粗顆粒泥沙，所含礦物可能不止一種，但 2 mm 以下

細顆粒泥沙則多半為單一礦物體。因為石英及長石是組成泥沙的兩種最主要礦物，因此泥沙的組成成分雖然複雜，但它的比重一般介於 2.60～2.70 之間。泥沙顆粒的單位重 γ_s 可假定為 26.0 kN/m^3（2,650 kg/m^3×9.81 m/s^2 = 26.0 kN/m^3）。此外，泥沙顆粒的表面組織大致可分為(1)光滑或暗淡，及(2)平整或粗糙。

表 2.6 組成岩石的主要礦物（錢寧及萬兆惠，1991）

名稱	種類	分子式	色體	硬度	比重
長石	正長石	KAlSi$_3$O$_8$	紅、粉紅	6.0	2.56
	斜長石	NaAlSi$_3$O$_8$ CaAl$_2$Si$_2$O$_8$	白、灰	6.0	2.70
石英	—	SiO$_2$	白	7.0	2.66
輝石	透輝石	CaMg(SiO$_3$)$_2$	綠、黑	5.5	3.40
	紫蘇輝石	(Mg, Fe)SiO$_3$			3.40
	斜輝石	(Al, Fe)SiO$_3$			3.30
角閃石	透閃石	Ca$_2$Mg$_5$Si$_8$O$_{22}$(OH)$_2$	綠、黑	5.5	3.00
	陽起石	Ca$_2$(Mg, Fe)$_5$Si$_8$O$_{22}$(OH)$_2$			3.10
雲母石	白雲母	KAl$_2$(Si$_3$Al)O$_{10}$(OH)$_2$	無色	2.8	2.85
	黑雲母	K$_2$(Mg, Fe)$_6$(SiAl)$_8$O$_{20}$(OH)$_4$	黑、棕、綠		3.15
橄欖石	—	(Mg, Fe)$_2$SiO$_4$	綠、黃	6.8	3.30
碳酸化物	方解石	CaCO$_3$	無色	3.0	2.72
	白雲石	CaMg(CO$_3$)$_2$	白、灰	3.8	2.87
	菱鐵礦	FeCO$_3$	棕、黃灰	3.8	3.85
高嶺土	—	Al$_2$Si$_2$O$_5$(OH)$_4$	白、灰、棕、黑	1.8	2.60
氧化鐵	赤鐵礦	Fe$_2$O$_3$	紅、棕、灰	5.8	4.30
	褐鐵礦	2Fe$_2$O$_3$·3H$_2$O$_3$	黃、棕	5.3	3.80

⌛ 2.1.6 泥沙的沉降速度

泥沙在流體中的沉降速度是泥沙運動特徵的一個重要物理量，所謂泥沙的沉降速度是指在靜止流體中做等速沉降運動時的速度。在靜止的流體中放入一顆泥沙讓泥沙做沉降運動，剛開始的時候，泥沙由於受到重力作用，沉降的速度由零逐漸加大，屬於加速度運動。泥沙在沉降過程除了受到重力的影響之外，也會受到流體阻力的作用，流體阻力和泥沙沉降的速度成非線性正比關係；當沉降的速度愈大時，流體阻力也愈大，當流體阻力與重力作用平衡時，泥沙將做等速沉降運動。一般將等速沉降運動時的速度簡稱為沉降速度（Fall velocity）。沉降速度的理論分析及相關經驗公式將在第三章說明。

2.2 泥沙的群體特性

通常所謂的泥沙並非指單一顆粒的泥沙，而是指無數不同大小、不同形狀及不同礦質的泥沙顆粒所組成的混合體。因此對於一堆的泥沙顆粒而言，它們所呈現之群體特性包含：粒徑分布、代表粒徑、排列方位、孔隙率、滲透率及安息角等等。

⌛ 2.2.1 粒徑分布

表示泥沙顆粒級配的常用方法為梯級頻率圖（Histogram）、頻率曲線（Frequency curve）及累積頻率曲線（Cumulative frequency curve）。梯級頻率圖以泥沙粒徑為橫座標，以頻率百分比為縱座標。頻率百分比可以用重量（或顆粒數目）計算。例如，有一堆 1,000 公克重的泥沙，泥沙粒徑分析結果如表 2.7 所示：粒徑介於 0～14 mm 之間，其中粒徑小於 2 mm 的泥沙占 1%、2～4 mm 的泥沙占 6%、4～6 mm 的泥沙占 20%、6～8 mm 的泥沙占 40%、8～10 mm 的泥沙占 26%、10～12 mm 的泥沙占 5%、12～14 mm 的泥沙占 2%，沒有大於 14 mm 的泥沙。此堆泥沙的梯級頻率圖、密

度曲線及累積頻率曲線如圖 2.6 所示。

表 2.7　泥沙粒徑分析

區間 （mm）	寬度 （mm）	中值 （mm）	量 （g）	量／寬 （g/mm） 密度	量 （%）	量／寬 （%/mm） 密度	累積頻率 （%）
0～2	2	1	10	5	1	0.5	1
2～4	2	3	60	30	6	3	7
4～6	2	5	200	100	20	10	27
6～8	2	7	400	200	40	20	67
8～10	2	9	260	130	26	13	93
10～12	2	11	50	25	5	2.5	98
12～14	2	13	20	10	2	1	100

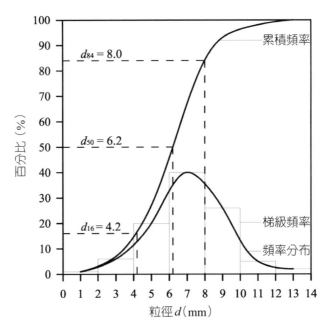

圖 2.6　泥沙粒徑梯級頻率、頻率分布及累積頻率圖

例題 2.3

以兩顆不同大小的泥沙為例，它們的粒徑分別為 d_1 和 d_2，試說明它們的算數平均粒徑 d_a 比幾何平均粒徑 d_g 大，並計算它們的表面積平均粒徑 d_{area} 及體積平均粒徑 d_{vol}。

答：

(1) 兩顆泥沙的算數平均粒徑 $d_a = (d_1 + d_2) / 2$。

(2) 幾何平均粒徑 $d_g = \sqrt{d_1 d_2}$。

(3) 考慮放在床面上兩顆不同大小的球狀顆粒，粒徑分別為 d_1 和 d_2；當兩球相切時，兩個球心的距離恰好等於它們的算數平均粒徑，兩個球心之間的水平距離恰好等於它們的幾何平均粒徑。顯然 d_a 比 d_g 大，因為 d_a 是直角三角形的斜邊，而 d_g 是直角三角形的直角邊（股），由三角形畢氏定理可知 d_a 比 d_g 大。

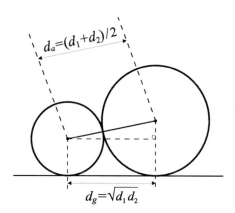

(4) 表面積平均粒徑 $d_{area} = \sqrt{(d_1^2 + d_2^2) / 2}$。

(5) 體積平均粒徑 $d_{vol} = \sqrt[3]{(d_1^3 + d_2^3) / 2}$。

例題 2.4

考量五顆不同大小的球狀泥沙，它們的粒徑分別為 1、2、3、4 和 5 mm，試計算它們的算數平均粒徑 d_a、幾何平均粒徑 d_g、表面積平均粒徑 d_{area} 及體積平均粒徑 d_{vol}。

答：

(1) 算數平均粒徑

$d_a = (1 + 2 + 3 + 4 + 5) / 5 = 3$ mm。

(2) 幾何平均粒徑

$d_g = \sqrt[5]{1 \times 2 \times 3 \times 4 \times 5} \approx 2.605$ mm。

(3) 表面積平均粒徑

$d_{area} = \sqrt{(1^2 + 2^2 + 3^2 + 4^2 + 5^2) / 5} \approx 3.317$ mm。

(4) 體積平均粒徑

$d_{vol} = \sqrt[3]{(1^3 + 2^3 + 3^3 + 4^3 + 5^3) / 5} \approx 3.557$ mm。

(5) 比較計算結果顯示 $d_{vol} > d_{area} > d_a > d_g$。

⌛ 2.2.2 代表粒徑

組合泥沙代表粒徑是指在一堆大小不一的泥沙顆粒群體中，挑選出一個粒徑作為整體泥沙之代表粒徑。表示群體泥沙粒徑的方式包括「平均粒徑」、「中值粒徑」及「有效粒徑」。在泥沙粒徑累積頻率曲線中，泥沙占有量小於某一百分比 i 所對應之泥沙粒徑為 d_i（即小於粒徑 d_i 的泥沙量占總泥沙量的 $i\%$），如圖 2.6 所示。因此 d_{60} 表示粒徑小於 d_{60} 的泥沙量占全體泥沙量的 60%，或就是說有 60% 的泥沙其粒徑小於 d_{60}。對同一組泥沙而言，泥沙粒徑的相對大小是 $d_{10} < d_{50} < d_{90}$。

1. 平均粒徑 d_m = 泥沙粒徑分布函數的期望值 = 將粒徑為 d_i 級的泥沙粒徑乘上其所對應占總重量之百分數 p_i 的總和再除以總百分數（100%），即

$$d_m = \frac{\sum p_i d_i}{100} \tag{2.6}$$

2. 中值粒徑 d_{50} = 泥沙粒徑累積頻率曲線中對應於粒徑累積百分比 50% 之泥沙粒徑，也叫中間粒徑或簡稱中徑。中值粒徑 d_{50} 與平均粒徑 d_m 之間常有差異，它們的值不一定相同。

3. 有效粒徑 d_i = 泥沙粒徑累積頻率中對應於累積百分數 i % 之泥沙粒徑，選取此粒徑作為代表粒徑。例如：在分析河床粗糙厚度時取 d_{65} 作為代表粒徑，在分析河床泥沙起動條件時取 d_{35} 作為代表粒徑。

4. 幾何平均粒徑 d_g = 泥沙粒徑對數分布函數的期望值 = log d_i 乘上其所對應占有百分數 p_i 的總和再除以總百分數（100%），即

$$\log d_g = \frac{\sum p_i \log d_i}{100} \tag{2.7}$$

因此幾何平均粒徑也可以寫成

$$d_g = (d_1^{p_1} d_2^{p_2} d_3^{p_3} \cdots d_n^{p_n})^{1/100} \tag{2.8}$$

5. 如果泥沙粒徑大小的分布符合常態分布（Normal distribution），則 $d_m = d_{50} = (d_{84} + d_{16}) / 2$。如果泥沙粒徑符合對數常態分布（Log normal distribution），則幾何平均粒徑 $d_g = (d_{84} d_{16})^{1/2}$。用幾何平均粒徑值來反映組合泥沙的幾何特性具有許多優點，除了有明確數值及可精準計算之外，受抽樣的影響小，受極端值的影響小，可按全部觀測值來確定。大量的資料顯示天然泥沙的粒徑分配規律大致符合對數常態分布。

例題 2.5

某泥沙樣品粒徑分析結果區分為七級，如表 2.7 所示，粒徑為 1 mm 級的泥沙占 1%、3 mm 級占 6%、5 mm 級占 20%、7 mm 級占 40%、9 mm 級占 26%、11 mm 級占 5% 及 13 mm 級占 2%。求整體平均粒徑 d_m、中值粒徑 d_{50} 及幾何平均粒徑 d_g。

答：

(1) 組合泥沙平均粒徑：$d_m = (\sum p_i d_i) / 100 = 7.14$ mm。

(2) 中值粒徑 $d_{50} = 6.2$ mm，中值粒徑略小於平均粒徑。

(3) 代表粒徑 $d_{84} = 8.0$ mm、$d_{16} = 4.2$ mm。

(4) 幾何平均粒徑 $d_g = (d_{84} d_{16})^{1/2} = 5.80$ mm。

(5) 中值粒徑不等於平均粒徑，但是差異不大，因此前述泥沙樣品的粒徑分布雖然不是常態分布，但是接近常態分布。

⧗ 2.2.3 粒徑分布參數

描述泥沙粒徑分布型態的參數有：分選係數 S_c（Sorting coefficient）、偏度係數 S_{sk}（Skewness）、峰態係數 S_k（Arithmetic quartile kurtosis）、均勻係數 C_u（Uniformity coefficient）、標準偏差（Standard deviation）及幾何標準偏差 σ_g（Geometric standard deviation）等等，其定義說明如表 2.8 所列。

表 2.8　描述泥沙粒徑分布特性的參數

參數	說明
分選係數	$S_c = \sqrt{d_{75} / d_{25}}$，表示粒徑分散程度
幾何偏度係數	$S_{sk} = \sqrt{d_{75} d_{25} / d_{50}^2}$，表示粒徑分布對稱性
算術偏度係數	$S_{sk} = 0.5(d_{75} + d_{25} - 2d_{50})$
峰態係數	$S_k = \dfrac{d_{75} - d_{25}}{2(d_{90} - d_{10})}$，表示粒徑分布集中性
均勻係數	$C_u = d_{60} / d_{10}$

參數	說明
標準偏差	$\sigma = d_{84.1} - d_{50} = d_{50} - d_{15.9}$（常態分布）
幾何標準偏差	$\sigma_g = \dfrac{d_{84.1}}{d_{50}} = \dfrac{d_{50}}{d_{15.9}} = \sqrt{\dfrac{d_{84.1}}{d_{15.9}}}$（常態分布）

⧖ 2.2.4 常態分布

機率密度函數 $f(x)$ 若符合常態分布（Normal distribution），又稱高斯分布（Gaussian distribution），則此函數可以表示成

$$f(x) = \frac{1}{\sqrt{2\pi}\sigma} e^{-\frac{(x-\mu)^2}{2\sigma^2}} \tag{2.9}$$

上式中參數 μ 恰好是均值（Mean）也是中值（Median），參數 σ 恰好是標準偏差（Standard deviation），即期望值（Expected value）$E(X) = \mu$ 及變異數（Variance）$V(X) = \sigma^2$。標準偏差定義為變異數的平方根，$\sigma = \sqrt{V(X)}$，它反映 X 組變數內個體間的離散程度；標準偏差與期望值之比為標準離差率。

$$E(X) = \int_{-\infty}^{\infty} x f(x) dx = \int_{-\infty}^{\infty} \frac{x}{\sigma\sqrt{2\pi}} e^{-\frac{(x-\mu)^2}{2\sigma^2}} dx = \mu \tag{2.10}$$

$$V(X) = \int_{-\infty}^{\infty} (x-\mu)^2 f(x) dx = \int_{-\infty}^{\infty} \frac{(x-\mu)^2}{\sigma\sqrt{2\pi}} e^{-\frac{(x-\mu)^2}{2\sigma^2}} dx \tag{2.11}$$
$$= \sigma^2 \;\to\; \sqrt{V(X)} = \sigma$$

將機率密度函數 $f(x)$ 由 $-\infty$ 積分至 x 可得累積函數 $F(x)$

$$F(x) = P(X \le x) = \frac{1}{\sqrt{2\pi}\sigma} \int_{-\infty}^{x} e^{-\frac{(t-\mu)^2}{2\sigma^2}} dt \tag{2.12}$$

令 $y = \dfrac{t-\mu}{\sqrt{2}\sigma}$，則 $dt = \sqrt{2}\sigma dy$，上式可以轉換改寫成

$$P(Y \leq y_*) = \frac{1}{\sqrt{\pi}} \int_{-\infty}^{y_*} e^{-y^2} dy \tag{2.13}$$

$$= \frac{-1}{\sqrt{\pi}} \int_0^{-\infty} e^{-y^2} dy + \frac{1}{\sqrt{\pi}} \int_0^{y_*} e^{-y^2} dy$$

$$= \frac{1}{2}\left[\frac{2}{\sqrt{\pi}} \int_0^{\infty} e^{-y^2} dy + \frac{2}{\sqrt{\pi}} \int_0^{y_*} e^{-y^2} dy \right]$$

$$= 0.5\left[erf(\infty) + erf(y_*) \right] = 0.5\left[1 + erf(y_*) \right]$$

其中 $y_* = \dfrac{x-\mu}{\sqrt{2}\sigma}$，代入上式可轉換為原變數表達式，

$$P(X \leq x) = 0.5\left[1 + erf(\frac{x-\mu}{\sqrt{2}\sigma}) \right] \tag{2.14}$$

上式右邊第二項為誤差函數（Error function）。

1. 誤差函數（Error function）定義

$$erf(x) = \frac{2}{\sqrt{\pi}} \int_0^x e^{-t^2} dt \tag{2.15}$$

誤差函數具有下列特性：$erf(0) = 0$、$erf(1/\sqrt{2}) = 0.6827$、$erf(\infty) = 1$ 及 $erf(-x) = -erf(x)$。

2. 補誤差函數（Complementary error function）定義

$$erfc(x) = 1 - erf(x) = \frac{2}{\sqrt{\pi}} \int_x^{\infty} e^{-t^2} dt \tag{2.16}$$

$$1 + erf(x) = \frac{2}{\sqrt{\pi}} \int_{-\infty}^x e^{-t^2} dt \tag{2.17}$$

當積分上限 $x = \mu - \sigma$ 時，相對於 $y_* = -1/\sqrt{2}$，

$$P(X \leq \mu - \sigma) = 0.5\left[1 - erf(\frac{1}{\sqrt{2}}) \right] = 0.159 = 15.9\% \tag{2.18}$$

當積分上限 $x = \mu$ 時，相對於 $y_* = 0$，

$$P(X \le \mu) = 0.5[1 + erf(0)] = 0.5 = 50\% \qquad (2.19)$$

當積分上限 $x = \mu + \sigma$ 時，相對於 $y_* = 1/\sqrt{2}$，

$$P(X \le \mu + \sigma) = 0.5\left[1 + erf(\frac{1}{\sqrt{2}})\right] = 0.841 = 84.1\% \qquad (2.20)$$

由（2.18）、（2.19）及（2.20）式，我們可以得到 $x = \mu = x_{50}$、$x = \mu - \sigma = x_{15.9}$ 及 $x = \mu + \sigma = x_{84.1}$ 等關係式，並由此得到下列關係式。

標準偏差：$\sigma = x_{84.1} - x_{50} = x_{50} - x_{15.9}$ $\qquad (2.21)$

$$= (x_{84.1} - x_{15.9}) / 2 \approx (x_{84} - x_{16}) / 2$$

平均值：$\mu = x_{50} = (x_{84.1} + x_{15.9}) / 2 \approx (x_{84} + x_{16}) / 2$ $\qquad (2.22)$

例題 2.6

假如 $f(x)$ 符合常態分布，如（2.9）式所示，試證明參數 μ 恰好是均值，並試證明參數 σ 恰好是標準偏差。

答：

(1) 均值 = 期望值 $E(X) = \int_{-\infty}^{\infty} xf(x)dx$

$$E(X) = \int_{-\infty}^{\infty} \frac{x}{\sigma\sqrt{2\pi}} e^{-\frac{(x-\mu)^2}{2\sigma^2}} dx = \int_{-\infty}^{\infty} \frac{(y+\mu)}{\sigma\sqrt{2\pi}} e^{-\frac{y^2}{2\sigma^2}} dy \quad (y = x - \mu)$$

$$= \frac{1}{\sigma\sqrt{2\pi}} \int_{-\infty}^{\infty} ye^{-\frac{y^2}{2\sigma^2}} dy + \frac{\mu}{\sigma\sqrt{2\pi}} \int_{-\infty}^{\infty} e^{-\frac{y^2}{2\sigma^2}} dy \quad (\text{第一項積分為} 0)$$

$$= \frac{\mu}{\sigma\sqrt{2\pi}} \int_{-\infty}^{\infty} e^{-\frac{y^2}{2\sigma^2}} dy = \mu \frac{2}{\sqrt{\pi}} \int_{0}^{\infty} e^{-t^2} dt \quad (y = \sqrt{2}\sigma t)$$

$$= \mu \times erf(\infty) = \mu \quad \text{此證明} \mu \text{恰好為均值}$$

(2) 標準偏差 = 變異數 $V(X)$ 的平方根：

$$V(X) = \int_{-\infty}^{\infty} (x-\mu)^2 f(x)dx = \int_{-\infty}^{\infty} \frac{(x-\mu)^2}{\sigma\sqrt{2\pi}} e^{-\frac{(x-\mu)^2}{2\sigma^2}} dx$$

$$= \int_{-\infty}^{\infty} \frac{t^2}{\sigma\sqrt{2\pi}} e^{-\frac{t^2}{2\sigma^2}} dt \quad (t = x - \mu)$$

$$= \frac{2\sqrt{2}\sigma}{\sqrt{\pi}} \int_{0}^{\infty} \frac{t^2}{2\sigma^2} e^{-\frac{t^2}{2\sigma^2}} dt = \frac{2\sigma^2}{\sqrt{\pi}} \int_{0}^{\infty} z^{\frac{1}{2}} e^{-z} dz \quad (t^2 = 2\sigma^2 z)$$

$$= \frac{2\sigma^2}{\sqrt{\pi}} \Gamma(\frac{3}{2}) = \frac{2\sigma^2}{\sqrt{\pi}} \frac{\sqrt{\pi}}{2} = \sigma^2 \quad \therefore \sigma 為 V(X) 的平方根$$

3. 珈瑪函數（Gamma function）定義

Gamma 函數 $\Gamma(n) = \frac{2}{\sqrt{\pi}} \int_{0}^{\infty} t^{n-1} e^{-t} dt$（$n > 0$），有下列特性：$\Gamma(n+1) = n\Gamma(n)$、$\Gamma(\frac{1}{2}) = \sqrt{\pi}$ 及 $\Gamma(\frac{3}{2}) = \frac{1}{2}\Gamma(\frac{1}{2}) = \frac{\sqrt{\pi}}{2}$。假如 $n < 0$，$\Gamma(n) = \frac{\Gamma(n+1)}{n}$。

例題 2.7

　　假如泥沙顆粒粒徑分布符合常態分布，粒徑均值 $\mu = 5$ mm 及標準偏差 $\sigma = 1$ mm，試繪製其粒徑頻率分布及累積分布曲線。

答：

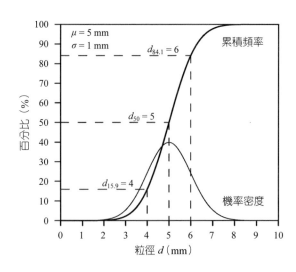

(1) 頻率分布 $f(d) = \dfrac{1}{\sqrt{2\pi}}e^{-\frac{(d-5)^2}{2}}$ 。

(2) 累積分布 $P(D \le d) = 0.5\left[1 + erf\left(\dfrac{d-5}{\sqrt{2}}\right)\right]$ 。

(3) 均值：$\mu = (d_{84.1} + d_{15.9})/2 = (6+4)/2 = 5 \text{ mm} = d_{50}$ 。

(4) 標準偏差：$\sigma = (d_{84.1} - d_{15.9})/2 = (6-4)/2 = 1 \text{ mm}$ 。

(5) 幾何平均值：$\mu_g = \sqrt{d_{84.1}d_{15.9}} = \sqrt{24} \approx 4.90 \text{ mm}$ 。

(6) 幾何標準偏差：$\sigma_g = \sqrt{d_{84.1}/d_{15.9}} = \sqrt{6/4} \approx 1.22 \text{ mm}$ 。

⌛ 2.2.5　對數常態分布

1. 對數常態分布

先將變數取對數之後，即 $\log(x)$，如果它們的機率密度分布符合常態分布函數，稱之為對數常態分布（log normal distribution），則可以表示成

$$f(\log x) = \frac{1}{\sqrt{2\pi}\,\log\sigma_g} e^{-\frac{(\log x - \log\mu_g)^2}{2(\log\sigma_g)^2}} \tag{2.23}$$

依據常態分布之特性

$$\log\sigma_g = (\log x_{84.1} - \log\mu_g) = (\log\mu_g - \log x_{15.9}) \tag{2.24}$$
$$= (\log x_{84.1} - \log x_{15.9})/2 \approx (\log x_{84} - \log x_{16})/2$$

$$\log\mu_g = (\log x_{84.1} + \log x_{15.9})/2 \tag{2.25}$$
$$\approx (\log x_{84} + \log x_{16})/2$$

上述兩式重新整理後可得幾何標準偏差：

$$\sigma_g = \frac{x_{84.1}}{\mu_g} = \frac{\mu_g}{x_{15.9}} = \sqrt{\frac{x_{84.1}}{x_{15.9}}} \approx \sqrt{\frac{x_{84}}{x_{16}}} \tag{2.26}$$

幾何平均值：

$$\mu_g = \sqrt{x_{84.1}x_{15.9}} \approx \sqrt{x_{84}x_{16}} \tag{2.27}$$

由上述兩式可以得出 $x_{84.1} = \mu_g \times \sigma_g$ 及 $x_{15.9} = \mu_g/\sigma_g$。

2. 累積對數常態分布

將（2.23）式作積分可得累積對數常態分布

$$P(X \le \log x) = 0.5\left[1 + erf\left(\frac{\log x - \log \mu_g}{\sqrt{2}\log\sigma_g}\right)\right] \qquad （2.28）$$

例題 2.8

假如泥沙粒徑符合對數常態分布，粒徑單位為 mm，粒徑對數均值 $\log\mu_g = 1$ 及粒徑對數標準偏差 $\log\sigma_g = 1$，試繪製其粒徑機率密度分布及其累積頻率。

答：

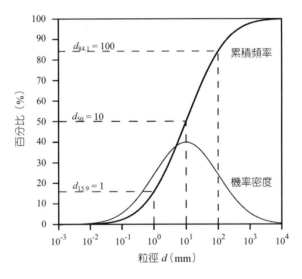

(1) 頻率分布 $f(\log d) = \dfrac{1}{\sqrt{2\pi}}e^{-\frac{(\log d - 1)^2}{2}}$。

(2) 累積頻率 $P(D \le d) = \dfrac{1}{2}\left[1 + erf\left(\dfrac{\log d - 1}{\sqrt{2}}\right)\right]$。

(3) $\log d_{84.1} = \log\mu_g + \log\sigma_g = 1 + 1 = 2$；$d_{84.1} = 100$ mm。

(4) $\log d_{15.9} = \log\mu_g - \log\sigma_g = 1 - 1 = 0$；$d_{15.9} = 1$ mm。

⌛ 2.2.6 泥沙孔隙率與單位重

自然界的泥沙很少是均一的，通常是由不同大小及形狀的泥沙組成，因此泥沙的組合特性比單顆粒的特性更為直接，也更為重要。泥沙的孔隙率是組合泥沙的重要特性之一。泥沙的孔隙率 P_0（Porosity）是指泥沙群體中孔隙所占有的體積和泥沙群體總體積的比值，或稱單位泥沙體積中孔隙所占有之體積。

$$P_0 = \frac{樣本總體積 - 樣本內泥沙體積}{樣本總體積} = 1 - C_v \qquad (2.29)$$

其中 C_v = 單位泥沙體中泥沙所占有之體積。孔隙率會隨泥沙粒徑大小、泥沙粒徑分布、泥沙形狀、泥沙堆積情況及堆積後受力大小及壓密時間長短不同而有所不同。一般而言，細顆粒泥沙的孔隙率比粗顆粒泥沙的孔隙率大，這是由於細顆粒的表面面積相對較大，使得顆粒間的摩擦、吸附及搭成格架的作用增大的緣故。粗沙的孔隙率約為 39～41%，中沙的孔隙率約為 41～48%，細沙的孔隙率約為 44～49%。如果在沙土中加入少量的黏土，則孔隙率可增加為 50～54%。粒徑較均勻之泥沙的孔隙率較大些。天然泥沙的孔隙率大多介於 25～50%。小於 0.005 mm 的泥沙（黏土）沉澱時如形成絮凝結構，其孔隙率可高達 90%。

均勻泥沙的孔隙率也較大，這是因為，對於不均勻泥沙來說，粗顆粒間的孔隙可以由細顆粒來填塞。根據試驗結果，大小不一的圓球混合體的孔隙率有小到 15% 的。天然泥沙的孔隙率一般都在 25～50% 之間。此外，小於 0.05 mm 的細顆粒泥沙在沉澱時如果形成絮凝結構，孔隙率可能高達90%，這是上游來沙量以外影響水庫淤積速率的重要因素。表 2.9 是粒徑在 0.5～1 mm 之間的各種泥沙樣本的孔隙率。

表 2.9 各種泥沙樣本孔隙率（粗沙，粒徑在 0.5～1 mm 之間）

沙樣	比重	乾沙樣本		濕沙樣本	
		疏鬆	密實	疏鬆	密實
海洋沙	2.68	39	35	43	35

沙樣	比重	乾沙樣本		濕沙樣本	
		疏鬆	密實	疏鬆	密實
海岸沙	2.66	41	37	47	38
花崗沙	2.68	41	38	45	39
碎石英沙	2.65	48	41	54	44
碎雲母片	2.84	94	87	92	87

　　凡是未經搬運的泥沙，其孔隙率高於經過一定搬運過程的泥沙，這是泥沙形狀對於孔隙率的影響，因為搬運中的磨蝕作用將使泥沙顆粒更接近球體。事實上泥沙粒徑和孔隙率的關係並不是直接的因果關係，其中也包含了泥沙形狀的作用。顆粒愈粗的泥沙，在搬運過程中所受到的磨蝕作用也愈大；這樣它們的形狀更為接近球體，從而使孔隙率也有減小的趨勢。1961 年 Komura 曾經分析河道泥沙孔隙率特性，建立未壓密飽和泥沙孔隙率與中值粒徑 d_{50} 之關係，如下列公式及圖 2.7 所示：

$$P_0 = 0.245 + 0.14d_{50}^{-0.21} \qquad （2.30）$$

適用未壓密飽和泥沙，粒徑範圍 $4 \times 10^{-4} < d_{50} < 80$ mm。例如 $d_{50} = 1$ mm，對應之孔隙率 $P_0 = 0.385$，即 $P_0 = 38.5\%$。此外，日本學者櫻井先生也曾經

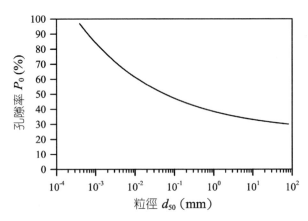

圖2.7　未壓密飽和泥沙孔隙率與泥沙中值粒徑之關係

提出泥沙粒徑與孔隙率之關係為

$$P_0 = 0.350 - 0.724 \ln (d_{50}) \tag{2.31}$$

對於泥沙堆積物及泥沙沉積物而言，因為壓密固結作用，淤沙孔隙率會隨著時間增加而減少，淤沙單位重（Unit weight）則會略為增加。單位重的公制單位是 kN/m^3，英制單位是 lb/ft^3，兩者之轉換關係是 $1 \ kN/m^3 = 6.37 \ lb/ft^3$。在飽和情況下，孔隙率為 P_0 的淤沙單位重 γ_m 可以寫成

$$\gamma_m = P_0\gamma_w + (1 - P_0)\gamma_s \tag{2.32}$$

其中 γ_w 及 γ_s 分別為水及泥沙顆粒的單位重。如果沒有特別的量測資料，泥沙顆粒的單位重 γ_s 可假定為 $26.0 \ kN/m^3$（$2,650 \ kg/m^3 \times 9.81 \ m/s^2 = 26.0 \ kN/m^3$）。在乾燥的情形下，孔隙內空氣的重量可以忽略，則孔隙率為 P_0 的淤沙乾單位重 γ_m（Dry unit weight）可以寫成 $\gamma_m = (1 - P_0)\gamma_s$。假定 γ_s 為 $26.0 \ kN/m^3$，表 2.10 列出不同淤沙成分可能之淤沙乾單位重。

表2.10　淤沙主要成分及其參考單位重

淤沙成分	孔隙率（%）	乾單位重 (kN/m^3)	淤沙成分	孔隙率（%）	乾單位重 (kN/m^3)
卵石、礫石、沙	12	22.9	粗沙	38	16.1
粗礫石、沙	17	21.6	細沙	44	14.6
中礫石、沙	20	20.8	粉沙	67	8.6
細礫石、沙	28	18.7	黏土	76	6.2

註：計算淤沙乾單位重時，假設泥沙密度為 $2.65 \ g/cm^3$。

假定 $\gamma_s = 26.0 \ kN/m^3$，由（2.30）及（2.32）式可得淤沙乾單位重與粒徑之經驗關係式

$$\gamma_m = 19.63 - 3.64d_{50}^{-0.21} \ (kN/m^3) \tag{2.33}$$

此外，Lane 和 Koelzer 在 1953 年也曾經提出淤沙單位重與粒徑大於 0.05 mm 之泥沙含量百分比 $P_{d>0.05}$ 的經驗關係式

$$\gamma_m = 8.0(P_{d>0.05} + 2)^{0.13} \, (\text{kN/m}^3) \tag{2.34}$$

對於水庫淤沙，因為壓密固結作用，淤沙單位重會隨著時間增加而減少，若第 1 年的乾單位重為 γ_{m0}，Lane 和 Koelzer 提出 t 年後的乾單位重 $\gamma_m(t)$ 的關係為

$$\gamma_m(t) = \gamma_{m0} + K \log t \tag{2.35}$$

積分上式可得 $1 \le t \le T$ 年內淤泥平均乾單位重 $\bar{\gamma}_m(T)$：

$$\begin{aligned}
\bar{\gamma}_m(T) &= \gamma_{m0} + \frac{K}{T-1} \int_1^T \log t \ dt = \gamma_{m0} + \frac{K \log_{10} e}{T-1} \int_1^T \ln t \ dt \\
&= \gamma_{m0} + 0.434 K \left[\frac{T \ln T}{T-1} - 1 \right] \\
&= \gamma_{m0} + K \left(\frac{T \log T}{T-1} - 0.434 \right)
\end{aligned} \tag{2.36}$$

水庫淤沙的乾單位重和淤沙材料及時間有關，大約介於 4.8～20 kN/m³ 之間。經驗係數 K 與水庫操作及泥沙特性有關，水庫淤沙大多很細，以粉沙及黏土為主。如果水庫長期蓄水，淤沙浸在水裡，K 值大約介於 0.16～2.51 之間，如果淤沙大部分為粉沙，K 值較小些；反之，如果大部分為黏土，K 值較大些。例如，$\gamma_{m0} = 15$ kN/m³ 及 $K = 1.5$，淤沙十年後的乾單位重 $\gamma_m = 15 + 1.5 \times 1 = 16.5$ kN/m³，二十五年及五十年後的乾單位重 γ_m 分別為 17.10 kN/m³ 及 17.55 kN/m³，如圖 2.8 所示。淤沙十年內平均乾單位重則為 $\bar{\gamma}_m = 15 + 1.5 \times 0.677 \approx 16.02$ kN/m³。

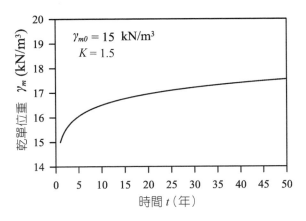

圖 2.8　水庫淤沙乾單位重與淤沙時間之關係

⏳ 2.2.7　泥沙滲透率

　　泥沙顆粒間的孔隙大多互相連接，水流可在其間滲透通過。達西定律
（Darcy's law）廣泛通用於各類型之土壤。但是，如乾淨礫石及開放級配
填石（Open-graded rockfill），因水流通過之紊流性質而無法適用達西定律。
各類土壤滲透係數之值變化相當大，在試驗室中可藉由定水頭或變水頭透
水試驗求得，定水頭試驗較適用於粒狀土壤。依達西定律：通過截面積為
A 的沙柱，滲流量 Q 和水力坡降 J 成正比，即

$$Q = kJA \qquad\qquad (2.37)$$

其中 k 為滲透係數，具有速度單位，例如：cm/s。泥沙的滲透係數與泥沙
的粒徑及級配有關。表 2.11 列出各種土壤滲透係數 k 值之一般範圍，在粒
狀土壤中，此值主要視孔隙比而定。

表2.11　各種土壤滲透係數範圍

土壤組成	滲透係數 k（cm/s）	滲透係數 k（mm/s）
中礫石至粗礫石	$> 10^{-1}$	> 1
細沙至粗沙	$10^{-1} \sim 10^{-3}$	$0.01 \sim 0.1$
粉沙至細沙	$10^{-3} \sim 10^{-5}$	$0.0001 \sim 0.01$
粉質黏土至粉沙	$10^{-4} \sim 10^{-6}$	$0.00001 \sim 0.001$
黏土	$< 10^{-7}$	< 0.000001

Hazen 在 1930 年提出一個適用於均勻沙土之滲透性係數公式，即

$$k = (1 \sim 1.5)d_{50}^2 \quad (k \text{ in mm/s} \, ; \, d_{50} \text{ in mm}) \qquad （2.38）$$

⏳ 2.2.8　泥沙的安息角

安息角（Angle of repose）ϕ，又稱休止角，是斜面上物體滑動與不滑動的臨界坡角。將物料裝載在傾斜箱內，當斜面傾斜角度小於安息角時，斜面上的物體將靜止不動；反之，當斜面傾斜角度大於安息角時，斜面上的物體將向下滑動；此安息角是物料由靜止轉為運動的臨界角。大量顆粒狀物質被傾倒於水平面上堆積為錐體時，堆積物表面與水平面所形成的內角即為安息角，此安息角是物料由運動轉為靜止的臨界角。顆粒狀物質的安息角的大小與顆粒密度、顆粒的表面積和形狀，及該物質的摩擦係數有關。

測定群體顆粒安息角的方法可分為注入法、排出法、轉動圓筒法及傾斜箱法，如圖 2.9 所示。

1. 注入法：將泥沙顆粒從漏斗上方慢慢加入，可分為固定漏斗法及固定圓錐法。(1) 固定漏斗法：從漏斗底部慢慢漏出的物料注入一個水平面，在水平面上逐漸形成圓錐狀堆積物，堆積物表面與水平面所形成的內角即為安息角。(2) 固定圓錐法：從漏斗底部慢慢漏出的物料注入一個水平圓盤，在水平圓盤上逐漸形成圓錐狀堆積物，並逐漸擴大，當圓錐堆積物的

邊緣超過圓盤邊緣時，從漏斗底部慢慢漏出的物料自動溢流出圓盤邊緣，此時圓盤上的圓錐堆積形狀呈現穩定狀態，堆積物表面與水平面所形成的內角即為安息角。

2. 排出法：將泥沙顆粒加入圓筒容器內，圓筒底面保持水平，圓筒底面有孔可讓顆粒流出。當泥沙顆粒從筒底的中心孔流出後，在筒內形成逆圓錐狀的殘留堆積體，殘留堆積體表面與水平面所形成的內角即為安息角。

3. 轉動圓筒法：將適量的泥沙顆粒放置於圓筒容器內，泥沙顆粒表面保持水平，然後將容器繞水平軸慢速迴轉，當泥沙顆粒的表面產生滑動時，測定其表面的傾斜角，此角即為安息角。

4. 傾斜箱法：將適量的泥沙顆粒放置於長方形箱子內，泥沙顆粒表面保持水平，固定箱子的一端，然後將箱子的另一端抬高，使之傾斜，當長方形箱子內原先靜止的泥沙顆粒發生滑動時，測定其表面的傾斜角，此角即為安息角。

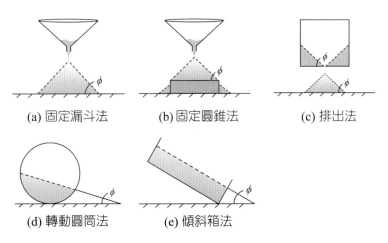

(a) 固定漏斗法　　(b) 固定圓錐法　　(c) 排出法

(d) 轉動圓筒法　　(e) 傾斜箱法

圖 2.9　測定群體顆粒安息角的方法

在穩定河道設計、泥沙起動分析及坡地穩定性分析等方面，泥沙安息角是相當重要的泥沙特性參數。有關泥沙安息角的試驗很多，但其結果有很大的出入，其原因主要是試驗所用的方法及沙樣性質不同所致。在錢寧及萬兆惠（1991）的專書中提到 Migniot 曾透過室內試驗，得出細沙和小

礫石在水中的安息角變化介於 31°～40°，而密度較小的電木粉（比重 1.4）在水中的安息角為 34°～46°。Migniot 的結果顯示安息角大致上與顆粒粒徑大小成平方成正比，而且比重較小的顆粒安息角略為大些。泥沙的安息角與泥沙顆粒的形狀有很密切之關係。多稜角的泥沙由於顆粒間的交互鎖結，其安息角要比圓形泥沙的安息角大 5°～10°。在吳健民（1991）的泥沙運移學專書中也曾經提到：Simons 在 1957 年曾經提出安息角和顆粒形狀及大小之關係，粒徑範圍介於 0.3～300 mm 之間，安息角介於 29°～42°之間。多稜角顆粒的安息角較大些，如圖 2.10 所示。圖 2.11 為美國墾務局所提出之泥沙顆粒安息角與粒徑及形狀之關係。

此外，詹錢登（1993）曾分析球形玻璃珠（Glass spheres）群體顆粒的安息角（Jan, 1993），所得結果發現群體顆粒安息角隨粒徑增加而減小，如圖 2-12。

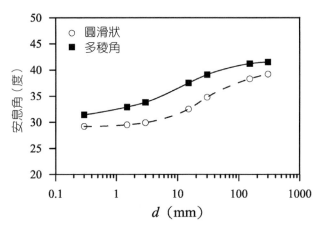

圖 2.10　泥沙安息角與粒徑之關係（Simons, 1957）

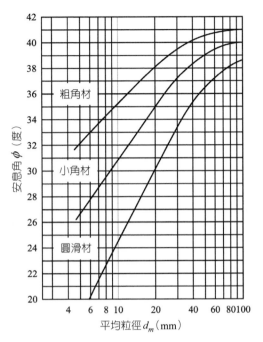

圖 2.11 泥沙顆粒安息角與粒徑之關係（美國墾務局）

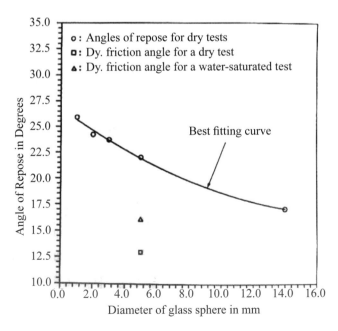

圖 2.12 玻璃珠群體顆粒安息角與粒徑之關係（Jan，1993）

詹錢登的結果與 Miller & Byrne（1966）及 Li & Komar（1986）的結果相似，但是與前述 Simons 和美國墾務局（圖 2.10 及圖 2.11）不同。對於群體顆粒的安息角，顆粒大小相當均勻的泥沙，其安息角隨粒徑增加而減小；反之對於顆粒大小相當不均勻的泥沙，其安息角隨粒徑增加而增加。Miller & Byrne（1966）也曾經提到對於圓滑度較好的沙（Well rounded sand），它的平均安息角大約為 32.2°～33.5°；反之對於多稜角的沙（Angular sand），它的平均安息角大約為 34.0°～34.9°。

此外，水流流經由泥沙所組成的河床，所引起之河床上泥沙起動的問題，也包含泥沙顆粒安息角的問題，如圖 2.13 所示。就單一球狀泥沙顆粒而言，床面上粒徑愈大者，單一顆粒的安息角愈小。

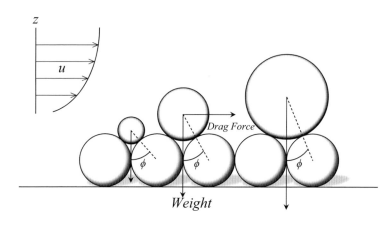

圖 2.13　水流流經河床引起之泥沙顆粒安息角示意圖

Eagleson & Dean（1959）、Miller & Byrne（1966）及 Li & Komar（1986）曾經研究單一顆粒放置在由不同粒徑組成的固定床面上的安息角問題（單顆粒安息角）。他們得到的結論如下：

1. 對於單一顆粒的安息角，其安息角隨顆粒粒徑增加而減小。

2. 顆粒安息角和顆粒球度及圓滑度有關，球度及圓滑度愈小，顆粒安息角愈大。

3. 固定在床面上的顆粒組成愈不均勻，單顆粒安息角愈大。

4. 一般而言，單顆粒平均安息角 $\bar{\phi}$ 大概可以用指數函數表示為

$$\bar{\phi} = \alpha(d_2 / \overline{d_1})^{-\beta} \qquad (2.39)$$

其中 $\overline{d_1}$ 為固定在床面上之顆粒的代表粒徑，d_2 為放置在固定床面上的顆粒粒徑，係數 α 及指數 β 和顆粒粒徑大小、形狀、表面糙度及床面上之顆粒特性有關。係數 α 和顆粒形狀及圓滑度關係較密切，而指數 β 和床面上顆粒特性關係較密切，如表 2.12 所示。

5. 一般而言，相似條件下，單顆粒安息角的變化範圍比群體顆粒的安息角大很多，大約介於 20°～90°。顆粒粒徑比 $d_2 / \overline{d_1}$ 愈小，顆粒形狀愈不規則，則單顆粒安息角愈大，愈接近 90°；反之，粒徑比 $d_2 / \overline{d_1}$ 愈大，顆粒形狀愈接近光滑球體，則單顆粒安息角愈小，愈接近 20°，甚至小於 20°。

表 2.12　安息角經驗式之係數及指數與顆粒形狀之關係

研究者	顆粒形狀	係數 α	指數 β
Eagleson & Dean (1959)	Spheres	44.9	0.44
Miller & Byrne (1966)	Spheres Nearshore sand Crushed quartzite	50.0 61.5 70.0	0.30 0.30 0.30
Li & Komar (1986)	Spheres Ellipsoidal gravels Angular gravels	20.4 31.9 51.3	0.75 0.36 0.33

例題 2.9

已知在水平桌面的平板上有三顆直徑為 d_1 的球體，它們緊密排列在一起，並固定在桌面平板上。在緊密排列的三顆球體上放置一顆直徑為 d_2 的球體，如圖 2.14 所示。試推求直徑為 d_2 的球體沿著底部相連球體鞍部方向的安息角（最小安息角）及 d_2 球體沿著底部某一個球體頂部方向的安息角（最大安息角）。

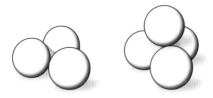

圖2.14 在緊密排列的三顆球體上放置一顆球體

答:

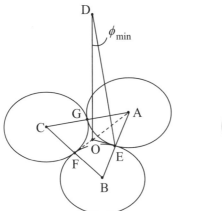
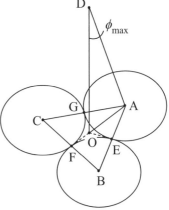

(a) 沿著相連球體鞍部方向的安息角 (b) 沿著某球體頂部方向的安息角

圖2.15 例題2.9所求之安息角示意圖

(1) 由圖2.14可得基本資料：

$\overline{AD} = (d_1 + d_2)/2 \cdot \overline{AB} = d_1 \cdot \overline{FB} = d_1/2 \cdot \overline{AE} = d_1/2 \cdot$

$\overline{AF} = \sqrt{\overline{AB}^2 - \overline{FB}^2} = \sqrt{3}d_1/2 \circ$

(2) 由相似性

$\overline{AB}/\overline{AF} = \overline{AO}/\overline{AE} \rightarrow \overline{AO} = \overline{AE} \times (\overline{AB}/\overline{AF}) \cdot \overline{AO} = d_1/\sqrt{3} \circ$

$\overline{EO} = \sqrt{\overline{AO}^2 - \overline{AE}^2} = d_1/2\sqrt{3} = \overline{AO}/2$

$\overline{DO} = \sqrt{\overline{AD}^2 - \overline{AO}^2} = \dfrac{d_2}{2}\sqrt{(d_2/d_1)^2 + 2(d_2/d_1) - 1/3}$

$$\tan \phi_{\min} = \frac{\overline{EO}}{\overline{DO}} = \frac{d_1 / 2\sqrt{3}}{(d_1 / 2)\sqrt{(d_2 / d_1)^2 + 2(d_2 / d_1) - 1/3}}$$

$$\tan \phi_{\max} = \frac{\overline{AO}}{\overline{DO}} = \frac{d_1 / \sqrt{3}}{(d_1 / 2)\sqrt{(d_2 / d_1)^2 + 2(d_2 / d_1) - 1/3}}$$

(3) 重新整理後分別為

$$\tan \phi_{\min} = \frac{1}{\sqrt{3}} \sqrt{\frac{1}{(d_2 / d_1)^2 + 2(d_2 / d_1) - 1/3}} \qquad (2.40)$$

$$\tan \phi_{\max} = \frac{2}{\sqrt{3}} \sqrt{\frac{1}{(d_2 / d_1)^2 + 2(d_2 / d_1) - 1/3}} \qquad (2.41)$$

其中 $d_2/d_1 > (2 - \sqrt{3}) / \sqrt{3} \approx 0.155$。當 $d_2/d_1 < 0.155$ 時，直徑為 d_2 的球體會被困在緊密排列之三顆球體的夾縫中。

(4) 取平均 $\overline{\tan \phi} = (\tan \phi_{\min} + \tan \phi_{\max}) / 2$，則

$$\overline{\tan \phi} = \frac{\sqrt{3}}{2} \sqrt{\frac{1}{(d_2 / d_1)^2 + 2(d_2 / d_1) - 1/3}} \qquad (2.42)$$

(5) 當 $d_2 = d_1$ 時，直徑為 d_2 的球體在底部相連球體鞍部方向的安息角 $\tan \phi_{\min} = 1/\sqrt{8} \approx 0.354$（$\phi_{\min} \approx 19.5°$）；當 $d_2 = d_1$ 時，直徑為 d_2 的球體沿著底部某一個球體頂部方向的安息角為 $\tan \phi_{\max} = 1/\sqrt{2} \approx 0.707$（$\phi_{\max} \approx 35.3°$）。
平均值 $\overline{\tan \phi} \approx 0.530 \rightarrow \overline{\phi} \approx 27.9°$。

例題 2.10

已知在水平桌面的平板上有四顆直徑為 d_1 的球體，它們緊密排列在一起，並固定在桌面平板上。在緊密排列在一起的四顆球體上放置一顆直徑為 d_2 的球體，如圖 2.16 所示。

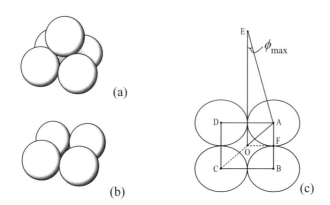

圖 2.16 緊密排列的四顆球體上放置一顆球體及其球心相對位置示意圖

答：

參考例題 2.9 的分析方式，可以得到直徑為 d_2 的球體沿著底部相連球體鞍部方向的安息角（最小安息角）及直徑為 d_2 的球體沿著底部某球體頂部方向的安息角（最大安息角）分別為

$$\tan\phi_{\min} = \sqrt{\frac{1}{(d_2/d_1+1)^2 - 2}} \qquad (2.43)$$

$$\tan\phi_{\max} = \sqrt{\frac{2}{(d_2/d_1+1)^2 - 2}} \qquad (2.44)$$

平均值為

$$\overline{\tan\phi} = \frac{(1+\sqrt{2})}{2}\sqrt{\frac{1}{(d_2/d_1+1)^2 - 2}} \qquad (2.45)$$

其中 $d_2/d_1 > (\sqrt{2}-1) \approx 0.414$。當 $d_2/d_1 < 0.414$ 時，直徑為 d_2 的球體會被困在緊密排列之四顆球體的夾縫中。

當 $d_2 = d_1$ 時，直徑為 d_2 的球體沿著底部相連球體鞍部方向的安

息角 $\tan\phi_{\min} = 1/\sqrt{2} \approx 0.707$（$\phi_{\min} \approx 35.3^\circ$）；當 $d_2 = d_1$ 時，直徑為 d_2 的球體沿著底部某球體頂部方向的安息角為 $\tan\phi_{\max} = 1$（$\phi_{\max} \approx 45.0^\circ$）。平均值 $\overline{\tan\phi} \approx 0.854 \rightarrow \overline{\phi} \approx 40.5^\circ$。

近年來顆粒流（Granular flow）的研究愈來愈受到重視，群體顆粒的安息角及其影響因素的研究也更受重視。例如：加拿大學者 Carrigy（1970）使用滾筒探討不同顆粒大小、形狀、表面糙度、表面吸附水及浸沒在水中等不同條件對群體顆粒安息角的影響。德國學者 Grasselli & Herrmann（1997）使用可調整坡度的長方形水槽探討水槽寬度及邊壁效應對安息角的影響。伊朗學者 Ghazavi, Hosseini & Mollanouri（2008）曾經進行三組泥沙實驗研究，探討群體泥沙顆粒內摩擦角 ϕ_f 與安息角 ϕ 之關係，得到下列關係式：

$$\phi = 21.2 + 0.36\phi_f \qquad\qquad (2.46)$$

其中 $20^\circ < \phi_f < 39^\circ$。上式顯示當 $\phi_f > 33.125^\circ$（泥沙較緊密時）泥沙顆粒內摩擦角略大於其對應之安息角；反之，當 $\phi_f > 33.125^\circ$（泥沙較鬆散時）泥沙顆粒內摩擦角略小於安息角。此三組實驗所使用的泥沙，粒徑都相當均勻而且為圓滑的細沙，其中第二及第三組的泥沙粒徑分布幾乎一樣。這三組泥沙的中值粒徑 d_{50} 分別為 0.43、0.86 及 0.86 mm，分選係數 S_c（$= \sqrt{d_{75}/d_{25}}$）分別為 1.20、1.20 及 1.20，均勻係數 C_u（$= \sqrt{d_{60}/d_{10}}$）分別為 1.22、1.22 及 1.22。

2.3　泥沙粒徑調查

泥沙粒徑現地調查是掌握泥沙粒徑特性最直接的方法。河床質粒徑調查分析包含採樣孔粒徑調查分析及表面粒徑調查分析兩大類。

⧗ 2.3.1　採樣孔粒徑調查分析方法

1. 河床質採樣

採樣孔位置選定在沖淤嚴重河段，過去曾受洪水影響之河床面，每 1 公里調查 1 處以上。採樣孔至少為 1 平方公尺之正方形，深度至少 60 公分（如遇岩盤左右移動量測），同時進行野外粗顆粒篩分析，細粒徑以四分法採取樣品攜回室內分析；並記錄採樣孔尺寸，推算採樣體積，記錄最大石徑之尺寸。

2. 河床質粒徑分析

按照泥沙粒徑大小，河床質粒徑分析又可分成野外粗顆粒調查分析及細顆粒調查分析兩大類。

(1) 野外粗顆粒調查分析：凡大於標準篩 3/8 吋以上之礫石，分別用 1 吋、1/2 吋、3/4 吋及 3/8 吋之方孔篩，於挖掘現場做篩分析，將各篩上停留之礫石分別秤重記錄，大於 3 吋以上之礫石，直接使用鋼卷尺量其粒徑並秤重，同時記錄各樣孔之最大石徑。

(2) 細粒徑分析：通過 3/8 吋標準篩之顆粒，秤總重以四分法檢取約 2 公斤重之樣品，烘乾秤重，再於室內以標準篩 #4、#8、#16、#20、#30、#50、#100、#200 號分別做篩分析，將各篩上停留之沙秤重計量。依樣品重與採樣總重之比例，換算各粒徑別之停留重量，再與野外粗顆粒分析結果合併，依各粒徑分別算出其停留百分率及通過百分率。表 2.13 列出某一組泥沙粒徑篩分析結果。

3. 粒徑大小及分布參數分析

以各採樣孔顆粒分析結果繪製各粒徑占有百分比的柱狀圖（頻率分布圖），然後再計算及繪出顆粒累積分布曲線，並按此計算所對應粒徑大小特徵值，如 d_{84}、d_{50}、d_{16} 及 d_m；粒徑分布特徵值，如分選係數 S_c、偏度係數 S_{sk}、峰態係數 S_k、均勻係數 C_u 及幾何標準偏差 σ_g 等。

⧗ 2.3.2　表面粒徑調查分析方法

　　表面粒徑調查分析方法基本上是針對河床上粗顆粒卵石以上泥沙顆粒進行調查。調查方法：(1) 河床質泥沙粒徑調查，每 500 公尺至少取 1 處為調查之主斷面，再於主斷面上、下游每間距 10 公尺，另取兩個副斷面，合計共 5 個斷面；(2) 每一個斷面以等間隔（或整數距離）之測點，量測在該測點上之泥沙粒徑，每一個斷面以不少於五個測點，測點之間隔不得超過5 公尺；(3) 每一個測點量測 10 公分以上之粒徑，依統計資料繪製粒徑分布曲線圖。

表 2.13　泥沙粒徑篩分析及分析結果

停留篩網	泥沙粒徑 d 範圍（mm）	代表粒徑 d_m（mm）	停留泥沙重量（g）	泥沙累積重量（g）	各篩網泥沙百分比	累積百分比
底盤	$0 < d < 0.074$	0.037	0.5	0.5	1.14	1.14
#200	$0.074 < d < 0.15$	0.112	0.9	1.4	2.04	3.18
#100	$0.15 < d < 0.212$	0.181	1.6	3.0	3.64	6.82
#70	$0.212 < d < 0.30$	0.256	2.5	5.5	5.68	12.50
#50	$0.30 < d < 0.425$	0.363	3.5	9.0	7.95	20.45
#40	$0.425 < d < 0.60$	0.513	6.0	15.0	13.64	34.09
#30	$0.60 < d < 0.85$	0.725	8.0	23.0	18.18	52.27
#20	$0.85 < d < 1.40$	1.125	7.0	30.0	15.91	68.18
#14	$1.4 < d < 2.0$	1.70	6.5	36.5	14.78	82.96
#10	$2.0 < d < 2.8$	2.40	4.0	40.5	9.09	92.05
#7	$2.8 < d < 4.0$	3.40	2.5	43.0	5.68	97.73
#5	$4.0 < d < 5.6$	4.80	1.0	44.0	2.27	100
#3.5	$5.6 < d$	--	0.0	44.0	0.0	100

例題 2.11

　某工程師到河川中下游現地取樣 440 g 的泥沙帶回實驗室進行粒徑篩分析，分析結果如表 2.13 所列。請繪製粒徑頻率分布及累積頻率曲線，並求此泥沙樣品的中值粒徑 d_{50}、平均粒徑 d_m、幾何平均粒徑 d_g，及幾何標準偏差 σ_g。

答：

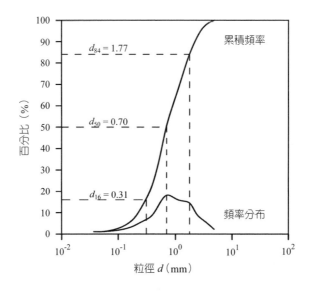

(1) 平均粒徑 $d_m = \sum d_i \Delta p_i / 100 = 1.20$ mm。

(2) 中值粒徑 $d_{50} = 0.70$ mm。

(3) 有效粒徑 $d_{84} = 1.77$ mm、$d_{16} = 0.31$ mm。

(4) 幾何平均粒徑 $d_g = (d_{84}d_{16})^{1/2} = 0.74$ mm。

(5) 幾何平均粒徑 d_g 相當接近於中值粒徑 d_{50}，說明此粒徑分布接近於對數常態分布。

2.4 渾水的性質

⧖ 2.4.1 含沙濃度的表達方式

含泥沙顆粒的水稱為渾水，其性質在某些方面與清水有所不同。渾水中含沙量的多少用含沙濃度來表示，常用含沙濃度的表達方法有四種：體積濃度 C_v、體積重量濃度 C_{vw}、重量濃度 C_w 及百萬分之一重量濃度 C_{ppm}。

1. 體積濃度（Concentration by volume），沒有單位，有時用百分比（%）表示，其定義為某單位體積的渾水中泥沙所占的體積，即

$$C_v = \frac{泥沙所占體積}{渾水的體積} = \frac{V_s}{V_T} \tag{2.47}$$

用百分比（%）表示時

$$C_v = \frac{V_s}{V_T} \times 100 \ \% \tag{2.48}$$

2. 體積重量濃度，具有單位，其定義為某單位體積的渾水中泥沙所占的重量，即

$$C_{vw} = \frac{泥沙所占的重量}{渾水總體積} = \frac{\gamma_s V_s}{V_T} = \gamma_s C_v \tag{2.49}$$

體積重量濃度具有單位，例如 1 mg/L = 1 公升渾水中有 1 毫克重的泥沙量；1 kg/m³ = 1 立方公尺渾水中有 1 公斤重的泥沙量。1 立方公尺 = 1000 公升；1 公升 = 1000 立方公分。

重量濃度（Concentration by weight），沒有單位，有時用百分比（%）表示，其定義為某單位重量的渾水中泥沙所占的重量，即

$$C_{vw} = \frac{泥沙所占的重量}{渾水總體積} = \frac{\gamma_s V_s}{V_T} = \gamma_s C_v \tag{2.50(a)}$$

用百分比（%）表示

$$C_w = \frac{W_s}{W_T} \times 100 \text{ \%}$$　　　　　　（2.50(b)）

3. 重量濃度有時用百萬分之一重量濃度來表示

$$C_{\text{ppm}} = 10^6 C_w = \frac{W_s}{W_T} \times 10^6 \text{ ppm}$$　　　　（2.51）

其中 ppm ＝百萬分之一（Parts per million, 10^{-6}）。

⌛ 2.4.2　體積濃度與重量濃度之關係

渾水的密度為 ρ_m，單位體積重量 γ_m（$= \rho_m g$），它們與含沙體積濃度 C_v 之關係為

$$\rho_m = \rho_f(1 - C_v) + \rho_s C_v = \rho_f + (\rho_s - \rho_f)C_v$$　　　（2.52）

$$\gamma_m = \rho_m g = \gamma_f + (\gamma_s - \gamma_f)C_v$$　　　　　（2.53）

體積濃度 C_v 和重量濃度 C_w 之關係為：

$$C_w = \frac{W_s}{W_T} = \frac{\gamma_s V_s}{\gamma_m V_T} = \frac{\gamma_s C_v}{\gamma_m} = \frac{\gamma_s C_v}{\gamma_f + (\gamma_s - \gamma_f)C_v}$$　　（2.54）

或寫成

$$C_w = \frac{GC_v}{1+(G-1)C_v} \text{ ; } C_v = \frac{C_w}{G+(1-G)C_w}$$　　（2.55）

其中比重 $G = \gamma_s / \gamma_f = \rho_s / \rho_f$。例如 $\rho_f = 1.0$ g/cm^3；$\rho_s = 2.65$ g/cm^3 → $G = 2.65$，則

$$C_w = \frac{2.65C_v}{1.65C_v +1} \quad \text{或} \quad C_v = \frac{C_w}{2.65-1.65C_w}$$　　（2.56）

例題 2.12

由已知體積濃度 C_v 和泥沙比重 $G = 2.65$ 推算對應之重量濃度 C_w。

答：

C_v	**0.010**	**0.050**	**0.100**	**0.200**	**0.300**	**0.400**
C_w	0.026	0.122	0.227	0.398	0.532	0.639
C_v	**0.500**	**0.600**	**0.700**	**0.800**	**0.900**	**0.990**
C_w	0.726	0.799	0.860	0.914	0.960	0.996

體積重量濃度 C_{vw} 和重量濃度 C_w 之關係為：

$$C_w = \frac{W_s}{W_T} = \frac{\gamma_s V_s}{\gamma_m V_T} = \frac{C_{vw}}{\gamma_m} = \frac{C_{vw}}{\gamma_f [1 + (G-1) C_v]} \qquad (2.57)$$

或寫成

$$C_{vw} = \gamma_f [1 + (G-1) C_v] C_w = \frac{\gamma_f G C_w}{G + (1-G) C_w} \qquad (2.58)$$

水的單位重 $\gamma_f = 1,000$ kg/m^3 = 10^6 mg/L。如果 C_{vw} 的單位採用 mg/L，令 $C_{mg/L}$ = C_{vw}(mg/L)，則

$$C_{mg/L} = 10^6 G C_v \quad \text{(mg/L)} \qquad (2.59)$$

$$C_{mg/L} = \frac{G C_{ppm}}{G + (1-G) 10^{-6} C_{ppm}} \quad \text{(mg/L)} \qquad (2.60)$$

當比重 $G = 2.65$ 時，上述兩式可寫成

$$C_{mg/L} = 2.65 \times 10^6 C_v \quad \text{(mg/L)} \qquad (2.61)$$

$$C_{mg/L} \approx \frac{C_{ppm}}{1 + 0.6226 \times 10^{-6} C_{ppm}} \quad \text{(mg/L)} \qquad (2.62)$$

上式顯示就數值大小而言，$C_{mg/L} > C_{ppm}$；當體積濃度 C_v 很小時，例如 $C_v = 0.001 \rightarrow C_{vw} = \gamma_s C_v = 2,650$ mg/L $\rightarrow C_{ppm} = C_{vw} / (1 + 1.65 C_v) = 2,646$ ppm，此值和對應之 C_v 的差異只有 0.15%；由此可看出當含沙濃度 C_v 小於 0.001 時，$C_{mg/L} \approx C_{ppm}$；當 C_{ppm} 小於 145,000 時，$C_{mg/L}$ 和 C_{ppm} 的差異小於 10%。

反之，當 C_v 不是很小時，例如 $C_v = 0.1 \rightarrow C_{vw} = \gamma_s C_v = 265,000$ mg/L $\rightarrow C_{ppm} = C_{vw} / (1 + 1.65 C_v) = 227,468$ ppm，此值和對應之 C_{vw} 的差異為 14.16%，差異相當大，因此當含沙濃度 C_v 較大時（大於 0.001 時），$C_{mg/L} > C_{ppm}$，不宜直接假設 $C_{mg/L} \approx C_{ppm}$。

例題 2.13

試列出水、土、沙泥合體在不同體積濃度 C_v 條件下對應之重量濃度 C_w、C_{ppm} 及重量體積濃度 C_{vw}(mg/L)。

答：

分類	C_v	C_w	C_{ppm}	C_{vw}(mg/L)
挾沙 水流	0.001	0.00264	2,646	2,650
	0.005	0.01314	13,141	13,250
	0.010	0.02607	26,069	26,500
	0.025	0.06363	63,625	66,250
高含沙 水流	0.030	0.07575	75,750	79,500
	0.050	0.12240	122,401	132,500
	0.100	0.22747	227,467	265,000
	0.250	0.46903	469,027	662,500
土石流	0.300	0.53177	531,773	795,001
	0.400	0.63855	638,554	1,060,000
	0.500	0.72603	726,027	1,325,000
	0.750	0.88827	888,268	1,987,500
崩積土	0.800	0.91379	913,793	2,120,000
	0.900	0.95976	959,758	2,384,999

⌛ 2.4.3　渾水的流變特性

流體的流變方程式是指流體在受力情況下流體中剪應力（τ）與剪應變率（du/dz）之關係式。例如牛頓流體，$\tau = \mu(du/dz)$，其中 μ 為黏滯係數。

對渾水而言，由於顆粒的存在，將使黏滯係數增大，不僅如此，當含沙量（特別是細顆粒含量）超過一定限度以後，剪應力和剪應變率之間的關係可能不再符合牛頓定律，而成為非牛頓流體。

　　非牛頓流體的流變特性可分為與時間有關及與時間無關兩大類。純黏性非牛頓流體，流體中任何一點的切變速率只是該點的剪應力的函數，其流變相關參數與時間無關；此類流體常見的有賓漢流體、偽塑性流體及膨脹性流體三種，如表 2.14 及圖 2.17 所示。高含沙水流或土石流（又名泥石流）的流變特性，常用賓漢流體模式來描述，相關的參數及影響參數的特性，可參考王裕宜等（2000）、詹錢登（2000）、詹錢登等（2009）等著作，不在此書詳述。

表 2-14　牛頓流體及純黏性非牛頓體的流變方程式

類別		曲線	流變方程式	參數意義
牛頓流體		A	$\tau = \mu \dfrac{du}{dz}$	$\mu =$ 黏滯係數。
純黏性非牛頓流體	賓漢流體	B	$\tau = \tau_B + \eta_B \dfrac{du}{dz}$	$\tau_B =$ 賓漢降伏應力，$\eta_B =$ 賓漢黏滯係數。
	偽塑性流體	C	$\tau = K\left(\dfrac{du}{dz}\right)^m$	$K =$ 稠度係數，$m =$ 塑性指數，$m < 1$。
	膨脹性流體	D	$\tau = K\left(\dfrac{du}{dz}\right)^m$	$K =$ 稠度係數，$m =$ 塑性指數，$m > 1$。

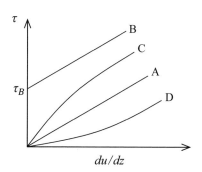

圖 2.17　非牛頓流體流變曲線

流變特性與時間有關的非牛頓流體，在受剪切作用時，其剪應力與剪應變速率之間的關係隨流體受剪力作用的時間或其過去受剪力作用的歷史歷程而有所不同。在固定的切變速率下，流體中剪應力隨受剪時間增加而減小的稱為「觸變流體」（詹錢登等，2009）；反之，流體中剪應力隨受剪時間增大的稱為「膠性流體」。此外，黏彈性流體是指同時具有黏滯性及彈性雙重性質的流體，此類流體在變形以後可以因為彈性作用而部分還原。這一部分之內容屬於流變學的範疇，不在本書中詳述。

習題

習題 2.1

已知泥沙取樣樣本重 500 g，粒徑分析結果如下表。試繪出泥沙粒徑分布圖，求對應之泥沙粒徑 d_{16}、d_{35}、d_{50}、d_{65}、d_{84} 及平均 d_m，並且計算此泥沙樣本之分選係數 S_c、幾何偏度係數 S_{sk} 及均勻係數 C_u。

粒徑分級（mm）	重量（g）	粒徑分級（mm）	重量（g）
$0 < d \leq 0.15$	10	$0.30 < d \leq 0.42$	20
$0.15 < d \leq 0.21$	30	$0.42 < d \leq 0.60$	90
$0.21 < d \leq 0.30$	160	$0.60 < d \leq 1.0$	10

習題 2.2

已知床面上有四顆粒徑相同的球狀顆粒緊密排列在一起，而且固定在床面上，它們的粒徑 $d_1 = 5$ cm。在此四顆緊密排列的球狀顆粒的頂部上放置一顆粒徑為 d_2 的球狀顆粒，如右圖所示。試求頂部球狀顆粒 $d_2 = 3$ cm、5 cm 及 8 cm 等三種情況下所對應之安息角。

習題 2.3

某沖積河道，河寬 $B = 21$ m，水流深度 $h = 0.52$ m，平均流速 $U = 1.2$ m/s，河道水流中床沙質含量平均濃度 $\bar{C}_m = 2{,}000$ ppm，試按照此平均濃度 $\bar{C}_m$ 估算對應之河道輸沙量 Q_{tw}（kg/s）。

名人介紹

沈學汶　教授

　　沈學汶教授（Prof. Hsieh-Wen Shen），國際著名的河流動力學學者及水利工程師。他是著名鐵路工程師詹天佑的外孫，1929 年 7 月 13 日出生於中國大陸北京市。他在 1949 年 8 月自上海高中畢業後，被父母送到美國，就讀於密西根大學迪爾伯恩分校（University  of Michigan, Dearborn）土木工程系。他在 1953 年完成學士學位，1954 年完成碩士學位。1956 年和曾慶華（Clare Tseng）女士結婚，婚後，於 1957 年到美國加州大學柏克萊分校（University of California at Berkeley, UC Berkeley）土木工程系，跟隨愛因斯坦教授（Prof. H.A. Einstein。是 Albert Einstein 的兒子）研究河道泥沙運移，探討河流順直河道發展成蜿蜒河道的原因，並於 1961 年完成博士學位。畢業後曾經從事水利工程師的工作，隨後於 1963 年到美國科羅拉多州立大學（Colorado State University, CSU）土木工程系擔任水資源工程及河川水力學的教學及研究工作，時間長達二十二年。1985 年他從 CSU 退休，回到母校 UC Berkeley 土木工程系服務。本書作者 1988～1992 年在 UC Berkeley 就讀，在沈教授指導下完成博士學位。沈教授在水利工程教學、研究及應用方面的傑出表現，受到世人的肯定，1993 年獲選為美國國家工程院院士。沈教授於 1999 年退休，現為 UC Berkeley 榮譽教授。2015 年出版《江水悠悠——水利工程學家治水記》專書，該書除了簡要記述他在水資源管理及水利工程方面的經驗之外，也述說他外祖父詹天佑他們（第一批清朝留美學生）那批華人赴美求學的經驗與心聲。

參考文獻及延伸閱讀

1. 王裕宜、詹錢登、嚴壁玉（2001）：泥石流體結構和流變特性，湖南科技出版社。

2. 王裕宜、詹錢登、嚴壁玉（2014）：泥石流的流變特性與運移特徵，湖南科技出版社。

3. 沙玉清（1996）：泥沙運動學引論，陝西科學技術出版社。

4. 吳健民（1991）：泥沙運移學，中國土木水利工程學會。

5. 詹錢登（2000）：土石流概論，科技圖書公司出版。

6. 詹錢登、張雅雯、郭峰豪、羅偉誠（2009）：固體顆粒對賓漢流體流變參數之影響。中華水土保持學報，第 40 卷，第 95-104 頁。

7. 詹錢登、郭峰豪、郭啟文（2009）：泥漿體應力鬆弛特性之實驗研究。農業工程學報，第 55 期，第 65-74 頁。

8. 錢寧、萬兆惠（1991）：泥沙運動力學，科學出版社。

9. Carrigy, M.A. (1970): Experiments on the angles of repose of granular materials. Sedimentology, Vol. 14, 147-158.

10. Eagleson, P.S. and Dean, R.G. (1959): Wave-induced motion of bottom sediment particles. Transection of ASCE, Vol. 126, 1162-1186.

11. Garde, R. J. and Ranga Raju, K. G. (1985): Mechanics of Sediment Transportation and Alluvial Stream Problems. John Wiley & Sons, New York.

12. Ghazavi, M., Hosseini, M. and Mollanouri, M. (2008): A comparison between angle of repose and friction angle of sand. Proceedings of the 12th International Conference of IACMAC, 1272-1275.

13. Grasselli, Y. and Herrmann, H.J. (1997): On the angles of dry granular heaps. Physica A, Vol. 246, 301-312.

14. Jan, C.D.（詹錢登）(1993): Dynamic Internal Friction Angles of Idealized Debris Flows. Journal of Chinese Soil and Water Conservation, pp. 29-36.

15. Julien, P.Y. (1998): Erosion and Sedimentation. Cambridge University Press.

16. Li, Z. and Komar, P.D. (1986): Laboratory measurements of pivoting angle for applications to selective entrainment of gravel in a current. *Sedimentology*, Vol. 33, 413-423.

17. Miller, R.L. and Byrne, R.J. (1966): The angle of repose for a single grain on a fixed rough bed. *Sedimentology*, Vol. 6, 303-314.

18. Simons, D.B. and Senturk, F. (1977): Sediment Transport Technology. Water Resources Publications, Fort Collins, Colorado.

19. Vanoni, V.A. (2006): Sedimentation Engineering. ASCE Manuals and Reports on Engineering Practice No. 54. American Society of Civil Engineers.

20. Yang, C.T. （楊志達） (1996): Sediment Transport – Theory and Practice. McGraw-Hill.

Chapter *3*

泥沙的沉降速度

在靜止的流體中放入一顆泥沙讓泥沙做沉降運動，剛開始的時候，泥沙由於受到重力作用，沉降的速度由零逐漸加大，屬於加速度運動。泥沙在沉降過程除了受到重力的影響之外，也會受到流體阻力的作用，流體阻力和泥沙沉降的速度成非線性正比關係，當沉降的速度愈大時，流體阻力也愈大；當流體阻力與重力作用平衡時，泥沙將做等速沉降運動。一般將等速沉降運動時的速度簡稱為沉降速度，簡言之，所謂泥沙的沉降速度是指在靜止流體中做等速沉降運動時的速度。泥沙的沉降速度是分析泥沙運動特徵的一個重要物理參數，本章說明泥沙沉降速度的基本特性。

3.1　球體的沉降速度

⧗ 3.1.1　等速沉降速度關係式

考量一顆粒徑為 d、密度為 ρ_s 的球體，在無限寬廣的靜止流體中，重力及流體阻力作用下，做等速沉降運動。由作用力平衡關係，可以推算球體沉降速度 ω_0 與球體特性及流體特性間之關係。當球體的重量 W_s、球體在流體中所受的浮力 W_f 與其所受的流體阻力 F_D 達到平衡時：

$$W_s - W_f - F_D = 0 \tag{3.1}$$

其中 W_s = 球體重量 = $\pi\rho_s g d^3/6$，W_f = 球體所受浮力 = $\pi\rho_f g d^3/6$，F_D = 流體阻力 = $C_D \rho_f \pi d^2 \omega_0^2/8$，$\rho_f$ = 流體密度，g = 重力加速度，C_D = 阻力係數。由（3.1）式可得

$$\frac{\pi}{6}(\rho_s - \rho_f)g d^3 = \frac{\pi}{8}C_D \rho_f d^2 \omega_0^2 \tag{3.2}$$

重新整理上式可得球體沉降速度與球徑之關係為

$$\omega_0^2 = \frac{4}{3} \frac{(\rho_s - \rho_f)\ gd}{\rho_f C_D} \rightarrow \omega_0 = \sqrt{\frac{4}{3} \frac{(\rho_s - \rho_f)\ gd}{\rho_f C_D}} \tag{3.3}$$

或寫成

$$\omega_0 = \sqrt{\frac{4}{3} \frac{(\rho_s - \rho_f)\ gd}{\rho_f C_D}} \tag{3.4}$$

或寫成

$$C_D = \frac{4}{3} \frac{(\rho_s - \rho_f)}{\rho_f} \frac{gd}{\omega_0^2} \tag{3.5}$$

雖然有了上式球體沉降速度與球徑之關係，但在一般情況下無法直接由上式計算出球體沉降速度值，因為流體阻力係數 C_D 並非常數，而是隨著沉降速度或雷諾數 Re 大小不同而有所不同，如圖 3.1 所示。因此需要試誤法、經驗曲線或經驗公式來推求沉降速度。

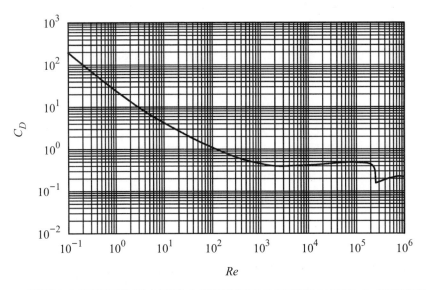

圖 3.1　球體在無限寬廣的靜止流體中做沉降運動之流體阻力係數 C_D 與雷諾數 Re 之 Rouse 關係曲線

⏳ 3.1.2 雷諾數與黏滯度

雷諾數（Reynolds number）是物體運動過程中慣性力與所遭遇黏滯力之間的比值。對於粒徑為 d 的顆粒在終端沉降速度下的雷諾數可以表示成

$$Re = \frac{慣性力}{黏滯力} = \frac{\rho_f \omega_0^2}{\mu_f \omega_0 / d} = \frac{\rho_f \omega_0 d}{\mu_f} = \frac{\omega_0 d}{v_f} \tag{3.6}$$

其中 μ_f 為流體的動力黏滯度（Dynamic viscosity），v_f 為運動黏滯度（Kinematic viscosity）。就牛頓流體（Newtonian fluid）而言，剪切力 τ 與剪切率 $\dot{\gamma}$ 成線性正比關係。μ_f 是剪切力 τ 與剪切率 $\dot{\gamma}$ 之比值，即

$$\mu_f = \frac{\tau}{\dot{\gamma}} \tag{3.7}$$

動力黏滯度的單位是：

(1) $N \cdot s/m^2 = kg/(m \cdot s) = Pa \cdot s$ (Pascal-second) $= 10$ P (Poise) 或

(2) $g/(cm \cdot s) = 0.1$ kg/(m $\cdot$ s) $= 0.1$ Pa $\cdot$ s $= 1P = 100$ cP (Centipoise)。

(3) 1 cP $= 0.001$ Pa $\cdot$ s $= 1$ mPa $\cdot$ s (Milli- Pascal-second)。

流體運動黏滯度 v_f 等於動力黏滯度 μ_f 除以流體密度 ρ_f，即

$$v_f = \frac{\mu_f}{\rho_f} \tag{3.8}$$

運動黏滯度的單位是 m^2/s、St (Stokes) 或者 cSt (Centistokes)。

(1) 1 St $= 1$ cm^2/s $= 10^{-4}$ m^2/s $= 100$ cSt。

(2) 1 cSt $= 10^{-2}$ cm^2/s $= 1$ mm^2/s $= 10^{-6}$ m^2/s。

黏滯度是流體的物性，隨溫度有所變化，但是不隨流動狀態而有所變化。表 3.1 為清水黏滯度隨溫度的變化。清水由 20℃ 加溫至 80℃，其動力黏滯度約下降 64.6%，運動黏滯度約下降 63.6%。此顯示溫度對黏滯度有非常顯著的影響，因此進行實驗時要特別去量測溫度。

表 3.1 清水動力黏滯度及運動黏滯度隨溫度的變化

溫度（℃）	動力黏滯度 (mPa·s)	運動黏滯度 (cSt)	溫度（℃）	動力黏滯度 (mPa·s)	運動黏滯度 (cSt)
5	1.519	1.519	50	0.547	0.553
10	1.307	1.307	60	0.467	0.475
20	1.002	1.004	70	0.404	0.413
30	0.798	0.801	80	0.355	0.365
40	0.653	0.658	90	0.315	0.326

對於 20℃ 清水：

$\mu_f = 1.002$ cP $= 1.002 \times 10^{-3}$ Pa·s $= 1.002$ mPa·s；

$v_f = 1.004$ cSt $= 0.01004$ cm²/s $= 1.004 \times 10^{-6}$ m²/s。

對於 80℃ 清水：

$\mu_f = 0.355$ cP $= 0.355 \times 10^{-3}$ Pa·s $= 0.355$ mPa·s；

$v_f = 0.365$ cSt $= 0.00365$ cm²/s $= 0.365 \times 10^{-6}$ m²/s。

清水運動黏滯度隨溫度 T（℃）之變化如下列方程式及圖 3.2 所示：

$$v_f = \frac{1.792 \times 10^{-6}}{1.0 + 0.0337T + 0.000221T^2} \tag{3.9}$$

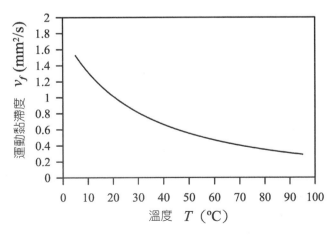

圖 3.2 清水運動黏滯度隨溫度增加而遞減

🅧 3.1.3　流體阻力係數

　　如前所述，顆粒沉降過程所遭遇的流體阻力係數 C_D 並非常數，而是隨著顆粒在流體中沉降速度（或雷諾數）而有所不同。流體由層流轉變成亂流，主要是由於流體在流動行進中，不可避免地會受到一些干擾。當這種干擾超過一定限度以後，層流就會失去穩定而產生漩渦。流體內的擾動是擴大或衰減，取決於流體內慣性力與黏滯力的比值，以雷諾數 Re 表示之。當 Re 愈小表示黏滯性的穩定作用超過慣性力的破壞作用，因此流體的流動屬於層流範圍；反之，當 Re 愈大表示慣性的破壞作用大於黏性的穩定作用，流體的流動進入亂流範圍。

1. Stokes 公式

　　球體在靜止流體中沉降，當其沉降速度很小時，在雷諾數 $Re < 0.1$ 的範圍內，史托克（Stokes）忽略慣性項的影響，在 1851 年提出水流阻力和沉降速度的關係式為

$$F_D = 3\pi\mu_f d\omega_0 \tag{3.10}$$

當流體阻力以阻力係數表達時，流體阻力正比於沉降速度的二次方

$$F_D = \frac{\pi}{8} C_D \rho_f d^2 \omega_0^2 = 3\pi\mu_f d\omega_0$$
$$\rightarrow \ C_D = \frac{24\mu_f}{\rho_f \omega_0 d} = \frac{24}{Re} \tag{3.11}$$

在此情況下，即在低雷諾數層流情況下，阻力係數 C_D 和雷諾數 Re 的一次方成反比關係。理論上 Stokes 公式（（3.10）或（3.11）式）的適用範圍是 $Re < 0.1$，但在實際應用上，在允許誤差內，Stokes 公式適用範圍可稍微擴大到 $Re < 0.5$，甚至 $Re < 1$。

2. Oseen 公式

Oseen 保留運動方程式中部分慣性項，擴大 Stokes 公式的適用範圍到

$Re < 1$，在 1910 年以理論方式推導得 C_D 和 Re 之關係式為

$$F_D = 3\pi\mu_f d\omega_0\left(1+\frac{3}{16}Re\right) \;\rightarrow\; C_D = \frac{24}{Re}\left(1+\frac{3}{16}Re\right)$$

$$\rightarrow\; C_D = \frac{24}{Re}+4.5 \tag{3.12}$$

3. Goldstein 公式

Oseen 公式提出後十九年，Goldstein 在 1929 年更進一步推導得新的 C_D 關係式，將適用範圍到擴大到 $Re < 2$。

$$C_D = \frac{24}{Re}\left(1+\frac{3}{16}Re-\frac{19}{1280}Re^2+\frac{71}{20180}Re^3...\right)$$

$$\rightarrow C_D = \frac{24}{Re}+4.5-0.356Re+0.084Re^2... \tag{3.13}$$

上式等號右邊的前兩項和 Oseen 公式一樣。當 $Re > 2$ 時，目前還沒有 C_D 解析解，需有賴於經驗曲線（如 Rouse 曲線）或經驗公式（如 Fairs 等人的經驗公式）。

🕳 3.1.4 低雷諾數時之沉降速度

流體阻力包括形狀阻力與表面阻力，對於細泥沙顆粒，沉降速度較慢，雷諾數較小。當雷諾數很小，流況屬於層流時，Stokes（1851）曾經推導得作用在球體之總阻力（形狀阻力與表面阻力）F_D 及其所對應之阻力係數 C_D。在層流（$Re < 0.1$）時 C_D 和 Re 成反比關係。因此在層流時，由（3.3）式及（3.11）式可得球體沉降速度與球體直徑之關係為

$$\omega_0 = \frac{1}{18}\frac{\rho_s-\rho_f}{\rho_f}\frac{gd^2}{v_f} \tag{3.14}$$

上式顯示沉降速度和球徑的二次方成正比。如果球體為球狀泥沙，密度 ρ_s

為 2.65 g/cm^3；流體為水，密度 ρ_f 為 1.00 g/cm^3，運動黏滯度 $v_f \approx 1.0 \times 10^{-6}$ m^2/s = 1.0 mm^2/s（20℃清水），則沉降速度 ω_0 和球徑 d 之關係為

$$\omega_0 = \frac{1.65 \times 9810}{18} \frac{d^2}{v_f} = 899.25 \frac{d^2}{v_f} \approx 899.25 d^2 \qquad (3.15)$$

（單位：d in mm, ω_0 in mm/s）

若 d = 0.05 mm，則 ω_0 = 2.25 mm/s；若 d = 0.01 mm，則 ω_0 = 0.09 mm/s。由於（3.14）或（3.15）式必須是在層流 Stokes 阻力係數關係式的適用範圍情況下（Re < 0.1）才成立，因此適合用（3.15）式推估沉降速度的條件是球徑 d < 0.048 mm，推導過程如下：

$$R_e = \frac{\omega_0 d}{v_f} = \frac{(\rho_s - \rho_f)gd^3}{18\rho_f v_f} \leq 1$$
$$\rightarrow d \leq \sqrt[3]{\frac{18 \times 0.1}{1.65 \times 9810}} \approx 0.048 \text{ mm} \qquad (3.16)$$

如果將 Stokes 阻力係數關係式的適用範圍稍微擴大到 Re < 0.5 或 Re < 1，則所對應的球徑適用條件分別擴大到 d < 0.08 mm 或 d < 0.10 mm，而它們所對應之沉降速度分別為 ω_0 < 5.76 mm/s 或 ω_0 < 8.99 mm/s。換句話說，當 d > 0.1 mm，就不宜使用（3.15）式推估沉降速度。

在低雷諾數下，（3.15）式也反映出沉降速度和流體黏滯性有非常密切的關係，並與粒徑大小的二次方成正比。圖 3.3 顯示在低雷諾數 Stokes 沉降範圍內不同大小之細顆粒球狀顆粒在清水之沉降速度。圖中顯示粒徑愈大，沉降速度愈大；溫度愈高，黏滯係數愈小，沉降速度也因而愈大。在低雷諾數下沉降速度和溫度有非常密切之反比關係。

如果在低雷諾數時（Re < 1）用 Oseen 公式計算阻力係數，由（3.5）式及（3.12）式可建立球體在無限寬廣的靜止流體中沉降速度與粒徑之關係式，即

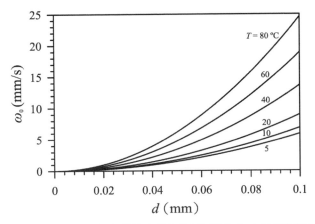

圖 3.3 細顆粒球狀顆粒在不同溫度清水中之沉降速度

$$C_D = \frac{4}{3} \frac{(G-1)\,gd}{\omega_0^2} = 4.5 + \frac{24\,v_f}{\omega_0 d}$$

$$\rightarrow 4.5\,\omega_0^2 + \frac{24\,v_f}{d}\,\omega_0 - \frac{4}{3}(G-1)gd = 0$$

（3.17）

其中 $G = \rho_s / \rho_f =$ 比重。上式為一元二次方程式，其解為

$$\omega_0 = \frac{-(24\,v_f/d) + \sqrt{(24\,v_f/d)^2 + 4 \times 4.5 \times (4/3)(G-1)\,gd}}{2 \times 4.5}$$

（3.18）

如果球體為球狀泥沙，比重 $G = 2.65$，流體為水，$v_f \approx 1.0 \times 10^{-6}$ m²/s = 1.0 mm²/s（20℃清水），則沉降速度 ω_0 和球徑 d 之關係可以簡化為

$$\omega_0 = \frac{-(24/d) + \sqrt{(24/d)^2 + 388{,}476\,d}}{9}$$

（3.19）

（ω_0 in mm/s, d in mm）

例如，有三種泥沙顆粒粒徑 $d = 0.01$、0.05 及 0.1 mm，在低雷諾數時若使用 Oseen 公式計算阻力係數，它們所對應之沉降速度分別為 $\omega_0 = 0.09$、2.20 及 7.84 mm/s。表 3.2 比較由 Stokes 公式（3.15）計算所得之沉降速度和由 Oseen 公式（3.19）計算所得之沉降速度。粒徑大於 0.08 mm 之後，兩者計

算所得沉降速度差異較為顯著，其間差異大於 7.5%，由 Oseen 公式計算所得的沉降速度略小於由 Stokes 公式計算所得的沉降速度。

表 3.2　比較 Stokes 公式和 Oseen 公式所得之沉降速度

粒徑 d (mm)	Stokes 公式所得沉速 ω_0 (mm/s)	Oseen 公式所得沉速 ω_0 (mm/s)	差異（%）
0.01	0.09	0.09	0
0.05	2.25	2.20	2.2
0.08	5.76	5.33	7.5
0.10	8.99	7.84	12.8

⏳ 3.1.5　高雷諾數時之沉降速度

球狀顆粒之沉降運動當 $Re > 1{,}000$ 時處於紊流情況，由 Rouse 曲線可知 C_D 趨於常數，其值介於 0.4～0.5 之間。若取 $C_D \approx 0.43$，比重 $G = \rho_s / \rho_f = 2.65$，則球體顆粒在水中之沉降速度 ω_0（mm/s）和球徑 d（mm）之關係為

$$\omega_0 = \sqrt{\frac{4}{3}\frac{(G-1)\,gd}{C_D}} = 2.262\sqrt{gd} \approx 224\sqrt{d}$$

$$(\omega_0 \text{ in mm/s, } d \text{ in mm, } d > 2.71 \text{ mm})$$

（3.20）

或寫成

$$\omega_0 = \sqrt{\frac{4}{3}\frac{(G-1)\,gd}{C_D}} = 2.262\sqrt{gd} \approx 7.085\sqrt{d}$$

$$(\omega_0 \text{ in m/s, } d \text{ in m, } d > 0.00271 \text{ m})$$

（3.21）

上式顯示球狀顆粒之沉降運動在完全亂流情況下，沉降速度和球徑的平方根成正比。例如，若 $d = 5$ mm，則 $\omega_0 = 501$ mm/s $= 0.501$ m/s；若 $d = 10$ mm，則 $\omega_0 = 708$ mm/s $= 0.708$ m/s；若 $d = 100$ mm，則 $\omega_0 = 2{,}323$ mm/s $= 2.323$ m/s。此外，由於（3.20）式及（3.21）式必須是在亂流情況下（$Re >$

1,000）才成立，因此適合用（3.20）式或（3.21）式推估沉降速度的球徑範圍是 $d > 2.71$ mm。

$$Re = \frac{\omega_0 d}{v_f} = \frac{224 d^{1.5}}{v_f} \geq 1,000$$

$$\rightarrow d \geq \left(\frac{1,000 \times 1}{224} \right)^{2/3} \approx 2.71 \text{ mm}$$

（3.22）

換句話說，當 $d < 2.71$ mm，流況將不是完全亂流，不宜使用（3.20）式或（3.21）式推估沉降速度。在高雷諾數下，（3.20）式及（3.21）式也反映出沉降速度和流體黏滯性無關，而與粒徑大小的平方根成正比。

⧗ 3.1.6 中雷諾數時之沉降速度

當雷諾數中等大小時（$1 < Re < 1,000$），球狀顆粒之沉降運動的流況不屬於層流也不屬於亂流，而是介於層流與亂流的過渡區，稱為介流區。流體阻力係數 C_D 不是常數而是 Re 的函數，也是速度的函數，因此無法直接由（3.4）式求得沉降速度，需要經過試誤疊代計算方可得到接近的答案，或者用其他經驗公式計算推求之。此時可由（3.4）式並配合圖 3.1 或經驗公式，用試誤法推求沉降速度。如果沙粒的比重 $G = 2.65$，水的運動黏滯係數 $v_f = 1.0$ mm^2/s，則沙粒在水中的沉降速度關係式可以表示為

$$\omega_0 = \sqrt{\frac{4}{3} \frac{(G-1) \, gd}{C_D}} = 1.483 \sqrt{\frac{gd}{C_D}} \approx 146.9 \sqrt{\frac{d}{C_D}}$$

（3.23）

（ω_0 in mm/s, d in mm, 0.05 mm $< d <$ 2.71 mm）

或寫成

$$\omega_0 = \sqrt{\frac{4}{3} \frac{(G-1) \, gd}{C_D}} = 1.483 \sqrt{\frac{gd}{C_D}} \approx 4.646 \sqrt{\frac{d}{C_D}}$$

（3.24）

（ω_0 in m/s, d in mm, 0.05 m $< d <$ 2.71 m）

由上式推求沉降速度需先知道阻力係數。Fair 等人在 1971 年曾經提出球體在無限寬廣的靜止流體中做沉降運動之 C_D 與 Re 之經驗關係式為

$$C_D = \begin{cases} \dfrac{24}{Re} & \text{if } Re \le 1 \\[2mm] \dfrac{24}{Re} + \dfrac{3}{\sqrt{Re}} + 0.34 & \text{if } 1 < Re \le 10^4 \\[2mm] 0.40 & \text{if } Re > 10^4 \end{cases} \qquad (3.25)$$

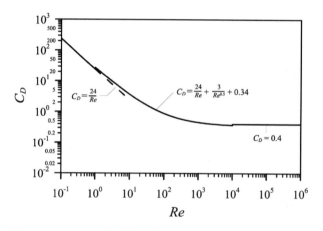

圖 3.4　Fair 等人的阻力係數 C_D 與雷諾數 Re 之關係式

　　檢視 Fair 等人的 C_D 與 Re 之經驗公式，可以發現在 $Re = 1$ 及 $Re = 10{,}000$ 有明顯的不連續現象，將 Fair 等人的 C_D 與 Re 之經驗公式的雷諾數適用範圍做調整可改善此不連續現象，調整後如下：

$$C_D = \begin{cases} \dfrac{24}{Re} & \text{if } Re \le 1 \\[2mm] \dfrac{24}{Re} + \dfrac{3}{\sqrt{Re}} + 0.34 & \text{if } 1 < Re \le 3200 \\[2mm] 0.40 & \text{if } Re > 3200 \end{cases} \qquad (3.26)$$

　　球體顆粒阻力係數 C_D 隨雷諾數 Re 的增加而減少，在低雷諾數區（$Re < 1$），C_D 和 Re 成一次方反比關係；當 Re 很大時，C_D 趨於常數（$\approx 0.40 \sim 0.45$），如圖 3.1 及圖 3.4 所示。圖 3.5 比較 Fair 等人之經驗公式與 Rouse 曲線，比較結果顯示 Fair 等人之經驗公式在雷諾數 $Re < 10^4$ 範圍內相當接近 Rouse 依據實驗資料所建立之曲線，但是在高雷諾數區（$Re > 10^5$），Fair 等人之經驗公式沒有描述阻力係數遽降及回升之現象。

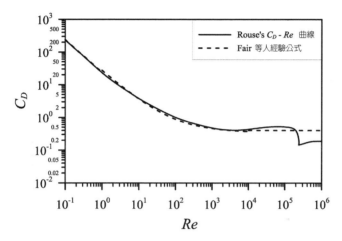

圖 3.5　Rouse 曲線與 Fair 等人經驗公式之比較

例題 3.1

已知有一球狀沙粒，其直徑 $d = 2$ mm、密度 $\rho_s = 2.65$ g/cm³，20℃ 水的運動黏滯係數 $v_f = 1.0$ mm²/s，試推求此球狀沙粒在水中的沉降速度。

答：

　　首先假設球徑 2 mm 沙粒在水中的 $\omega_0 = 50$ mm/s，經過五次試誤疊代計算後，求得球徑 2 mm 沙粒在水中的沉降速度 $\omega_0 = 292.3$ mm/s，此時所對應之雷諾數 $Re = 584.6$。試誤計算過程如下表所列。

試誤次數	猜測 ω_0 (mm/s)	雷諾數 Re	阻力係數 C_D	推算 ω_0 (mm/s)	比較
1	50.0	100.0	0.880	221.5	Too small
2	221.5	443.0	0.537	283.5	Too small
3	283.5	567.0	0.508	291.5	Too small
4	291.5	583.0	0.505	292.3	Too small
5	292.3	584.6	0.505	292.3	OK

3.2 沉降速度之經驗公式

⌛ 3.2.1 半理論經驗公式

在層流時流體阻力主要為表面阻力（滯性阻力），在亂流時流體阻力主要為形狀阻力（壓力阻力），在層流與亂流之間（過渡區內）滯性阻力和形狀阻力同時存在。在等速沉降的條件下，顆粒在水中的重量＝顆粒所受的形狀阻力＋表面阻力，即

$$\left(\rho_s - \rho_f\right)g\frac{\pi d^3}{6} = k_1\frac{\pi d^2}{4}\cdot\frac{\rho_f\omega_0^2}{2} + k_2\pi d\rho_f v_f\omega_0 \qquad (3.27)$$

$$\rightarrow \omega_0^2 + 8\frac{k_2 v_f}{k_1 d}\omega_0 - \frac{1}{k_1}\frac{4}{3}\frac{\rho_s - \rho_f}{\rho_f}gd = 0$$

$$\rightarrow \left(\omega_0 + \frac{4k_2}{k_1}\frac{v_f}{d}\right)^2 = \left(\frac{4k_2}{k_1}\frac{v_f}{d}\right)^2 + \frac{4(G-1)gd}{3k_1}$$

其中比重 $G = \rho_s / \rho_f$。因此在過渡區內的沉降速度可以表示為

$$\omega_0 = -\frac{4k_2}{k_1}\cdot\frac{v_f}{d} + \sqrt{\left(\frac{4k_2}{k_1}\cdot\frac{v_f}{d}\right)^2 + \frac{4(G-1)gd}{3k_1}} \qquad (3.28)$$

上式中係數 k_1 及 k_2 分為形狀阻力及表面阻力之待定係數，這兩個阻力係數都不是固定常數，而是隨雷諾數大小而有所變化，因此要先掌握係數 k_1 及 k_2 才能使用前述方程式計算沉降速度。

⧖ 3.2.2　Rubey 經驗公式

Rubey（1933）曾經建立天然沙沉降速度的經驗公式為

$$\omega_0 = K_* \sqrt{(G-1)gd} \tag{3.29}$$

其中係數 K_* 隨泥沙粒徑、比重、流體黏滯度而有所不同

$$K_* = \left(\frac{2}{3} + \frac{36v_f^2}{gd^3(G-1)} \right)^{1/2} - \left(\frac{36v_f^2}{gd^3(G-1)} \right)^{1/2} \tag{3.30}$$

上式泥沙粒徑、比重、流體黏滯度之間的關係若是用一個無因次參數 R_* 來表示，可以讓方程式更簡潔一些。

$$K_* = \left(\frac{2}{3} + \frac{36}{R_*^2} \right)^{1/2} - \left(\frac{36}{R_*^2} \right)^{1/2} \tag{3.31}$$

其中

$$R_* = \frac{\sqrt{(G-1)gd}\,d}{v_f} \tag{3.32}$$

無因次參數 R_* 是一個特別的泥沙顆粒雷諾數，其中速度尺度以 $\sqrt{(G-1)gd}$ 計算，長度尺度以粒徑 d 計算。當 $R_* \to 0$，$K_* \to 0$；$R_* \to \infty$，$K_* \to 2/3$。對於河道天然泥沙在 20°C清水中，運動黏滯係數 $v_f = 1.0$ mm^2/s，當 $G = 2.65$，Rubey 的天然沙沉降速度的經驗公式可以簡化為

$$\omega_0 = 127.2\left[\left(\frac{2}{3} + \frac{0.0022v_f^2}{d^3}\right)^{1/2} - \left(\frac{0.0022v_f^2}{d^3}\right)^{1/2}\right]\sqrt{d} \quad (3.33)$$

$$(d \text{ in mm}, \omega_0 \text{ in mm/s}, v_f \text{ in mm}^2/\text{s})$$

如果清水溫度為 20℃，v_f = 1.0 mm²/s，上式可以再簡化為

$$\omega_0 = \begin{cases} 103.9\sqrt{d} & \text{if } d \geq 1 \text{ mm, otherwise} \\ 127.2\left[\left(\frac{2}{3} + \frac{0.0022}{d^3}\right)^{1/2} - \left(\frac{0.0022}{d^3}\right)^{1/2}\right]\sqrt{d} \end{cases} \quad (3.34)$$

$$(d \text{ in mm}, \omega_0 \text{ in mm/s})$$

由於是天然泥沙，其形狀並非光滑的球狀，因此沉降速度受到形狀之影響，所受到的流體阻力較大，因此代表在相同球徑條件下，Rubey 經驗公式計算出之天然泥沙的沉降速度，很明顯小於 3.1 節中所陳述之球體的沉降速度（3.20）式，如圖 3.6 所示。

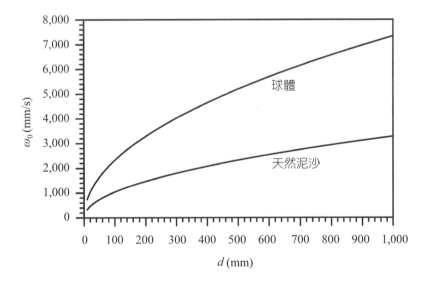

圖 3.6　粗顆粒球狀顆粒和天然沙在 20℃清水中之沉降速度

⌛ 3.2.3 竇國仁經驗公式

在錢寧及萬兆惠（1991）的專書中提到，竇國仁假設隨著雷諾數的增加，球狀沙粒頂部的分離區不斷擴大，分離角度相應增加，如圖 3.7 所示。

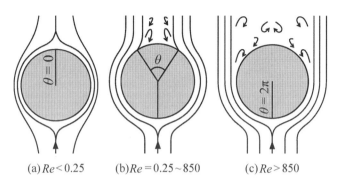

(a) $Re < 0.25$　　(b) $Re = 0.25 \sim 850$　　(c) $Re > 850$

圖 3.7　**竇國仁推導流線分離示意圖**

假設分離角 θ 和雷諾數 Re 之關係為

$$\frac{d\theta}{dRe} = \frac{a}{Re} \tag{3.35}$$

其中 a 為待定係數。由前述關係式積分可得

$$\theta = a \ln Re + b \tag{3.36}$$

其中 b 為積分常數。由實驗得知其邊界條件為 $Re = 0.25$ 時，$\theta = 0$；$Re = 850$ 時，$\theta = 2\pi$，由此可推求得 $b = a \ln 4$ 及 $a = 0.7727$，因此分離角的範圍 $0 \leq \theta \leq 2\pi$，它和雷諾數 Re 之關係為

$$\theta = 0.7727 \ln 4Re = 1.78 \log 4Re \tag{3.37}$$

球狀顆粒等速沉降時其頂部分離區在顆粒沉降方向的投影面積為

$$A = \begin{cases} \dfrac{\pi d^2}{4}\sin^2\dfrac{\theta}{2} & \text{if } 0 \le \theta < \pi \\[3mm] \dfrac{\pi d^2}{4} & \text{if } \pi \le \theta \le 2\pi \end{cases} \qquad (3.38)$$

將水流在顆粒頂部的分離區所造成之阻力視為形狀阻力

$$F_{D1} = \begin{cases} \dfrac{1}{8}C_{D1}\rho_f \pi d^2 \omega_0^2 \sin^2\dfrac{\theta}{2} & \text{for } 0 < \theta < \pi \\[3mm] \dfrac{1}{8}C_{D1}\rho_f \pi d^2 \omega_0^2 & \text{for } \pi \le \theta \le 2\pi \end{cases} \qquad (3.39)$$

其中形狀阻力 $C_{D1} = 0.45$。對於分離區外作用在顆粒表面的黏性阻力為表面阻力，竇國仁假定表面阻力的阻力係數遵循 Oseen 公式。由於分離區的存在，黏性阻力作用在顆粒表面的面積減小。分離區存在時表面黏性阻力的作用面積為球體顆粒表面積減去分離區內顆粒的表面積

$$\pi d^2 - \frac{\pi d^2}{2}\left(1 - \cos\frac{\theta}{2}\right) = \frac{\pi d^2}{2}\left(1 + \cos\frac{\theta}{2}\right) \qquad (3.40)$$

所以滯性阻力修正為

$$F_{D2} = \frac{3}{2}\pi\mu_f d\omega_0\left(1 + \frac{3}{16}Re\right)\left(1 + \cos\frac{\theta}{2}\right) \qquad (3.41)$$

球體所承受的總阻力 F_D ＝ 形狀阻力 F_{D1} ＋ 表面阻力 F_{D2}，因此

$$\begin{aligned} \frac{1}{8}C_D\rho_f \pi d^2 \omega_0^2 = {}& \frac{1}{8}C_{D1}\rho_f \pi d^2 \omega_0^2 \sin^2\frac{\theta}{2} \\ & + \frac{3}{2}\pi\mu_f d\omega_0\left(1 + \frac{3}{16}R_e\right)\left(1 + \cos\frac{\theta}{2}\right) \end{aligned} \qquad (3.42)$$

其中 C_{D1} 為形狀阻力係數，C_D 為總阻力係數，當 $Re = 850$ 時，$\theta = 2\pi$，$C_D \approx C_{D1} = 0.45$，所以

$$C_D = 0.45\sin^2\frac{\theta}{2} + \frac{12}{Re}\left(1+\frac{3}{16}Re\right)\left(1+\cos\frac{\theta}{2}\right)$$ （3.43）

上式限於 $0 \le \theta \le \pi$。分離角與雷諾數的關係為

$$\theta = \begin{cases} 0 & \text{if } Re \le 0.25 \\ 1.78\log 4Re & \text{if } 0.25 < Re \le 850 \\ 2\pi & \text{if } Re > 850 \end{cases}$$ （3.44）

當 $\pi \le \theta \le 2\pi$，球狀顆粒等速沉降時其頂部分離區在顆粒沉降方向的投影面積應該採用（3.38）式計算。因此，竇國仁的球狀顆粒阻力係數經驗關係式可以表示為

$$C_D = \begin{cases} \dfrac{24}{Re}\left(1+\dfrac{3}{16}Re\right) & \text{for } 0 < Re \le 0.25 \\[2mm] 0.45\sin^2\dfrac{\theta}{2} + \dfrac{12}{Re}\left(1+\dfrac{3}{16}Re\right)\left(1+\cos\dfrac{\theta}{2}\right) & \text{for } 0.25 < Re \le 14.55 \\[2mm] 0.45 + \dfrac{12}{Re}\left(1+\dfrac{3}{16}Re\right)\left(1+\cos\dfrac{\theta}{2}\right) & \text{for } 14.55 < Re \le 850 \\[1mm] \quad (\theta = 1.78\log 4Re) & \\[2mm] 0.45 & \text{for } Re \ge 850 \end{cases}$$ （3.45）

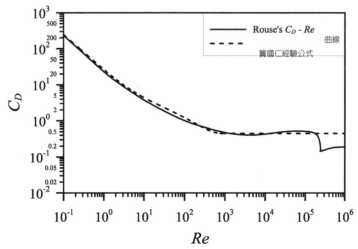

圖 3.8　竇國仁的球狀顆粒阻力係數經驗公式與 Rouse 曲線之比較

按照寶國仁經驗公式繪製的阻力係數曲線與 Rouse 曲線之比較列於圖 3.8。圖中顯示除了 $Re > 10^5$ 的範圍外，在 $0 < Re < 10^5$ 範圍內，兩者大致相近，表示寶國仁經驗公式能夠相當好的描述球狀顆粒阻力係數與雷諾數之關係。此外，寶國仁經驗公式計算出的阻力係數略高於 Fair 等人經驗公式計算出的阻力係數，但是其間差異不大，見圖 3.9 所示。

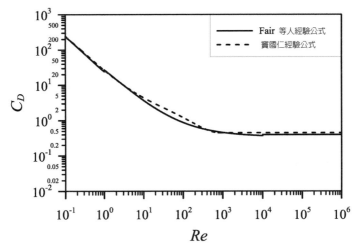

圖 3.9　寶國仁經驗公式與 Fair 等人經驗公式之比較

天然泥沙顆粒的形狀往往並非球狀，形狀係數介於 0.3～1.0 之間，大約是 0.7。天然泥沙顆粒的阻力係數會比球狀顆粒的阻力係數大一些。寶國仁建議天然泥沙顆粒的阻力係數經驗關係式可以表示為

$$C_D = \begin{cases} \dfrac{32}{Re}\left(1+\dfrac{3}{16}Re\right) & \text{for } 0 < Re \le 0.25 \\[2mm] 1.2\sin^2\dfrac{\theta}{2}+\dfrac{16}{Re}\left(1+\dfrac{3}{16}Re\right)\left(1+\cos\dfrac{\theta}{2}\right) & \text{for } 0.25 < Re \le 14.55 \\[2mm] 1.2+\dfrac{16}{Re}\left(1+\dfrac{3}{16}Re\right)\left(1+\cos\dfrac{\theta}{2}\right) & \text{for } 14.55 < Re \le 850 \\[1mm] \qquad (\theta = 1.78\log 4Re) & \\[2mm] 1.2 & \text{for } Re \ge 850 \end{cases}$$

(3.46)

　　按照竇國仁公式所得阻力係數可知球狀顆粒的阻力係數很明顯小於天然泥沙的阻力係數，如圖 3.10 所示，這是因為天然泥沙顆粒大多不是球狀，球狀係數大約只有 0.7 或者更小一些。

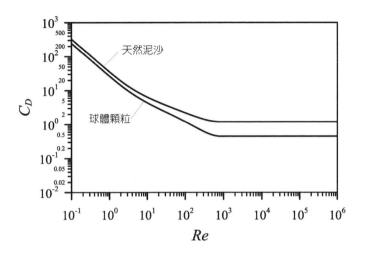

圖 3.10　比較竇國仁公式推求之球狀顆粒阻力係數與天然泥沙阻力係數

⧗ 3.2.4　沙玉清的經驗公式

1. 球狀顆粒

　　沙玉清依據 Rouse 曲線認為球狀顆粒在層流區（$Re < 0.2$）及紊流區（$Re > 853$）沉降速度 ω_0 與粒徑 d 有明確之顯性關係，如（3.14）式及（3.16）式所示，但是在介流區（$0.2 < Re < 853$）則沒有顯性關係，這是因為在介流區流體阻力係數和雷諾數的關係較為複雜所致。在介流區想由 $\omega_0 - d - C_D - Re$ 之關係式去直接從已知粒徑 d 推求沉降速度 ω_0 或者由已知 ω_0 推求 d 是無法得到的，因為 C_D 和 Re 都是 ω_0 和 d 的函數。沙玉清引進兩個新的參數，他稱之為沉速判數 S_a 及粒徑判數 d_*，來建立直接由已知粒徑 d 推求沉降速度 ω_0 或者由已知 ω_0 推求 d 的方法。

　　沉速判數的定義為

$$S_a = \frac{\omega_0}{g^{1/3}(G-1)^{1/3}v_f^{1/3}} \tag{3.47}$$

沉速判數是一個無因次沉速參數，也可由 Re 和 C_D 的比值推導而得，

$$S_a = \left(\frac{4}{3}\frac{Re}{C_D}\right)^{1/3} \tag{3.48}$$

粒徑判數的定義為

$$d_* = \frac{d}{g^{-1/3}(G-1)^{-1/3}v_f^{2/3}} = \left(\frac{(G-1)gd^3}{v_f^2}\right)^{1/3} \tag{3.49}$$

粒徑判數是一個無因次粒徑參數，它也等於 Re 和 S_a 的比值，即

$$d_* = \frac{Re}{S_a} \rightarrow d_* = \frac{\omega_0 d}{v_f}\left(\frac{g^{1/3}(G-1)^{1/3}v_f^{1/3}}{\omega_0}\right) = \left(\frac{(G-1)gd^3}{v_f^2}\right)^{1/3} \tag{3.50}$$

因此 S_a 也等於 Re 和 d_* 之比值，即

$$S_a = \frac{Re}{d_*} \tag{3.51}$$

依據前人實驗資料，沙玉清使用 S_a 和 d_* 兩個參數來建構層流區、介流區及紊流區之關係式，其中介流區的關係式是在雙對數紙上以圓的方程式將層流區及紊流區之關係式用圓弧作連接，如圖 3.11 所示。

$$\begin{cases} S_a = \dfrac{d_*^2}{18} & \text{if } S_a \le 0.134 \ (d_* \le 1.554) \\ (\log S_a + 3.665)^2 + (\log d_* - 5.777)^2 = 39 & \text{if } 0.134 < S_a < 13.83 \\ S_a = 1.76\sqrt{d_*} & \text{if } S_a \ge 13.83 \ (d_* \ge 61.68) \end{cases} \tag{3.52}$$

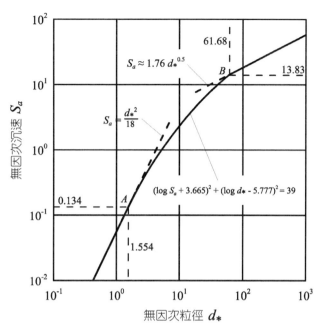

圖 3.11　球體顆粒在清水中沉降之沉速判數 S_a 及粒徑判數 d_* 之關係

　　當 S_a 和 d_* 兩個參數的關係清楚時，以比重 $G = 2.65$，可得沉降速度 ω_0 與粒徑 d 之顯性關係，如下列方程式所示：

$$\begin{cases} \omega_0 = 0.899\dfrac{d^2}{v_f} & \text{if } \dfrac{d}{v_f^{2/3}} \leq 0.614 \\[3mm] \left(\log\dfrac{\omega_0}{v_f^{1/3}}+3.262\right)^2 + \left(\log\dfrac{d}{v_f^{2/3}}-5.374\right)^2 = 39 & \text{if } 0.614 < \dfrac{d}{v_f^{2/3}} < 24.38 \\[3mm] \omega_0 = 7.05\sqrt{d} & \text{if } \dfrac{d}{v_f^{2/3}} \geq 24.38 \end{cases} \quad (3.53)$$

$$(\omega_0 \text{ in m/s}, \ d \text{ in m}, \ v_f \text{ in m}^2/\text{s})$$

2. 非球狀顆粒

　　就如前面提到的，天然泥沙形狀並非光滑的球狀，形狀係數大約接近 0.7，以等容粒徑來當作非球狀顆粒的代表粒徑。非球狀顆粒的沉降速度受到形狀之影響，所受到的流體阻力較大，沉速較低。在相同球徑條件下，非球狀顆粒的沉速與球狀顆粒的沉速比值稱為沉速比率 K，K 值介於 0～1

之間。非球狀顆粒沉降的 S_a 和 d_* 之關係式可以寫成

$$
\begin{cases}
S_a = K_1 \dfrac{d_*^2}{18} & \text{if } S_a \leq 0.134 \ \ (d_* \leq 1.554) \\[2mm]
(\log \dfrac{S_a}{K_2} + 3.665)^2 + (\log d_* - 5.777)^2 = 39 & \text{if } 0.134 < S_a < 13.83 \\[2mm]
S_a = 1.76 K_3 \sqrt{d_*} & \text{if } S_a \geq 13.83 \ \ (d_* \geq 61.68)
\end{cases}
\tag{3.54}
$$

其中層流區、介流區及紊流區之沉速比率 K_1、K_2 及 K_3 的大小與顆粒形狀有關，沙玉清依據大量實驗資料認為沉速比率是顆粒粒徑及球度係數 S_p 的函數，$K = K(d_*, S_p)$，其關係大致可以表示成

$$
\begin{cases}
K_1 = S_p^{0.6} & \text{if } d_* \leq 1.554 \\[2mm]
K_2 = S_p^{0.6} - \dfrac{S_p^{0.6} - S_p^{2.2}}{60}(d_* - 1.55) & \text{if } 1.554 < d_* < 61.68 \\[2mm]
K_3 = S_p^{2.2} & \text{if } d_* \geq 61.68
\end{cases}
\tag{3.55}
$$

自然泥沙顆粒的大小及形狀非常不規則，一般來說泥沙顆粒的沉降運動規律如果依照粒徑大小作為區分的話，大致上可區分為三個類型：

(1) 礫石類：$d > 2$ mm，沉降運動規律屬於紊流區。

(2) 沙類：$0.1 < d < 2$ mm，沉降運動規律屬於介流區。

(3) 泥類：$d < 0.1$ mm，沉降運動規律屬於層流區。

如前所述，自然泥沙顆粒在層流區、介流區及紊流區之沉速比率 K_1、K_2 及 K_3 的大小與顆粒形狀有關，變化相當大，沙玉清建議可以取其平均值處理：$K_1 = 0.75$、$K_2 = 0.75$ 及 $K_3 = 0.65$。當 S_a 和 d_* 兩個參數的關係清楚時，加入平均的沉速比率值，可建立適用於自然泥沙之沉降速度 ω_0 與粒徑 d 之顯性關係式

$$\begin{cases} \omega_0 = 0.674 \dfrac{d^2}{v_f} & \text{if } d \leq 0.0001 \text{ m} \\[2mm] (\log \dfrac{\omega_0}{v_f^{1/3}} + 3.386)^2 + (\log \dfrac{d}{v_f^{2/3}} - 5.374)^2 = 39 & \text{if } 0.0001 < d < 0.002 \text{ m} \\[2mm] \omega_0 = 4.58\sqrt{d} & \text{if } d \geq 0.002 \text{ m} \end{cases} \quad (3.56)$$

$$(\omega_0 \text{ in m/s}, d \text{ in m}, v_f \text{ in m}^2/\text{s})$$

⧗ 3.2.5 程年生的經驗公式

如前所述，泥沙顆粒的沉降規律可以區分為層流區、介流區及紊流區。天然泥沙在層流區及紊流區有顯性的沉降規律，以阻力係數 C_D 的表達方式來說，在層流區 C_D 和 Re 的一次方成反比，$C_D = A / Re$；在紊流區 C_D 接近於常數，$C_D = B$。程年生（Cheng, N.S.）曾經提出一個連結層流區及紊流區兩端 C_D 關係式的方法，建立介流區的 C_D 的關係式（Cheng, 1997），即

$$C_D = \left[\left(\dfrac{A}{Re} \right)^{1/n} + B^{1/n} \right]^n \quad (3.57)$$

依據天然泥沙沉降資料，上式 $A = 32$、$B = 1.0$ 及 $n = 1.5$，即

$$C_D = \begin{cases} \dfrac{32}{Re} & \text{if } Re \leq 1 \\[3mm] \left[\left(\dfrac{32}{Re} \right)^{2/3} + 1 \right]^{3/2} & \text{if } 1 < Re \leq 10^3 \\[3mm] 1.0 & \text{if } Re > 10^3 \end{cases} \quad (3.58)$$

上式在 $Re = 1$ 及 $Re = 1,000$ 兩處的 C_D 值都有 15% 的落差。由阻力係數 C_D 關係式可以建立 Re 與 d_* 之關係式

$$C_D = \frac{4}{3}\frac{(G-1)\,gd}{\omega_0^2} = \frac{4}{3}\frac{d_*^3}{Re^2} \to Re = \left(\frac{4}{3}\frac{d_*^3}{C_D}\right)^{1/2} \tag{3.59}$$

結合上面兩個式子可以推得介流區 Re 與 d_* 之關係式

$$C_D = \frac{4}{3}\frac{d_*^3}{Re^2} = \left[\left(\frac{32}{Re}\right)^{2/3}+1\right]^{3/2}$$

$$\to \left(\frac{4}{3}\frac{d_*^3}{Re^2}\right)^{2/3} = \left(\frac{32}{Re}\right)^{2/3}+1 \tag{3.60}$$

$$\to (Re^{2/3})^2 + (32)^{2/3}Re^{2/3} - (4/3)^{2/3}d_*^2 = 0$$

求解上式一元二次方程式可得

$$Re^{2/3} = \frac{-(32)^{2/3}+\sqrt{(32)^{4/3}+4(4/3)^{2/3}d_*^2}}{2}$$

$$\to Re = \left[\sqrt{(4)^{7/3}+(4/3)^{2/3}d_*^2} - (2)^{7/3}\right]^{3/2} \tag{3.61}$$

$$= \left[\sqrt{25.4+1.21d_*^2} - 5.04\right]^{3/2}$$

因此天然泥沙在層流區、介流區及紊流區的 Re 與 d_* 之沉降規律可以分別
表示為

$$Re = \begin{cases} \dfrac{d_*^3}{24} & \text{if } d_* \le \sqrt[3]{24} \\[2mm] \left(\sqrt{25.4+1.21d_*^2}-5.04\right)^{3/2} & \text{if } \sqrt[3]{24} < d_* \le 100\sqrt[3]{3/4} \\[2mm] \dfrac{2}{\sqrt{3}}d_*^{3/2} & \text{if } d_* > 100\sqrt[3]{3/4} \end{cases} \tag{3.62}$$

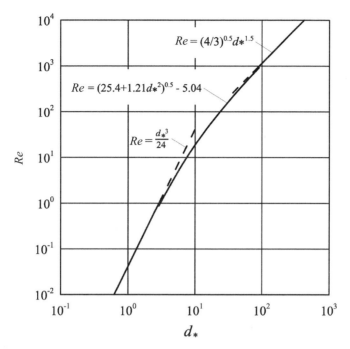

$$Re = (4/3)^{0.5}d_*^{1.5}$$

$$Re = (25.4 + 1.21d_*^2)^{0.5} - 5.04$$

$$Re = \frac{d_*^3}{24}$$

圖 3.12　程年生天然泥沙沉降雷諾數 Re 與無因次粒徑 d_* 之關係

3.2.6　郭俊克的經驗公式

1. 對數相配法

　　對於已知在變數最小端及最大端的兩個極端解，郭俊克提出使用對數相配法（Logarithmic matching）來連結自變數最小及最大兩個極端區域解，建立最小端過渡至最大端之間的解（Guo, 2002）。例如 x 為自變數，y 為應變數，$y = y(x)$，已知自變數最小端及最大端的兩個極端解分別為

$$y = A_1 \ln x + C_1 \quad \text{for } x \ll x_0 \tag{3.63}$$

$$y = A_2 \ln x + C_2 \quad \text{for } x_0 \gg x \tag{3.64}$$

Guo 建議兩個對數相配模式來描述從最小端至最大端過渡區的解：

$$y = A_1 \ln x + \alpha \ln\left[1 + \left(\frac{x}{x_0}\right)^\beta\right] + C_1 \text{（模式一）} \qquad (3.65)$$

$$y = A_2 \ln x - \alpha \ln\left\{1 - \exp\left[-\left(\frac{x}{x_0}\right)^\beta\right]\right\} + C_2 \text{（模式二）} \qquad (3.66)$$

配合邊界條件可得此兩模式過渡區的解分別為

$$y = A_1 \ln x + \frac{A_2 - A_1}{\beta} \ln\left[1 + \left(\frac{x}{x_0}\right)^\beta\right] + C_1 \qquad (3.67)$$

$$y = A_2 \ln x - \frac{A_2 - A_1}{\beta} \ln\left\{1 - \exp\left[-\left(\frac{x}{x_0}\right)^\beta\right]\right\} + C_2 \qquad (3.68)$$

其中 β 為待定係數，x_0 為兩個極端解的交叉點，

$$x_0 = \exp[(C_1 - C_2) / (A_2 - A_1)] \qquad (3.69)$$

2. 天然泥沙沉降規律

對於天然泥沙沉降運動在層流區及紊流區之 Re 與 d_* 關係分別為

$$\text{層流區：} Re = \frac{d_*^3}{24} \rightarrow \ln Re = 3 \ln d_* - \ln 24 \qquad (3.70)$$

$$\text{紊流區：} Re = \left(\frac{4d_*^3}{3}\right)^{1/2} \rightarrow \ln Re = \frac{3}{2} \ln d_* - \ln\sqrt{\frac{4}{3}} \qquad (3.71)$$

Guo 採用對數相配法（模式一）建立顆粒沉降在介流區之 Re-d_* 關係為

$$\ln Re = 3 \ln d_* - \frac{3}{2\beta} \ln\left[1 + \left(\frac{d_*}{\sqrt[3]{768}}\right)^\beta\right] - \ln 24$$

$$\rightarrow Re = \frac{d_*^3}{24}\left[1 + \left(\frac{d_*}{\sqrt[3]{768}}\right)^\beta\right]^{-\frac{3}{2\beta}} \qquad (3.72)$$

配合實驗資料可推估得到 $\beta \approx 1.5$，

$$Re = \frac{d_*^3}{24}\left[1+\left(\frac{d_*}{\sqrt[3]{768}}\right)^{3/2}\right]^{-1} = \frac{d_*^3}{24\left(1+\frac{d_*^{3/2}}{\sqrt{768}}\right)} = \frac{d_*^3}{24+\frac{\sqrt{3}}{2}d_*^{3/2}} \quad （3.73）$$

因此天然泥沙在層流區、介流區及紊流區的 Re 與 d_* 之沉降規律為

$$Re = \begin{cases} \dfrac{d_*^3}{24} & \text{if } d_* \leq \sqrt[3]{24} \\[3mm] \dfrac{d_*^3}{24+\dfrac{\sqrt{3}}{2}d_*^{3/2}} & \text{if } \sqrt[3]{24} < d_* \leq 100/\sqrt[3]{3} \\[3mm] \dfrac{2}{\sqrt{3}}d_*^{3/2} & \text{if } d_* > 100/\sqrt[3]{3} \end{cases} \quad （3.74）$$

及

$$C_D = \begin{cases} \dfrac{768}{d_*^3} & \text{if } d_* \leq \sqrt[3]{24} \\[3mm] \dfrac{4}{3}\left(\dfrac{24}{d_*^{3/2}}+\dfrac{\sqrt{3}}{2}\right)^2 & \text{if } \sqrt[3]{24} < d_* \leq 100/\sqrt[3]{3} \\[3mm] 1.0 & \text{if } d_* > 100/\sqrt[3]{3} \end{cases} \quad （3.75）$$

3. 球狀顆粒沉降規律

同理可以得到球狀顆粒在層流區、介流區及紊流區的 Re 與 d_* 之關係為

$$Re = \begin{cases} \dfrac{d_*^3}{18} & \text{if } d_* \leq \sqrt[3]{18} \\[3mm] \dfrac{d_*^3}{18+\dfrac{d_*^{3/2}}{\sqrt{3}}} & \text{if } \sqrt[3]{18} < d_* \leq 100/\sqrt[3]{3} \\[3mm] \sqrt{3}d_*^{3/2} & \text{if } d_* > 100/\sqrt[3]{3} \end{cases} \quad （3.76）$$

及

$$C_D = \begin{cases} \dfrac{432}{d_*^3} & \text{if } d_* \leq \sqrt[3]{18} \\[3mm] \dfrac{4}{3}\left(\dfrac{18}{d_*^{3/2}} + \dfrac{1}{\sqrt{3}}\right)^2 & \text{if } \sqrt[3]{18} < d_* \leq 100/\sqrt[3]{3} \\[3mm] \dfrac{4}{9} & \text{if } d_* > 100/\sqrt[3]{3} \end{cases} \qquad (3.77)$$

3.3 影響顆粒沉降速度的因素

⧗ 3.3.1 顆粒形狀對沉降速度的影響

影響顆粒沉降速度的因素除了顆粒大小之外，還有顆粒的形狀、顆粒的比重、邊界的影響及流體的含沙濃度等等。對於天然泥沙而言，泥沙的形狀不是球形時，可以用泥沙的篩孔粒徑或軸平均粒徑代替球徑推估天然泥沙的沉降速度。日本學者吉良八郎曾實驗推求天然粗泥沙在高雷諾數情況下，天然泥沙長、中、短三軸直徑 a、b、c 與沉降速度之關係為

$$\omega_0 = 15(c/a)^{1/3}(abc)^{1/6} \qquad (3.78)$$
$$(\omega_0 \text{ in cm/s, and } a, b, c \text{ all in mm})$$

此外，對非球形顆粒做沉降運動時，由於尾跡中的紊動的影響，高雷諾數條件下，顆粒在下沉時會不斷擺動或打轉。鑒於物體的旋轉與物體的慣性力矩有關，因此阻力係數與比重有關。在同一雷諾數下，阻力係數因比重的增加而減小。顆粒沉降時，靠近側壁的顆粒，其阻力係數較大，沉降速度較小。泥沙在沉降中逐漸接近河床面時，將受床面影響而減速。

⌛ 3.3.2 亂流對沉降速度的影響

由於亂流的影響，顆粒在沉降中不斷打轉，不能以最穩定的方位下沉，從而使泥沙沉降速度減小。由於亂流的影響，使泥沙在沉降中有時受到加速運動，有時又受到減速運動。這時，作用在沙粒上的阻力除了水流的正常阻力以外，還要加上因為加速（或減速）運動而產生的額外阻力，此項阻力為虛質量力，又稱附加質量力（Added-mass force）。

$$虛質量力 = C_A m_f \frac{dV}{dt} \tag{3.79}$$

其中 C_A = 附加質量力係數，因物體大小、形狀、運動方式、液體黏滯性及液體密度而有所不同。水流中存在紊動，將使顆粒頂部的分離點位置及顆粒表面的壓力分布發生變化，從而使顆粒所受的阻力減少或增大。

⌛ 3.3.3 邊界對沉降速度的影響

實際的流體由於具有黏滯性，在固體邊界上具有滑動的特性，因此當顆粒接近固體邊界時，流體的阻力比較大，使得顆粒的沉降受到影響，沉降速度較小一些。測定顆粒沉降速度的設備，嚴格說來，要符合下列兩個條件：(1) 流體是靜止的、均值的、等溫的，(2) 沉降過程不受邊界的影響（或是說流體的容積是無限大的）。在進行顆粒沉降速度的過程，我們可以盡量做到流體是靜止、均值及等溫的要求，但是量測容器的大小總是有限的。

因此用有限容器大小所量測的沉降速度需要做一些調整。1907 年拉登堡（Ladenburg）提出一條公式將有限容器量測的沉降速度 ω_{DL} 轉換成無窮容器量測的沉降速度 ω_0，公式說明如下：

$$\omega_0 = K_f \omega_{DL} = [(1 + 2.4 \frac{d}{D})(1 + 1.7 \frac{L}{D})] \omega_{DL} \tag{3.80}$$

上式中 K_f 為修正係數，d 為顆粒直徑，D 及 L 分別為量測筒容器直徑及長度。

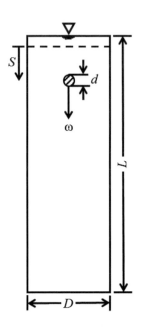

圖 3.13　用量測筒量測泥沙顆粒之沉降速度

⧗ 3.3.4　含沙濃度對沉降速度的影響

　　當一顆沙粒在沉降過程中，將會引起周圍的水流也發生運動。在同時存在其他沙粒時，由於沙粒和液體比較起來是堅實不易變形的，因此在沙粒附近的水流就會受到阻尼而不能自由流動，這樣就等於增加了液體的黏滯性，從而使泥沙沉速減低。水體中存在細顆粒的情況下，由於細顆粒形成絮團或結構的結果，將使渾水的黏滯性有更大的改變，從而使顆粒沉速有更大幅的變化。渾水含沙濃度愈高，渾水作用在泥沙的阻力愈大，泥沙的沉速愈小，其間關係大致上可用冪定律表示，即

$$\frac{\omega}{\omega_0} = \left(1 - C_v\right)^m \tag{3.81}$$

其中 C_v 為水體中泥沙濃度，ω_0 為清水條件下泥沙沉降速度，指數 m 為待

定係數，2 < *m* < 7。一般粗顆粒用較小之 *m* 值，細顆粒則用較大之 *m* 值。低雷諾數（層流）時 *m* 值較大，高雷諾數（亂流）時 *m* 值較小。

下列說明（3.81）式的推導過程。由於細泥沙顆粒比較容易懸浮在水體中，在符合 Stokes 公式範圍內的細顆粒條件下，從 Stokes 公式出發，單一顆粒泥沙在清水中以等速度做沉降運動時，力的平衡關係式為

$$\left(\rho_s - \rho_f\right)g\frac{\pi d^3}{6} = 3\pi\mu_f d\omega_0 \qquad (3.82)$$

其中 μ_f 為清水的動力黏滯度；ω_0 為單顆泥沙在清水中的沉降速度。當清水加入泥沙成為渾水之後，渾水中的泥沙對於沉降的泥沙顆粒會有阻礙作用，因而降低沉降速度。ω_m 為泥沙在渾水中的沉降速度。對於含沙濃度為 C_v 的渾水，渾水對於顆粒沉降速度影響情況可分三點說明：

(1)（3.82）式中原清水黏滯度 μ_f 應改為渾水黏滯度 μ_m；

(2) 渾水中泥沙顆粒會占去部分的體積，單位體積占去的量就是含沙濃度 C_v；顆粒下沉時引起水的回流，泥沙顆粒與周圍水體的相對速度略高於顆粒的沉降速度。在渾水中沉降顆粒與周圍水體的相對速度是 $\omega_m(1 - C_v)$。

(3)（3.41）式中原清水密度 ρ_f 改為渾水的密度 ρ_m，

$$\rho_m = \rho_s C_v + \rho_f\left(1 - C_v\right) \qquad (3.83)$$

$$\begin{aligned}\left(\rho_s - \rho_m\right) &= \rho_s\left(1 - C_v\right) - \rho_f\left(1 - C_v\right) \\ &= \left(\rho_s - \rho_f\right)\left(1 - C_v\right)\end{aligned} \qquad (3.84)$$

渾水中顆粒沉降時重力與流體阻力的平衡關係改寫成為

$$\left(\rho_s - \rho_m\right)g\frac{\pi d^3}{6} = 3\pi\mu_m d\frac{\omega_m}{\left(1 - C_v\right)} \qquad (3.85)$$

將（3.84）式代入（3.85）式得

$$\left(\rho_s - \rho_f\right)g\frac{\pi d^3}{6} = 3\pi\mu_m d\frac{\omega_m}{\left(1-C_v\right)^2} \qquad (3.86)$$

由（3.82）式及（3.86）式得

$$3\pi\mu_m d\frac{\omega_m}{\left(1-C_v\right)^2} = 3\pi\mu_f d\omega_0 \rightarrow \frac{\omega_m}{\omega_0} = \frac{\mu_f}{\mu_m}(1-C_v)^2 \qquad (3.87)$$

上式之相對黏滯度 μ_f / μ_m 也是隨含沙濃度 C_v 的增加而減小，若他們的關係可以表示成

$$\frac{\mu_f}{\mu_m} = (1-C_v)^n \qquad (3.88)$$

則由（3.87）式可得

$$\frac{\omega_m}{\omega_0} = \left(1-C_v\right)^{n+2} = \left(1-C_v\right)^m \qquad (3.89)$$

前述的推導結果與（3.81）式相同。渾水含沙濃度愈高，在渾水中顆粒沉降速度愈小。圖 3.14 顯示三種不同指數（$m = 2$、4、6）之無因次渾水中顆粒沉降速度與渾水含沙濃度之關係。

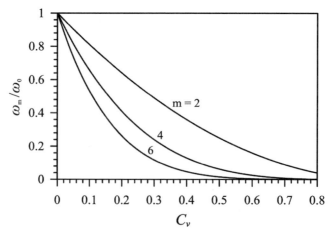

圖 3.14　渾水中顆粒無因次沉降速度與渾水含沙濃度之關係

3.4　圖解法求沉降速度

如前所述，沉降速度公式（3.4）式中包含阻力係數 C_D，但 C_D 又是沉降速度的函數，因此無法直接求得沉降速度。在計算沉降速度時，需要使用試算法。為了避免繁雜的試算，也可以用圖解法求得沉降速度，本節說明如何建立圖解法推求沉降速度。首先將阻力公式（3.2）式及雷諾數，重新整理後合併改寫成

$$\frac{\pi}{6}(\rho_s - \rho_f)gd^3 = \frac{\pi}{8}C_D\rho_f d^2\omega_0^2$$

$$\rightarrow \frac{\pi}{6}\frac{(\rho_s - \rho_f)gd^3}{\rho_f v_f^2} = \frac{\pi}{8}C_D\frac{\omega_0^2 d^2}{v_f^2} \qquad (3.90)$$

$$\rightarrow \frac{F}{\rho_f v_f^2} = \frac{\pi}{8}C_D Re^2 \rightarrow C_D = \left(\frac{8F_*}{\pi}\right)\frac{1}{Re^2}$$

其中無因次參數 F_*

$$F_* = \frac{F}{\rho_f v_f^2} = \frac{\pi}{6}\frac{\rho_s - \rho_f}{\rho_f}\frac{gd^3}{v_f^2} \qquad (3.91)$$

⌛ 3.4.1　有阻力係數與雷諾數之關係曲線時

當有阻力係數與雷諾數之經驗關係曲線或公式，

$$C_D = f(Re) \qquad (3.92)$$

可以用圖解法推算出 C_D、Re 及 ω_0 值。因為當知道泥沙顆粒大小、泥沙密度、流體密度及流體黏滯度時，可以計算出參數 F_* 值。對任一個固定的 F_* 值而言，（3.90）式在對數紙上是一條斜率為 -2 的直線，

$$\log C_D = \log\left(\frac{8F_*}{\pi}\right) - 2\log Re \tag{3.93}$$

此直線與 $C_D - Re$ 經驗關係曲線之交點，如圖 3.15 所示，可得已知 F_* 值下所對應之 C_D 及 Re 值，再由所得到的 Re 值可求得沉降速度。對於比重為 2.65、粒徑為 d 的泥沙在 20℃清水的沉降運動，參數 F_* 和 d 的關係式可簡化為

$$F_* = \frac{F}{\rho_f v_f^2} = \frac{\pi}{6}\frac{\rho_s - \rho_f}{\rho_f}\frac{gd^3}{v_f^2} \approx 8,475d^3 \quad (d \text{ in mm}) \tag{3.94}$$

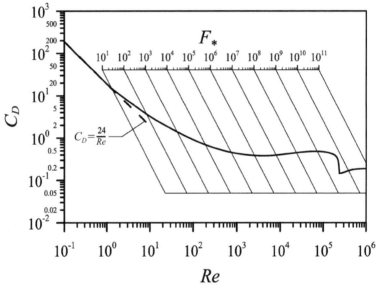

圖 3.15 球狀顆粒 $C_D - Re - F_*$ 關係圖

圖解法求 C_D、Re 及 ω_0 之步驟：

1. 已知泥沙粒徑、泥沙密度、流體密度及流體黏滯度，計算 F_* 值。
2. 在 $C_D - Re - F_*$ 對數關係圖上沿著已知 F_* 繪出一條直線，找出它與 $C_D - Re$ 曲線之交點 (Re, C_D)。
3. 由已知 F_* 直線與 $C_D - Re$ 曲線之交點，找出對應之 C_D 及 Re 值。
4. 由 Re 值推算沉降速度，$\omega_0 = Red / v_f$。

例題 3.2

已知泥沙顆粒粒徑 $d = 0.7$ mm 及密度 $\rho_s = 2.65$ g/cm^3，試使用圖解法求此泥沙顆粒在 20℃清水中之沉降速度 ω_0。

答：

(1) $F_* = \dfrac{\pi}{6} \dfrac{\rho_s - \rho_f}{\rho_f} \dfrac{gd^3}{v_f^2} \approx 8,475d^3 = 8,475 \times 0.7^3 = 2907$。

(2) 在 $C_D - Re - F_*$ 對數關係圖上繪出 $F_* = 2907$ 之直線。

(3) $F_* = 2907$ 直線與 $C_D - Re$ 曲線交點 $(Re, C_D) = (85, 1.2)$。

(4) 沉降速度 $\omega_0 = Re \dfrac{v_f}{d} = 85 \times \dfrac{1\ \text{mm}^2/s}{0.7\ \text{mm}} = 121.4$ mm/s $= 0.121$ m/s。

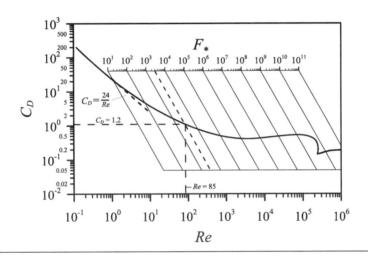

🕰 3.4.2 有阻力係數與雷諾數之關係方程式時

有阻力係數與雷諾數之理論或經驗方程式時，例如 Fair 等人的 $C_D - Re$ 經驗方程式（3.26）式，（3.91）式結合 $C_D - Re$ 經驗方程式可以得到下列 $F_* - Re$ 經驗方程式

$$F_* = \begin{cases} 3\pi Re & \text{if } Re \leq 1 \\ 3\pi Re + 0.375\pi Re^{1.5} + 0.0425\pi Re^2 & \text{if } 1 < Re \leq 10^4 \\ 0.05\pi Re^2 & \text{if } Re > 10^4 \end{cases} \quad (3.95)$$

或寫成

$$F_* = \begin{cases} 9.425Re & \text{if } Re \leq 1 \\ 9.425Re + 1.178Re^{1.5} + 0.134Re^2 & \text{if } 1 < Re \leq 10^4 \\ 0.157Re^2 & \text{if } Re > 10^4 \end{cases} \quad (3.96)$$

先由泥沙粒徑、泥沙密度、流體密度及流體黏滯度等資料計算出 F_* 值,再由 F_* – Re 經驗方程式直接求解對應之 Re 值。或者,為了方便起見,免於計算,可以先利用上述方程式建立 F_* – Re 經驗關係曲線圖,然後在已知 F_* 值情況下,用圖解法推算出對應之 Re 值,然後再推求出 ω_0 值。

沿用先前例題 3.2 的內容,在已知 $F_* = 2{,}907$ 的條件下,使用 F_* – Re 經驗關係曲線圖,如圖 3.16 所示,可推求得雷諾數 $Re = 89.4$,進而可推求得粒徑為 0.7 mm 的球狀顆粒在 20℃清水中的沉降速度 $\omega_0 = 128$ mm/s($\omega_0 = Rev_f / d = 89.4/0.7 = 128$ mm/s)。此結果略高於原先例題 3.2 中使用圖解法的結果,其間差異 5% 尚在合理誤差範圍之內。

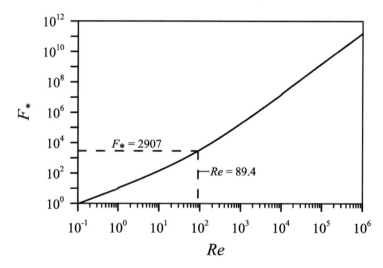

圖 3.16　已知 F_* 值使用 F_* – Re 經驗曲線推求球狀顆粒沉降之 Re 值

3.5 球體沿傾斜渠床運動之阻力係數

土石流（Debris flow）、顆粒流（Granular flow）及底床載（Bed load）都是固體顆粒與流體之混合體的運動現象。雖然它們在運動性質及力學機制上有所不同，在運動行為方面都是沿著坡面向下游運動。也就是說，土石流、顆粒流及底床載等，這類的顆粒運動不是處於自由落體現象，而是沿著床面邊界在運動，除了流體阻力之外，顆粒與底床間的碰撞與摩擦也形成阻力。因此，有需要了解顆粒沿著床面運動的阻力係數及其他特性。Carty 在 1957 年提出球狀顆粒在重力作用下沿著光滑斜面運動之實驗結果，首先提出球狀顆粒沿光滑斜面運動之流體阻力係數大於自由落體之流體阻力係數。接著 Garde & Sethuraman 在 1969 年提出球狀顆粒在重力作用下沿著光滑及粗糙斜面運動之實驗結果，結果顯示球體沿光滑及粗糙斜面滾動之流體阻力係數均大於自由落下之流體阻力係數，但是由於沒有考量滾動顆粒與底床的碰撞效應，在雷諾數大於 200 時，粗糙斜面滾動之阻力係數大於光滑斜面滾動之阻力係數；但在雷諾數小於 200 時，光滑斜面滾動之阻力係數反而遠大於粗糙斜面滾動之阻力係數，此結果有些奇怪。

考量球體顆粒在沿粗糙斜面運動過程中與底床的摩擦與碰撞效應，詹錢登在沈學汶教授指導下進一步進行理論分析及實驗研究，並在 1992 年提出在相同的雷諾數下，球體沿粗糙斜床運動之阻力係數略大於其沿光滑斜面之阻力係數，而且兩者皆遠比自由落體之流體阻力係數為大。他們的球體沿光滑及粗糙傾斜渠床運動之實驗配置，如圖 3.17 所示。當顆粒在重力作用下沿渠床向下游運動時，顆粒會受到來自渠床的摩擦、碰撞阻力及其周圍的流體阻力。當作用在顆粒上所有力達到平衡時，顆粒將以穩定之終端流速向渠床下游滾動。他們進行實驗及理論分析探討球狀顆粒以終端流速向渠床下游滾動，所受到之滾動阻力及流體阻力，並分析滾動阻力係數及流體阻力係數，以迴歸分析法求得流體阻力係數與雷諾數之關係式。他們的結果顯示，在相同的雷諾數下，球狀顆粒沿粗糙渠床滾動之流體阻力係數略大於其沿光滑渠床之流體阻力係數，而兩者皆遠比自由落下之流體

阻力係數為大（Jan and Shen, 1995）。

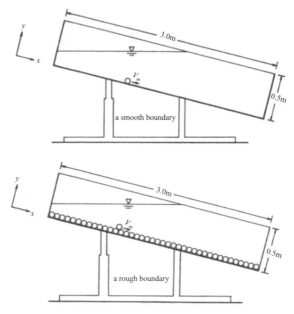

圖 3.17　球體沿光滑及粗糙傾斜渠床運動之實驗配置（Jan and Shen, 1995）

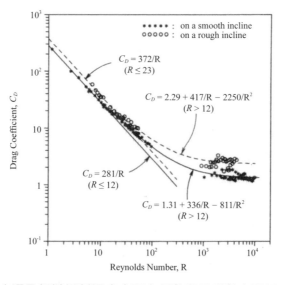

圖 3.18　球體沿光滑及粗糙傾斜渠床之阻力係數與雷諾數之關係（Jan and Shen, 1995）

3.6 瞬時沉降速度

　　如前所述，在靜止的流體中放入一顆泥沙讓泥沙做沉降運動，剛開始的時候，泥沙由於受到重力作用，沉降的速度由零逐漸加大，屬於加速度運動。泥沙在沉降過程除了受到重力的影響之外，也會受到流體阻力的作用，流體阻力和泥沙沉降的速度成非線性正比關係；當沉降的速度愈大時，流體阻力也愈大，當流體阻力與重力作用平衡時，泥沙將做等速沉降運動。

⧗ 3.6.1 瞬時沉降關係式

　　考量一顆粒徑為 d、密度為 ρ_s 的球體，在無限寬廣的靜止流體中，重力及流體阻力作用下，做沉降運動，依據牛頓第二定理，由所有作用力與加速度間的關係式，可以推算球體沉降速度 ω 與球體特性及流體特性間之關係。當球體的重量 W_s、球體在流體中所受的浮力 W_f 與其所受的流體阻力 F_D 達到平衡時：

$$M \frac{d\omega}{dt} = W_s - W_f - F_D \tag{3.97}$$

其中，M = 球體質量 = $\rho_s \pi d^3 / 6$，W_s = 球體重量 = $\rho_s g \pi d^3 / 6$，W_f = 球體所受浮力 = $\rho_s g \pi d^3 / 6$，ρ_f = 流體的密度，g = 重力加速度，F_D 為流體阻力。在非等速沉降運動過程中流體阻力除了直接作用在球體的流體阻力之外，還包括球體在加速過程中其周圍流體受到加速擾動所產生的虛質量力，又稱附加質量力（Added-mass force），以及加速歷程效應之歷程力（History force）。以相對大小來說，歷程力很小，為了簡化，一般計算時常忽略不計。

⌛ 3.6.2 細顆粒瞬時沉降速度

對於細顆粒泥沙，終端沉降速度很小，雷諾數低（$Re < 1$），在符合 Stokes 流體阻力範圍內，流體阻力可用 Stokes 公式表示，則流體阻力 F_D 含附加質量力可以表示成

$$F_D = 3\rho_f v_f \pi d\omega + \frac{1}{6} C_A \rho_f \pi d^3 \frac{d\omega}{dt}$$（3.98）

其中 C_A = 附加質量係數，對於球體自由沉降，C_A 介於 0.5～1.05。假設 C_A = 0.5，將（3.31）式代入（3.30）式後，進行整理

$$\frac{\rho_s \pi d^3}{6} \frac{d\omega}{dt} = \frac{(\rho_s - \rho_f) g\pi d^3}{6} - 3\rho_f v_f \pi d\omega - \frac{\rho_f \pi d^3}{12} \frac{d\omega}{dt}$$

$$\rightarrow (2\rho_s + \rho_f) d^2 \frac{d\omega}{dt} + 36\rho_f v_f \omega = 2(\rho_s - \rho_f) gd^2$$（3.99）

$$\rightarrow \frac{d\omega}{dt} + \frac{36\rho_f v_f}{(2\rho_s + \rho_f) d^2} \omega = \frac{2(\rho_s - \rho_f) g}{(2\rho_s + \rho_f)}$$

再令 $G = \rho_s / \rho_f$ = 比重，重新整理後可得時變性沉降速度方程式

$$\frac{d\omega}{dt} + \frac{36 v_f}{(2G+1) d^2} \omega = \frac{2(G-1) g}{(2G+1)}$$（3.100）

上式是一階一次線性非齊次常係數常微分方程式。起始條件：時間 $t = 0$，$\omega(0) = 0$。將上式左右兩邊乘上積分因子後變成正合微分方程式，再配合起始條件就可以求得沉降速度 $\omega(t)$ 隨時間之變化。

$$e^{\frac{36v_f t}{(2G+1)d^2}} \frac{d\omega}{dt} + e^{\frac{36v_f t}{(2G+1)d^2}} \frac{36v_f t}{(2G+1)d^2} e^{\frac{36v_f t}{(2G+1)d^2}} \omega = \frac{2(G-1)g}{(2G+1)} e^{\frac{36v_f t}{(2G+1)d^2}}$$

$$\rightarrow \frac{d}{dt}\left(\omega e^{\frac{36v_f t}{(2G+1)d^2}}\right) = \frac{2(G-1)g}{(2G+1)} e^{\frac{36v_f t}{(2G+1)d^2}}$$（3.101）

$$\rightarrow \omega e^{\frac{36v_f t}{(2G+1)d^2}} = \frac{2(G-1)g}{(2G+1)} \int e^{\frac{36v_f t}{(2G+1)d^2}} dt$$

$$\rightarrow \omega = \frac{(G-1)gd^2}{18v_f} + Ce^{\frac{-36v_f t}{(2G+1)d^2}}$$

再配合起始條件：$t = 0$，$\omega(0) = 0$ 及 $t \rightarrow \infty$，$\omega = \omega(\infty) = \omega_0$，得

$$\omega(t) = \omega_0 \left(1 - e^{\frac{-36v_f t}{(2G+1)d^2}}\right) \tag{3.102}$$

其中

$$\omega_0 = \frac{(G-1)gd^2}{18v_f} \tag{3.103}$$

因此無因次沉降速度公式可以寫成

$$\frac{\omega}{\omega_0} = 1 - \exp\left(\frac{-36v_f t}{(2G+1)d^2}\right) \tag{3.104}$$

或者寫成

$$\frac{\omega}{\omega_0} = 1 - \exp\left(\frac{-36v_f t}{(2G+1)d^2}\right) = 1 - \exp\left(\frac{2(G-1)gt}{(2G+1)\omega_0}\right) \tag{3.105}$$

如果取到達 $\omega/\omega_0 = 0.99$ 所需的時間作為到達終端沉降速度的時間 t_0，則由上式可得

$$\exp\left(\frac{-36v_f t_0}{(2G+1)d^2}\right) = 1 - 0.99 = 0.01$$

$$\rightarrow t_0 = -\frac{(2G+1)d^2}{36v_f}\ln 0.01 = 4.605\frac{(2G+1)d^2}{36v_f} \tag{3.106}$$

將瞬時沉降速度對時間積分，可得瞬時沉降距離 $S(t)$ 隨時間之變化

$$S(t) = \int_0^t \omega dt = \omega_0 \int_0^t \left(1 - \exp\left(\frac{-36v_f t}{(2G+1)d^2}\right)\right) \tag{3.107}$$

$$\rightarrow S(t) = \omega_0 t - \frac{(2G+1)d^2\omega_0}{36v_f}\left(1 - \exp\left(\frac{-36v_f t}{(2G+1)d^2}\right)\right)$$

當 $t \rightarrow t_0$，到達終端平衡沉降速度的距離則是

$$S(t_0) = \omega_0 t_0 - \frac{(2G+1)d^2\omega_0}{36v_f}\left(1 - \exp\left(\frac{-36v_f t}{(2G+1)d^2}\right)\right)$$

$$= 4.605\frac{(2G+1)d^2\omega_0}{36v_f} - 0.99\frac{(2G+1)d^2\omega_0}{36v_f} \qquad (3.108)$$

$$= 3.615\frac{(2G+1)d^2\omega_0}{36v_f} = 3.615\frac{(2G+1)(G-1)gd^4}{648v_f^2}$$

對於天然泥沙，假設 $G = 2.65$，清水 20°C時 $v_f = 1 \text{ mm}^2/\text{s}$，粒徑 d 的單位取 mm，則

$$\frac{\omega}{\omega_0} = 1 - \exp\left(\frac{-36v_f t}{(2G+1)d^2}\right) = 1 - \exp\left(-\frac{5.714}{d^2}t\right) \qquad (3.109)$$

$$\omega = 899.25d^2\left(1 - \exp\left(-\frac{5.714}{d^2}t\right)\right) \qquad (3.110)$$

(ω in mm/s, d in mm, t in sec)

$$t_0 = 0.1279(2G+1)d^2 / v_f = 0.8058d^2 \qquad (3.111)$$

(d in mm, t_0 in sec)

$$S(t_0) = \frac{3.615(2G+1)(G-1)gd^4}{648v_f^2} = 568.8d^4 \qquad (3.112)$$

(S in mm, d in mm, t_0 in sec)

　　圖 3.19 比較粒徑 $d = 0.001 \text{ mm}$、0.01 mm 及 0.1 mm 等三種泥沙粒徑隨時間變化之沉降速度，它們三種粒徑到達終端沉降速度所需的時間 t_0 分別為 0.8×10^{-6} 秒、0.8×10^{-4} 秒及 0.008 秒。也就是說這些細顆粒泥沙非常快速到達終端沉降速度，幾乎一開始就到達終端沉降速度。以粒徑 $d = 0.1$ mm 為例，沉降距離只有 0.0566 mm 就達到終端沉降速度。

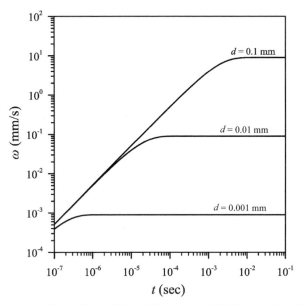

圖 3.19　比較三種細顆粒泥沙粒徑隨時間變化之沉降速度。

⧖ 3.6.3　粗顆粒瞬時沉降速度

對於粗顆粒泥沙，終端沉降速度大，雷諾數高（$Re > 10,000$），在高雷諾數時阻力係數接近常數（$C_D = 0.4 \sim 0.45$），直接作用在球體的流體阻力與沉降速度的二次方成正比，則包含附加質量力的流體阻力 F_D 可以表示成

$$F_D = \frac{1}{8} C_D \rho_f \pi d^2 \omega^2 + \frac{1}{6} C_A \rho_f \pi d^3 \frac{d\omega}{dt} \tag{3.113}$$

假設 $C_A = 0.5$，則沉降速度方程式可以表示成

$$\frac{\rho_s \pi d^3}{6} \frac{d\omega}{dt} = \frac{(\rho_s - \rho_f) g \pi d^3}{6} - \frac{C_D \rho_f \pi d^2 \omega^2}{8} - \frac{\rho_f \pi d^3}{12} \frac{d\omega}{dt}$$

$$\rightarrow (2\rho_s + \rho_f) d \frac{d\omega}{dt} + \frac{3 C_D \rho_f}{2} \omega^2 = 2 (\rho_s - \rho_f) g d \tag{3.114}$$

$$\rightarrow \frac{d\omega}{dt} + \frac{3 C_D \rho_f}{2(2\rho_s + \rho_f) d} \omega^2 = \frac{2(\rho_s - \rho_f) g}{(2\rho_s + \rho_f)}$$

再令 $G = \rho_s / \rho_f =$ 比重，重新整理後可得沉降速度方程式

$$\frac{d\omega}{dt} + \frac{3C_D}{2(2G+1)d}\omega^2 = \frac{2(G-1)g}{(2G+1)} \qquad (3.115)$$

上式是一階一次非線性非齊次常係數常微分方程式。起始條件：時間 $t = 0$，$\omega(0) = 0$。

$$\frac{d\omega}{dt} = \frac{2(G-1)g}{(2G+1)}\left(1 - \frac{3C_D\omega^2}{4(G-1)gd}\right) = \frac{2(G-1)g}{(2G+1)}\left(1 - \left(\frac{\omega}{\omega_0}\right)^2\right)$$

$$\rightarrow \frac{dt}{d\omega} = \frac{(2G+1)}{2(G-1)g}\left(1 - \left(\frac{\omega}{\omega_0}\right)^2\right)^{-1} \qquad (3.116)$$

其中

$$\omega_0 = \sqrt{\frac{4(G-1)gd}{3C_D}} \qquad (3.117)$$

將上述常微分方程式重新排列整理後直接積分，再配合起始條件就可以求得沉降速度 $\omega(t)$ 隨時間之變化。

$$t = \frac{(2G+1)}{2(G-1)g}\int\left(1 - \left(\frac{\omega}{\omega_0}\right)^2\right)^{-1}d\omega = \frac{(2G+1)\omega_0}{2(G-1)g}\int\left(1 - \left(\frac{\omega}{\omega_0}\right)^2\right)^{-1}d\left(\frac{\omega}{\omega_0}\right)$$

$$\rightarrow t = \frac{(2G+1)\omega_0}{2(G-1)g}\tanh^{-1}\left(\frac{\omega}{\omega_0}\right) + C \qquad (3.118)$$

由起始條件 $t = 0$，$\omega(0) = 0 \rightarrow C = 0$。將上式取其反函數，重新整理得

$$\omega = \omega_0 \tanh\left(\frac{2(G-1)}{(2G+1)}\frac{gt}{\omega_0}\right) \rightarrow \frac{\omega}{\omega_0} = \tanh\left(\frac{2(G-1)}{(2G+1)}\frac{gt}{\omega_0}\right) \qquad (3.119)$$

若以到達 $\omega/\omega_0 = 0.99$ 的時間作為達終端沉降速度的時間 t_0，則可得

$$\frac{2(G-1)}{(2G+1)}\frac{gt_0}{\omega_0} = \tanh^{-1}(0.99) \rightarrow t_0 = \frac{(2G+1)}{2(G-1)}\frac{\omega_0}{g}\tanh^{-1}(0.99) \qquad (3.120)$$

將瞬時沉降速度對時間積分，可得瞬時沉降距離 $S(t)$ 隨時間之變化

$$S(t) = \int_0^t \omega dt = \omega_0 \int_0^t \tanh\left(\frac{2(G-1)}{(2G+1)}\frac{gt}{\omega_0}\right)dt$$

$$\rightarrow S(t) = \frac{(2G+1)}{2(G-1)}\frac{\omega_0^2}{g}\ln\left(\cosh\left(\frac{2(G-1)}{(2G+1)}\frac{gt}{\omega_0}\right)\right)$$

（3.121）

對於天然泥沙，假設 $G = 2.65$、$C_D = 0.4$、$g = 9,810$ mm/s^2，粒徑 d 的單位取 mm，則

$$\omega_0 = 232.28\sqrt{d}$$

（3.122）

$$\frac{\omega}{\omega_0} = \tanh\left(\frac{22.12}{\sqrt{d}}t\right) \rightarrow \omega = 232.28\sqrt{d}\tanh\left(\frac{22.12}{\sqrt{d}}t\right)$$

（3.123）

（ω in mm/s, d in mm, t in sec）

$$S(t) = 10.50d\ln\left(\cosh\left(\frac{22.12}{\sqrt{d}}t\right)\right)$$

（3.124）

（S in mm, d in mm, t in sec）

$$t_0 = \frac{(2G+1)}{2(G-1)}\frac{\omega_0}{g}\tanh^{-1}(0.99) = 0.1196\sqrt{d}$$

（3.125）

（d in mm, t_0 in sec）

$$S(t_0) = 10.50d\ln\left[\cosh(2.6456)\right] = 20.55d$$

（3.126）

（S in mm, d in mm）

圖 3.20 比較粒徑 $d = 10$ mm、100 mm 及 $1,000$ mm 等三種粗顆粒泥沙粒徑隨時間變化之沉降速度，它們三種粒徑到達終端沉降速度所需的時間 t_0 分別為 0.378 s、1.196 s 及 3.782 s，也就是說較粗的顆粒需要比較多的時間到達終端沉降速度。當時間到達 t_0 時它們三種不同粒徑顆粒的沉降距離分別為 205.5 mm、2,055 mm 及 20,550 mm。換言之，分別約 0.2 m、2 m 及 20 m。對於粗顆粒泥沙，到達終端沉降速度所需之距離約為粒徑的 20 倍。

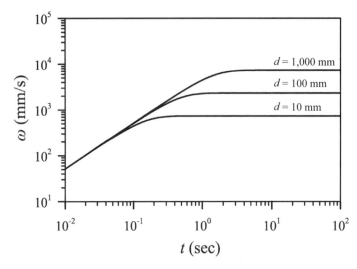

圖3.20　比較三種粗泥沙粒徑隨時間變化之沉降速度

3.7　由因次分析推求沉降速度

　　物理公式中不同物理量間的組合必須使方程式等號的兩邊完全相等；不僅是數值上的相等，更需要的是等號兩邊物理量之單位因次必須相同。在處理一個複雜的系統時，影響一個複雜系統的物理量往往會有許多個，無法從基本原理直接去發掘及分析出所有可能影響系統行為的物理量（因子）及其重要性。然而物理直覺告訴我們，任何重要物理量出現在系統時，藉由對方程式單位因次一致性的要求，就可找出這些物理量間的基本關係式，此即所謂的因次分析方法。因此當面對一個複雜系統，若要去架構一個可理解的模型，往往須先進行因次分析，而白金漢 Pi 定理（Buckingham Pi theorem）是進行因次分析的最佳幫手。

　　白金漢 Pi 定理概述如下：某一個物理系統假設可由 n 個物理變數（q_1, q_2, ..., q_n）來描述，這 n 個物理變數間存有一個關係式 $F(q_1, q_2, ..., q_n) = 0$。這些物理變數均由 k 個獨立基本單位因次所組成，在這 n 個物理變數中任意挑選出 k 個物理變數（q_1, q_2, ..., q_k）作為主要變數，將剩下的（$n - k$）

個變數（$q_{k+1}, q_{k+2}, ..., q_n$），各別與主要變數的冪次乘積形成互為獨立的無因次 Pi 參數 $\pi_i = q_1^{a_1} q_2^{a_2} ... q_k^{a_k} q_{k+i}$。利用這些 Pi 參數（$\pi_1, \pi_2, ..., \pi_{n-k}$）可將原先 n 個物理變數間的關係式 $F(q_1, q_2, ..., q_n) = 0$ 改寫成（$n - k$）個物理變數間的關係式 $\Phi(\pi_1, \pi_2, ..., \pi_{n-k}) = 0$。

在一般物理力學上常見的三個基本單位因次是由質量（M）、長度（L）及時間（T）所組成，即 $k = 3$。接下來我們就由因次分析來探討泥沙顆粒在流體中沉降所受的流體阻力與其他物理量之關係。首先需要判斷影響顆粒沉降流體阻力的主要因素有哪些？假設我們認定影響顆粒沉降流體阻力 F_D 的因素有：顆粒本身的沉降速度 ω_0、顆粒之外觀尺寸 d、流體的密度 ρ_f、流體的黏滯係數 μ_f。當然實際情況中可能會有更多的因素影響顆粒沉降流體阻力的大小，像是顆體表面的粗糙度、顆粒形狀、顆粒離邊界的距離等等，均會影響到顆粒沉降過程中所受到的流體阻力大小，於是在分析中必須考慮多少的影響因素才恰當，必須視問題的本身及此影響因素的重要性而定。

先從 F_D、ω_0、d、ρ_f 及 μ_f 等五個物理變數間進行顆粒沉降問題的因次分析，這五個物理變數間存有一個關係式

$$F(\omega_0, d, \rho_f, \mu_f, F_D) = 0 \tag{3.127}$$

取 ω_0、d 及 ρ_f 為基本主要變數，它們分別對應時間（T）、長度（L）及質量（M）等三個主要基本單位因次，然後進行 Pi 定理分析。

$$\pi_1 = \omega_0^a d^b \rho_f^c \mu_f \equiv \left(\frac{L}{T} \right)^a L^b \left(\frac{M}{L^3} \right)^c \left(\frac{M}{LT} \right)$$
$$\to M^{1+c} L^{a+b-3c-1} T^{-a-1} \to a = -1, \ b = -1, \ c = -1 \tag{3.128}$$
$$\to \pi_1 = \frac{\mu_f}{\rho_f \omega_0 d} = \frac{1}{Re}$$

同理

$$\pi_2 = \omega_0^a d^b \rho_f^c F_D \equiv \left(\frac{L}{T}\right)^a L^b \left(\frac{M}{L^3}\right)^c \left(\frac{ML}{T^2}\right)$$

$$\rightarrow M^{1+c} L^{a+b-3c+1} T^{-a-2} \rightarrow a = -2, \ b = -2, \ c = -1 \qquad (3.129)$$

$$\rightarrow \pi_2 = \frac{F_D}{\rho_f d^2 \omega_0^2}$$

利用因次分析將原先五個物理變數間的關係式改寫成兩個物理變數間的關係式 $\Phi(\pi_1, \pi_2) = 0$，並由此可得顆粒沉降所受流體阻力 F_D 與其他物理變數之關係。

$$\pi_2 = f(\pi_1) \rightarrow F_D = f(\pi_1)\rho_f \omega_0^2 d^2$$

$$\rightarrow F_D = f_*(Re)\rho_f d^2 \omega_0^2 \qquad (3.130)$$

上式除了說明流體阻力 F_D 與沉降速度 ω_0 的二次方成正比、與顆粒粒徑 d 的二次方成正比、與流體密度 ρ_f 的一次方成正比之外，也說明顆粒所受到的流體阻力 F_D 與顆粒沉降過程中的雷諾數有密切關係，其中係數 $f_*(Re)$ 需要藉由實驗或其他方式求得。以球狀顆粒在流體中的沉降為例，當到達終端速度時，顆粒所受的流體阻力恰好等於顆粒在流體中的重量，並由此關係可推求顆粒沉降速度和顆粒本身特性及其和周圍流體特性之關係式，即

$$F_D = f_*(Re)\rho_f d^2 \omega_0^2 = \frac{\pi}{6}(\rho_s - \rho_f)gd^3$$

$$\rightarrow \omega_0 = \sqrt{\frac{\pi}{6} \frac{(\rho_s - \rho_f)}{\rho_f} \frac{gd}{f_*(Re)}} \qquad (3.131)$$

在高雷諾數時，係數 $f_*(Re)$ 趨近於常數。以球狀顆粒為例，流體阻力 $F_D = C_D \rho_f \pi d^2 \omega_0^2 / 8$，和（3.129）式比較，則可得 $f_*(Re) = \pi C_D / 8$。在高雷諾數時，阻力係數 C_D 接近於常數，若取 $C_D = 0.43$，則 $f_*(Re) = 0.169$。

3.8 沉降速度的迴歸公式

Ferguson & Church（2004）曾經提出以粒徑大小直接計算泥沙顆粒沉降速度 ω_0 及沉降阻力係數 C_D 的迴歸公式

$$\omega_0 = \frac{G_* g d^2}{C_1 \nu_f + \sqrt{0.75 C_2 G_* g d^3}} \qquad (3.132)$$

$$C_D = \left(\frac{2 C_1 \nu_f}{\sqrt{3 G_* g d^3}} + \sqrt{C_2} \right)^2 \qquad (3.133)$$

其中 G_* 為水中泥沙比重，$G_* = \rho_s / \rho_f - 1 = G - 1$；對於球狀光滑顆粒，係數 C_1 及 C_2 分別為 $C_1 = 18$ 及 $C_2 = 0.4$；對於天然泥沙，係數 $C_1 = 18$ 及 $C_2 = 1.0$。上述兩個公式的適用範圍為 0.1 mm $< d <$ 4 mm。對於光滑球狀顆粒，若取 $G_* = 1.65$，取 20℃水的黏滯度，$\nu_f = 1 \times 10^{-6}$ m^2/s，$g = 9.81$ m/s^2，$C_1 = 18$ 及 $C_2 = 0.4$，則

$$\omega_0 = \frac{16.1865 d^2}{1.8 \times 10^{-5} + \sqrt{4.856 d^3}} \quad (\omega_0 \text{ in m/s}, d \text{ in m}) \qquad (3.134)$$

$$C_D = \left(\frac{3.6 \times 10^{-5}}{\sqrt{48.56 d^3}} + 0.6325 \right)^2 \quad (d \text{ in m}) \qquad (3.135)$$

對於天然泥沙可取 $G_* = 1.65$，取 20℃水的黏滯度，$\nu_f = 1 \times 10^{-6}$ m^2/s，$g = 9.81$ m/s^2，$C_1 = 18$ 及 $C_2 = 1.0$，則

$$\omega_0 = \frac{16.1865 d^2}{1.8 \times 10^{-5} + \sqrt{12.1399 d^3}} \quad (\omega_0 \text{ in m/s}, d \text{ in m}) \qquad (3.136)$$

$$C_D = \left(\frac{3.6 \times 10^{-5}}{\sqrt{48.56 d^3}} + 1.0 \right)^2 \quad (d \text{ in m}) \qquad (3.137)$$

此外，參照 Rubey 的方法引入一個沙粒雷諾數 R_*，速度及長度尺度分別以 $\sqrt{G_*gd}$ 及 d 代表，即 $R_* = \sqrt{G_*gd}\,d / v_f$，（3.32）式；我們可將 Ferguson & Church 的沉降速度 ω_0 及阻力係數 C_D 以無因次迴歸公式寫成

$$\frac{\omega_0}{\sqrt{G_*gd}} = \frac{R_*}{C_1 + \sqrt{0.75C_2 R_*}} \tag{3.138}$$

$$C_D = \left(\frac{2C_1}{\sqrt{3}R_*} + \sqrt{C_2} \right)^2 \tag{3.139}$$

此外，Morrison（2013）提供一條可適用於 $Re < 10^6$ 的球狀顆粒 C_D 的經驗公式，經驗公式與實驗資料（Schlichting, 1955）相當吻合，此公式可描述 C_D 在 $Re \approx 2 \times 10^6$ 附近從 $C_D \approx 0.45$ 劇降至約 0.12 處，然後又回增的過程（參考圖 3.1）。

$$C_D = \frac{24}{Re} + \frac{2.6\left(\dfrac{Re}{5}\right)}{1 + \left(\dfrac{Re}{5}\right)^{1.52}} + \frac{0.411\left(\dfrac{Re}{2.63 \times 10^{-5}}\right)^{-7.94}}{1 + \left(\dfrac{Re}{2.63 \times 10^{-5}}\right)^{-8}} + \frac{0.25\left(\dfrac{Re}{10^6}\right)}{1 + \left(\dfrac{Re}{10^6}\right)} \tag{3.140}$$

習題

習題 3.1

已知泥沙有五種粒徑，分別為 d = 0.01 mm、0.1 mm、1.0 mm、10 mm 及 100 mm，泥沙比重 G = 2.65，考量球狀泥沙及天然泥沙兩種情況，試分別估算前述五種泥沙粒徑在溫度為 15°C的靜止清水中之沉降速度。

習題 3.2

已知泥沙有三種粒徑，分別為 d = 0.05 mm、0.5 mm 及 5.0 mm，泥沙比重 G = 2.65，考量球狀泥沙及天然泥沙兩種情況，試分別 (1) 估算前述三種泥沙粒徑在溫度為 25°C的靜止清水中之終端沉降速度 ω_0；(2) 求此三種泥沙從速度零起始沉降到達沉降速度為 $0.99\omega_0$ 所需之時間；(3) 比較球狀泥沙及天然泥沙在沉降速度及沉降時間之差異。

參考文獻及延伸閱讀

1. 沙玉清（1996）：泥沙運動學引論，陝西科學技術出版社，中國。

2. 吳健民（1991）：泥沙運移學，中國土木水利工程學會，臺灣。

3. 詹錢登、陳晉琪（1996）：球體沿粗糙斜面運動之流體阻力與邊界阻力，中華民國力學學會，力學期刊，第十二卷第四期，第 495-501 頁，臺灣。

4. 詹錢登、陳晉琪（1996）：球體沿光滑斜面滾動之終端速度與其到達終端速所需的距離，中國土木水利工程學刊，第八卷第一期，第 143-149 頁，臺灣。

5. 錢寧、萬兆惠（1991）：泥沙運動力學，科學出版社，中國。

6. 顏清連（2015）：實用流體力學，五南圖書出版股份有限公司，臺灣。

7. Carty, J.J. (1957): Resistance coefficients for sphere on plane boundary. B.S. Thesis, Massachusetts Institute of Technology（MIT），USA.

8. Cheng, N.S.（程年生）(1997): Simplified setting velocity formula for sediment particle. Journal of Hydraulic Engineering, ASCE, Vol. 123 (2), 149-152.

9. Ferguson, R.I. and Church, M. (2004): A simple universal equation for grain settling velocity. Journal of Sedimentary Research, Vol. 74, 933-937.

10. Garde, R.J. and Sethuraman, S. (1969): Variation of the drag coefficient of a sphere rolling along a boundary. La Houille Blanche, No. 7, 727-732.

11. Garde, R. J. and Ranga Raju, K. G. (1985): Mechanics of Sediment Transportation and Alluvial Stream Problems. John Wiley & Sons, New York.

12. Guo, J.（郭俊克）(2002): Logarithmic matching and its applications in computational hydraulics and sediment transport. Journal of Hydraulic Research, Vol. 40(5), 555-565.

13. Guo, J.（郭俊克）(2011): Motion of spheres falling through fluids. Journal of Hydraulic Research, IAHR, Vol. 49(1), 32-41.

14. Jan, C.D.（詹錢登）(1992): Movements of a sphere moving over smooth and rough inclines. Ph.D. Dissertation, Department of Civil Engineering, University

of California at Berkeley, USA.

15. Jan, C.D.（詹錢登）and Shen, H.W.（沈學汶）(1995): Drag coefficients for a sphere rolling down an inclined channel. Journal of the Chinese Institute of Engineers, Vol.18 (4), 493-507.

16. Jan, C.D.（詹錢登）and Chen, J.C. (1997): Movements of a sphere rolling down an inclined plane. Journal of Hydraulic Research, IAHR, Vol. 35 (5), 689-706.

17. Jan, C.D.（詹錢登）and Chen, J.C. (1997): Sidewall effect on the drag coefficient of a sphere rolling down a smooth inclined channel. Journal of the Chinese Institute of Civil and Hydraulics Engineering, Vol. 9 (3), 533-538.

18. Morrison, A. (2013): An Introduction of Fluid Mechanics. Cambridge University Press, New York.

19. Rubey, W.W. (1993): Settling velocites of gravel sand and silt particles. American Journal of Scienc, 5th Series, Vol. 25(148), 325-338.

20. Schlichting, H. (1955): Boundary Layer Theory. McGraw-Hill, New York.

21. Swamee, P.K., and Ojha, C.S.P. (1991): Drag coefficient and fall velocity of nonspherical particles. Journal of Hydraulic Engineering, ASCE, Vol. 117(5), 660-667.

22. Vanoni, V.A. (2006): Sedimentation Engineering. ASCE Manuals and Reports on Engineering Practice No. 54. American Society of Civil Engineers.

Chapter *4*

河道水流基本方程式

4.1 流態分類

早在十九世紀英國科學家雷諾（Reynolds）就曾經進行過管流試驗，證實使用一個代表流場整體特性的參數能夠作為判斷流場穩定性的指標。這個參數後來被命名為雷諾數（Reynolds number）。雷諾的管流試驗裝置主要為一個水箱及一條玻璃管，玻璃管前端為一個圓順喇叭口，使流入玻璃管中的流線平順；玻璃管前端並安裝有針孔注射器，可釋放細微染色溶液。在進行試驗時，裝滿水的水箱先是非常小心安靜的靜置數小時，使水不受任何干擾，然後打開玻璃管下游端閥門很小的開度，針孔注射器釋出細微的染料，隨著水流通過玻璃管，形成一條線，看起來好像沒有流動的樣子。當玻璃管下游端閥門緩慢加大時，管中流速逐漸加大，初期染色線還能保持穩定狀態；當管中流速增加到一定的程度時，染色線就會出現不穩定的波動狀態；流速繼續增加，水流紊動，染色線不穩定的波動狀態加劇，到最後染色線向下游擴散到整個斷面。

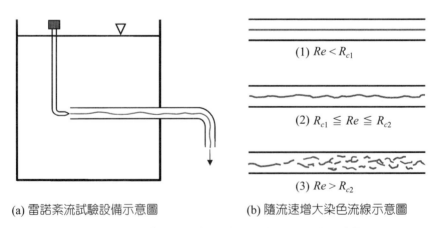

(a) 雷諾紊流試驗設備示意圖　　(b) 隨流速增大染色流線示意圖

圖 4.1　雷諾紊流試驗設備染色水流線變化之示意圖

水流從穩定平順的層流轉變為紊流，主要是由於水流在行進中不可避免地會受到一些干擾。當這種干擾超過一定限度以後，層流就會失去穩定而產生漩渦。水流內的擾動是擴大或衰減，取決於水流的慣性力與黏性力

的比值。作用於單位水體的慣性力 $= \rho_f V^2 / L$，其中 ρ_f 為水的密度、V 為水流速度、L 為特性長度；水流的慣性力傾向破壞有規律的運動。作用於單位水體的黏性剪力為 $\mu_f V / L_2$，其中 μ_f 為水的動力黏滯係數。水流中的黏滯力傾向使水分子的易動性減小，使水流擾動衰減。慣性力與黏性力的比值稱為雷諾數 Re，

$$Re = \frac{慣性力}{黏性力} = \frac{\rho_f V^2 / L}{\mu_f V / L^2} = \frac{VL}{\mu_f / \rho_f} = \frac{VL}{v_f} \qquad (4.1)$$

其中 $v_f = \mu_f / \rho_f =$ 運動黏滯係數。雷諾數 Re 愈小，表示黏性的穩定作用超過慣性的破壞作用，因此水流屬於層流範圍。雷諾數 Re 愈大，表示慣性的破壞作用大於黏性的穩定作用，則水流進入亂流範圍。雷諾數 Re 是一個代表慣性力與黏性力相對重要性的參數。一般而言，雷諾數的組成包含一項特徵流速 V、一項特徵長度 L 及一項流體運動物性（流體的運動黏滯度 v_f）。特徵流速及特徵長度的選擇與想要分析的對象有關，對於管流而言，特徵長度 L 就是管的直徑 D，特徵流速 V 就是管流的斷面平均流速，因此描述管流流場整體特性的雷諾數可以寫成 $Re = VD / v_f$。

　　雷諾的管流試驗說明在管中流速超過一定限度以後，水流中某一部分失去穩定性，由此產生的漩渦迅速散布全流區。雷諾的試驗說明管中水流的流態可以按照雷諾數大小將流態區分為三大類：層流狀態、過渡狀態及紊流狀態。

　　1. 層流狀態：在流速較小時，雷諾數 $Re < R_{c1}$（約 2,000），染色溶液成直線流過水管。

　　2. 過渡狀態：加大流速時，雷諾數範圍介於 $R_{c1} \sim R_{c2}$（約 2,000～10,000）之間，染色直線水流開始出現上下左右擺動的波動不穩定現象。

　　3. 紊流狀態：流速加大到某一程度，雷諾數 $Re > R_{c2}$（約 10,000，染色線不穩定的波動狀態加劇，染色溶液擴散遍布全管。

　　層流狀態的流場中不穩定現象的產生和流場擾動的因子有關。不同裝置設備，維持層流的穩定狀態的雷諾數上限值也不一樣；即使是相似的裝置設備，維持層流的穩定狀態的雷諾數上限值，將隨擾動強度的增加而遞

減。對於一個給定的裝置設備，紊流起動的雷諾數下限值比較明確些；當雷諾數小於紊流臨界雷諾數時，不論流場擾動有多大，擾動的動能會被黏滯作用消耗而使擾動消失。對於一般河道水流而言，水流速度大，雷諾數高，而且水流擾動因素多，擾動量大，所以河道水流常處於紊流狀態。泥沙懸浮在水中（懸浮質）能抗拒重力的作用，在垂直方向（水深方向）保持一定分布，就是由於水流紊動引起上下水團交換的結果。

4.2　流體運動基本方程式

　　流體的運動，無論是層流或是紊流，都必然遵守物理學上的守恆定律，即質量守恆定律、動量守恆定律及能量守恆定律。具體到描述流體運動時，它們分別被寫成連續方程式、運動方程式及能量方程式。分析河道水流時，一般情況只需要求解連續方程式及運動方程式，因此本章僅先簡要介紹連續方程式及運動方程式。

⧖ 4.2.1　連續方程式

　　質量守恆方程在拉格朗日（Lagrangian）座標系統的表達方式為某一體積 V 內的總質量不隨時間改變，即

$$\frac{D}{Dt}\int_V \rho_f \, dV = 0 \tag{4.2}$$

上式透過雷諾傳輸定理（Reynolds' transport theorem）的積分轉換，可得到質量守恆在歐拉（Eulerian）座標系統的表達方式為

$$\frac{\partial \rho_f}{\partial t} + \frac{\partial(\rho_f u_k)}{\partial x_k} = 0 \tag{4.3}$$

或寫成

$$\frac{\partial \rho_f}{\partial t} + u_k \frac{\partial \rho_f}{\partial x_k} + \rho_f \frac{\partial u_k}{\partial x_k} = 0 \quad \text{or} \quad \frac{D\rho_f}{Dt} + \rho_f \frac{\partial u_k}{\partial x_k} = 0 \qquad (4.4)$$

其中，下標 k 為張量表示方式，$k = 1, 2, 3$，分別代表（x, y, z）三個座標及其所對應的三個方向之速度分量（u, v, w）；$D( )/Dt$ 為物質導數（Material derivative）。

註解：物質導數（Material derivative）是反映流體質點某一物理量對時間的變化率，即觀察者隨流體質點一起運動時看到的物理量變化率。物質導數等於局部導數和位變導數之和，即

$$\underbrace{\frac{D( )}{Dt}}_{\text{物質導數}} = \underbrace{\frac{\partial ( )}{\partial t}}_{\text{局部導數}} + \underbrace{\vec{V} \cdot \nabla ( )}_{\text{位變導數}} \quad \text{or} \quad \underbrace{\frac{D( )}{Dt}}_{\text{物質導數}} = \underbrace{\frac{\partial ( )}{\partial t}}_{\text{局部導數}} + \underbrace{u_k \frac{\partial ( )}{\partial x_k}}_{\text{位變導數}} \qquad (4.5)$$

對於不可壓縮流體，它的密度物質導數為零，即

$$\frac{D\rho_f}{Dt} = \frac{\partial \rho_f}{\partial t} + u_k \frac{\partial \rho_f}{\partial x_k} = 0 \qquad (4.6)$$

水為不可壓縮流體，對於不可壓縮流體，質量守恆方程式在歐拉（Eulerian）座標系統的表達方式可簡要寫成連續方程式（Continuity equation），即

$$\frac{\partial u_k}{\partial x_k} = 0, \quad \nabla \cdot \vec{V} = 0 \quad \text{or} \quad \frac{\partial u}{\partial x} + \frac{\partial v}{\partial y} + \frac{\partial w}{\partial z} = 0 \qquad (4.7)$$

⧖ 4.2.2　運動方程式

假如流體的黏滯度為定值（流體的溫度均勻分布），流體動量守恆性在歐拉（Eulerian）座標系統可由 Navier-Stokes 方程式來描述：

$$\begin{cases} \dfrac{\partial u}{\partial t}+u\dfrac{\partial u}{\partial x}+v\dfrac{\partial u}{\partial y}+w\dfrac{\partial u}{\partial z}=-\dfrac{1}{\rho_f}\dfrac{\partial p}{\partial x}+g_x+v_f\nabla^2 u \\[2mm] \dfrac{\partial v}{\partial t}+u\dfrac{\partial v}{\partial x}+v\dfrac{\partial v}{\partial y}+w\dfrac{\partial v}{\partial z}=-\dfrac{1}{\rho_f}\dfrac{\partial p}{\partial y}+g_y+v_f\nabla^2 v \\[2mm] \dfrac{\partial w}{\partial t}+u\dfrac{\partial w}{\partial x}+v\dfrac{\partial w}{\partial y}+w\dfrac{\partial w}{\partial z}=-\dfrac{1}{\rho_f}\dfrac{\partial p}{\partial z}+g_z+v_f\nabla^2 w \end{cases} \quad (4.8)$$

在處理以黏性為主的流體運動時，直接求解上述方程式即可。但是對於紊流，流速不是定值，會有瞬時的變動量。在處理紊流時，一般的處理方式是將瞬時流速及壓力分成時間平均值（$\overline{u},\overline{v},\overline{w},\overline{p}$）及瞬時變動值（$u'$, v', w', p'）兩項來表示，即

$$u=\overline{u}+u',\ v=\overline{v}+v',\ w=\overline{w}+w',\ p=\overline{p}+p' \qquad (4.9)$$

將上式代入前述 Navier-Stokes 方程式，並對各項取時間平均，新整理後可得 Reynolds 方程式

$$\begin{cases} \dfrac{\partial \overline{u}}{\partial t}+\overline{u}\dfrac{\partial \overline{u}}{\partial x}+\overline{v}\dfrac{\partial \overline{u}}{\partial y}+\overline{w}\dfrac{\partial \overline{u}}{\partial z}=-\dfrac{1}{\rho_f}\dfrac{\partial \overline{p}}{\partial x}+g_x+v_f\nabla^2\overline{u}-\left(\dfrac{\partial \overline{u'u'}}{\partial x}+\dfrac{\partial \overline{u'v'}}{\partial y}+\dfrac{\partial \overline{u'w'}}{\partial z}\right) \\[2mm] \dfrac{\partial \overline{v}}{\partial t}+\overline{u}\dfrac{\partial \overline{v}}{\partial x}+\overline{v}\dfrac{\partial \overline{v}}{\partial y}+\overline{w}\dfrac{\partial \overline{v}}{\partial z}=-\dfrac{1}{\rho_f}\dfrac{\partial \overline{p}}{\partial y}+g_y+v_f\nabla^2\overline{v}-\left(\dfrac{\partial \overline{v'u'}}{\partial x}+\dfrac{\partial \overline{v'v'}}{\partial y}+\dfrac{\partial \overline{v'w'}}{\partial z}\right) \\[2mm] \dfrac{\partial \overline{w}}{\partial t}+\overline{u}\dfrac{\partial \overline{w}}{\partial x}+\overline{v}\dfrac{\partial \overline{w}}{\partial y}+\overline{w}\dfrac{\partial \overline{w}}{\partial z}=-\dfrac{1}{\rho_f}\dfrac{\partial \overline{p}}{\partial z}+g_z+v_f\nabla^2\overline{w}-\left(\dfrac{\partial \overline{w'u'}}{\partial x}+\dfrac{\partial \overline{w'v'}}{\partial y}+\dfrac{\partial \overline{w'w'}}{\partial z}\right) \end{cases} \quad (4.10)$$

上式中最右邊括號內的項目為雷諾應力項（Reynolds stresses），它代表瞬時擾動對於平均流速的影響。雷諾應力項包括三項紊流正向力（Turbulence normal stresses）及六項紊流剪切力（Turbulence shear stresses），即

$$\text{Reynolds stresses}=-\rho_f\begin{bmatrix} \overline{u'u'} & \overline{u'v'} & \overline{u'w'} \\ \overline{v'u'} & \overline{v'v'} & \overline{v'w'} \\ \overline{w'u'} & \overline{w'v'} & \overline{w'w'} \end{bmatrix}=\begin{bmatrix} \sigma_{xx} & \tau_{yx} & \tau_{zx} \\ \tau_{xy} & \sigma_{yy} & \tau_{zy} \\ \tau_{xz} & \tau_{yz} & \sigma_{zz} \end{bmatrix} \qquad (4.11)$$

上述 Reynolds 動量方程式的解析並不著重於瞬間渦流引起的流速特性，而是將瞬時流速取其平均之後，取得較大時間尺度平均後的流場特性。換句話說，對於較大時間尺度平均流場而言，瞬時擾動可視為影響平均流速各種外力中的一種外力。Reynolds 方程式顯示影響平均流速的外力有壓力梯度、重力分量、黏滯剪力及雷諾應力。

$$\begin{cases} \rho_f \dfrac{D\overline{u}}{Dt} = -\dfrac{\partial \overline{p}}{\partial x} + \rho_f g_x + \mu_f \nabla^2 \overline{u} + \left(\dfrac{\partial \sigma_{xx}}{\partial x} + \dfrac{\partial \tau_{yx}}{\partial y} + \dfrac{\partial \tau_{zx}}{\partial z} \right) \\[3mm] \rho_f \dfrac{D\overline{v}}{Dt} = -\dfrac{\partial \overline{p}}{\partial y} + \rho_f g_y + \mu_f \nabla^2 \overline{v} + \left(\dfrac{\partial \tau_{xy}}{\partial x} + \dfrac{\partial \sigma_{yy}}{\partial y} + \dfrac{\partial \tau_{zy}}{\partial z} \right) \\[3mm] \rho_f \dfrac{D\overline{w}}{Dt} = \underbrace{-\dfrac{\partial \overline{p}}{\partial z}}_{\text{壓力梯度}} + \underbrace{\rho_f g_z}_{\text{重力分量}} + \underbrace{\mu_f \nabla^2 \overline{w}}_{\text{黏滯應力}} + \underbrace{\left(\dfrac{\partial \tau_{xz}}{\partial x} + \dfrac{\partial \tau_{yz}}{\partial y} + \dfrac{\partial \sigma_{zz}}{\partial z} \right)}_{\text{雷諾應力}} \end{cases} \quad (4.12)$$

由於瞬時脈動流速難以捉摸，自十九世紀以來很大一部分紊流理論的研究就在於如何把脈動流速轉化為時均流速的函數。在雷諾應力方面，假設雷諾應力與時均流速的梯度成正比關係。

$$-\rho_f \begin{bmatrix} \overline{u'u'} & \overline{u'v'} & \overline{u'w'} \\ \overline{v'u'} & \overline{v'v'} & \overline{v'w'} \\ \overline{w'u'} & \overline{w'v'} & \overline{w'w'} \end{bmatrix} = \begin{bmatrix} \sigma_{xx} & \tau_{yx} & \tau_{zx} \\ \tau_{xy} & \sigma_{yy} & \tau_{zy} \\ \tau_{xz} & \tau_{yz} & \sigma_{zz} \end{bmatrix} = \begin{bmatrix} \eta_{xx}\dfrac{\partial \overline{u}}{\partial x} & \eta_{yx}\dfrac{\partial \overline{u}}{\partial y} & \eta_{zx}\dfrac{\partial \overline{u}}{\partial z} \\[3mm] \eta_{xy}\dfrac{\partial \overline{v}}{\partial x} & \eta_{yy}\dfrac{\partial \overline{v}}{\partial y} & \eta_{zy}\dfrac{\partial \overline{v}}{\partial z} \\[3mm] \eta_{xz}\dfrac{\partial \overline{w}}{\partial x} & \eta_{yz}\dfrac{\partial \overline{w}}{\partial y} & \eta_{zz}\dfrac{\partial \overline{w}}{\partial z} \end{bmatrix} \quad (4.13)$$

其中係數矩陣為

$$\underbrace{\begin{bmatrix} \eta_{xx} & \eta_{yx} & \eta_{zx} \\ \eta_{xy} & \eta_{yy} & \eta_{zy} \\ \eta_{xz} & \eta_{yz} & \eta_{zz} \end{bmatrix}}_{\text{eddy dynamic viscosity}} = \rho_f \underbrace{\begin{bmatrix} v_{xx} & v_{yx} & v_{zx} \\ v_{xy} & v_{yy} & v_{zy} \\ v_{xz} & v_{yz} & v_{zz} \end{bmatrix}}_{\text{eddy kinematic viscosity}} \quad (4.14)$$

這些渦流係數（**Eddy viscosity**）也被稱為動量交換係數或紊流擴散係數。

$$
\begin{cases}
\rho_f \dfrac{D\overline{u}}{Dt} = -\dfrac{\partial \overline{p}}{\partial x} + \rho_f g_x + \mu_f \nabla^2 \overline{u} + \left[\dfrac{\partial}{\partial x}\left(\eta_{xx} \dfrac{\partial \overline{u}}{\partial x} \right) + \dfrac{\partial}{\partial y}\left(\eta_{yx} \dfrac{\partial \overline{u}}{\partial y} \right) + \dfrac{\partial}{\partial z}\left(\eta_{zx} \dfrac{\partial \overline{u}}{\partial z} \right) \right] \\[2mm]
\rho_f \dfrac{D\overline{v}}{Dt} = -\dfrac{\partial \overline{p}}{\partial y} + \rho_f g_y + \mu_f \nabla^2 \overline{v} + \left[\dfrac{\partial}{\partial x}\left(\eta_{xy} \dfrac{\partial \overline{v}}{\partial x} \right) + \dfrac{\partial}{\partial y}\left(\eta_{yy} \dfrac{\partial \overline{v}}{\partial y} \right) + \dfrac{\partial}{\partial z}\left(\eta_{zy} \dfrac{\partial \overline{v}}{\partial z} \right) \right] \\[2mm]
\rho_f \underbrace{\dfrac{D\overline{w}}{Dt}}_{} = \underbrace{-\dfrac{\partial \overline{p}}{\partial z}}_{\text{壓力梯度}} + \underbrace{\rho_f g_z}_{\text{重力分量}} + \underbrace{\mu_f \nabla^2 \overline{w}}_{\text{黏滯應力}} + \underbrace{\left[\dfrac{\partial}{\partial x}\left(\eta_{xz} \dfrac{\partial \overline{w}}{\partial x} \right) + \dfrac{\partial}{\partial y}\left(\eta_{yz} \dfrac{\partial \overline{w}}{\partial y} \right) + \dfrac{\partial}{\partial z}\left(\eta_{zz} \dfrac{\partial \overline{w}}{\partial z} \right) \right]}_{\text{雷諾應力}}
\end{cases}
\tag{4.15}
$$

渦流係數的大小與流況有關，不容易評估。為了簡化，一般將這些渦流係數簡化為單一值，即六個面不同方向的渦流係數均相同，並簡單寫成 η_t（$= \rho_f \nu_t$），將雷諾應力的表達式與黏滯應力的表達式寫成相同形式。一般可將黏滯度視為定值，但是 η_t 可能隨位置不同而不同，則 Reynolds 方程式可以再簡化改寫成

$$
\begin{cases}
\rho_f \dfrac{D\overline{u}}{Dt} = -\dfrac{\partial \overline{p}}{\partial x} + \rho_f g_x + \nabla \cdot \left[(\mu_f + \eta_t)\nabla\overline{u} \right] \\[2mm]
\rho_f \dfrac{D\overline{v}}{Dt} = -\dfrac{\partial \overline{p}}{\partial y} + \rho_f g_y + \nabla \cdot \left[(\mu_f + \eta_t)\nabla\overline{v} \right] \\[2mm]
\rho_f \dfrac{D\overline{w}}{Dt} = \underbrace{-\dfrac{\partial \overline{p}}{\partial z}}_{\text{壓力梯度}} + \underbrace{\rho_f g_z}_{\text{重力分量}} + \underbrace{\nabla \cdot \left[(\mu_f + \eta_t)\nabla\overline{w} \right]}_{\text{黏滯應力和雷諾應力}}
\end{cases}
\tag{4.16}
$$

⧖ 4.2.3　二維淺水流方程式

當流場的特徵為水深遠小於水流寬度時，水深方向的壓力變化近似於靜水壓分布，為了簡化問題，可以直接求解水深方向平均後的的方程式，這些方程式就叫淺水流方程式。

靜水壓分布：

$$
\overline{p} = \rho_f g(h - z)
\tag{4.17}
$$

將三維流場的連續方程式及動量方程式進行積分後，配合萊布尼茲積分法

則，並配合水面及底床的運動邊界條件，然後再除以水深，就可得二維淺水流連續方程式及動量方程式分別為

$$\frac{\partial h}{\partial t} + \frac{\partial h\overline{u}}{\partial x} + \frac{\partial h\overline{v}}{\partial y} = 0 \tag{4.18}$$

$$\frac{\partial \overline{u}}{\partial t} + \overline{u}\frac{\partial \overline{u}}{\partial x} + \overline{v}\frac{\partial \overline{u}}{\partial y} = -g\frac{\partial Z}{\partial x} - g\frac{\partial h}{\partial x} - \frac{\tau_{bx}}{\rho_f h}$$
$$+ \frac{1}{h}\left[\frac{\partial}{\partial x}\left(\overline{v}_t\frac{\partial h\overline{u}}{\partial x}\right) + \frac{\partial}{\partial y}\left(\overline{v}_t\frac{\partial h\overline{u}}{\partial y}\right)\right] \tag{4.19}$$

$$\frac{\partial \overline{v}}{\partial t} + \overline{u}\frac{\partial \overline{v}}{\partial x} + \overline{v}\frac{\partial \overline{v}}{\partial y} = \underbrace{-g\frac{\partial Z}{\partial y}}_{\text{底床高程梯度}} \underbrace{-g\frac{\partial h}{\partial y}}_{\text{水深梯度項}} \underbrace{-\frac{\tau_{by}}{\rho_f h}}_{\text{底床阻力項}}$$
$$+ \underbrace{\frac{1}{h}\left[\frac{\partial}{\partial x}\left(\overline{v}_t\frac{\partial h\overline{v}}{\partial x}\right) + \frac{\partial}{\partial y}\left(\overline{v}_t\frac{\partial h\overline{v}}{\partial y}\right)\right]}_{\text{水深平均紊流動量擴散項}} \tag{4.20}$$

方程式中 Z 為底床高程函數；τ_{bx} 及 τ_{by} 分別代表底床剪應阻力在 x 及 y 方向之分量；$\overline{v}_t$ 為平均紊流渦流黏滯係數（又稱紊流動量擴散係數）。為了簡化，本節以下，除了有特殊說明，均將代表時間平均的（－）符號省略。

⌛ 4.2.4　一維淺水流方程式

近一步將二維流場的連續方程式及動量方程式進行寬度方向之積分後，或直接以一維角度出發進行質量守恆及動量守恆方程式之推導，就可得一維淺水流的連續方程式及運動方程式。

$$\frac{\partial A}{\partial t} + \frac{\partial AU}{\partial x} = 0 \tag{4.21}$$

$$\frac{\partial U}{\partial t} + U\frac{\partial U}{\partial x} = -g\frac{\partial(h+Z)}{\partial x} - \frac{\tau_0}{\rho_f R} \tag{4.22}$$

或者寫成

$$\frac{\partial A}{\partial t} + \frac{\partial Q}{\partial x} = 0 \tag{4.23}$$

$$\frac{\partial U}{\partial t} + U\frac{\partial U}{\partial x} + g\frac{\partial h}{\partial x} = g(S_0 - S_f) \tag{4.24}$$

其中 A 為斷面通水面積，U 為斷面平均流速，Q 為流量（$= AU$）；Z 為底床高程，τ_0 為渠道邊壁平均剪應力，$\tau_0 = \rho_f g R S_f$；R 為水力半徑，它是溝渠通水面積 A 和濕周長度 P 的比值，即 $R = A / P$；S_0 及 S_f 分別為渠道底床坡度及能量坡度。對於均勻流（Uniform flow），$S_0 = S_f$；非均勻流（Non-uniform flow），$S_0 \neq S_f$。

4.3 單向均勻流

⧗ 4.3.1 層流

考量流體沿著平面渠床均勻流動，如圖 4.2 所示。依據牛頓定律，在層流狀況下作用在流體上的黏性剪應力與流體運動速度梯度成線性正比關係，此種流體稱之為「牛頓流體」，其比例係數稱為流體動力黏滯係數 μ_f。水流沿著坡度為 S_0 的平面渠床流動（$S_0 = \sin\theta$），考量單向流動，即沿著渠床方向座標為 x，垂直渠床方向座標為 z，水流速度在不同深度的速度為單向流動，即 $u = u(z)$、$v = 0$、$w = 0$，若水深為 h，作用在水體上的不同深度的剪應力

$$\tau = \rho_f (h - z)S_0 \tag{4.25}$$

其中 ρ_f 為水體密度，g 為重力加速度，$\gamma_f (= \rho_f g)$ 為水體單位重。

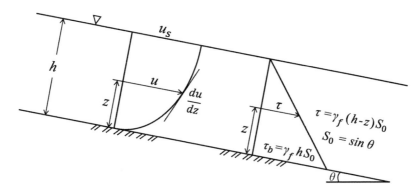

圖 4.2　**均勻流沿渠床流動之速度及剪應力分布示意圖**

在層流狀況下，黏性剪應力與流體運動速度梯度之關係為

$$\tau = \mu_f \frac{du}{dz} \tag{4.26}$$

上式中 $\mu_f (= \rho_f v_f)$ 為動力黏滯係數，$v_f (= \mu_f / \rho_f)$ 為運動黏滯係數，du / dz 為水流速度梯度（或稱剪切率）。動力黏滯係數 μ_f（或運動黏滯係數 v_f）是流體的特性，它與流體中的位置無關，但是會隨溫度的增加而減少（詳見本書第三章 3.1.2 節）。結合（4.25）式及（4.26）式，流速梯度的關係式可以寫成

$$\frac{du}{dz} = \frac{gS_0}{v_f}(h - z) \tag{4.27}$$

將上式積分可得在層流時之流速分布

$$u(z) = \frac{gS_0}{v_f} \int_0^z (h - z)dz = \frac{gS_0}{v_f}\left(hz - \frac{1}{2}z^2\right)$$
$$= \frac{gh^2 S_0}{v_f}\left(\left(\frac{z}{h}\right) - \frac{1}{2}\left(\frac{z}{h}\right)^2\right) \tag{4.28}$$

上式說明流速分布是水深的二次方程式，最大流速發生在水面 $z = h$ 處。水

面流速 u_s 為

$$u_s = \frac{gh^2 S_0}{2v_f} \tag{4.29}$$

若以水面流速為無因次參數，則無因次流速方程式可以寫成

$$\frac{u}{u_s} = 2\frac{z}{h} - (\frac{z}{h})^2 \tag{4.30}$$

水深平均流速 U 為

$$\begin{aligned}
U &= \frac{1}{h}\int_0^h u(z)dz = \frac{1}{h}\int_0^h \frac{gS_0}{v_f}(hz - \frac{1}{2}z^2)dz \\
&= \frac{gS_0}{v_f h}\left(\frac{1}{2}h^3 - \frac{1}{6}h^3\right) = \frac{gh^2 S_0}{3v_f}
\end{aligned} \tag{4.31}$$

水面流速與平均流速均和水深的平方成正比關係，而且平均流速是水面速度的三分之二，即

$$U = \frac{gh^2 S_0}{3v_f} = \frac{2}{3}\frac{gh^2 S_0}{2v_f} = \frac{2}{3}u_s \tag{4.32}$$

換言之，水面速度是平均流速的 1.5 倍。若以平均流速為無因次參數，則無因次流速關係式可以寫成

$$\frac{u}{U} = 3\frac{z}{h} - \frac{3}{2}(\frac{z}{h})^2 \tag{4.33}$$

由上式，令 $u = U$，可以求解得流速恰好等於平均流速的位置，即

$$\frac{3}{2}(\frac{z}{h})^2 - 3\frac{z}{h} + 1 = 0 \tag{4.34}$$

上式求得在水深 $z = [(\sqrt{3} - 1) / \sqrt{3}]h \approx 0.423h$ 處，水流速度恰好等於平均流速，如圖 4.3 所示。

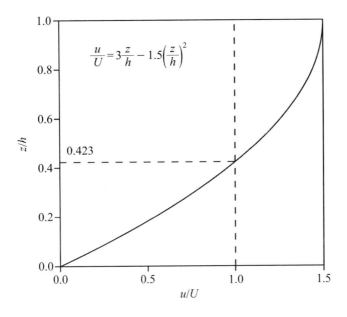

$$\frac{u}{U} = 3\frac{z}{h} - 1.5\left(\frac{z}{h}\right)^2$$

圖 4.3　**層流流速分布**

⧖ 4.3.2　紊流

　　如前一章節所陳述，絕大多數的河道水流是處於紊流流況。如果將紊流中任何一點之水分子在座標 x、y、z 三個方向的流速分別寫成 $\bar{u} + u'$、$\bar{v} + v'$、$\bar{w} + w'$，其中（$\bar{u}, \bar{v}, \bar{w}$）為時間平均流速，（$u', v', w'$）為瞬時脈動流速，而其長時間平均值為零，即 $\bar{u'} = \bar{v'} = \bar{w'} = 0$。如前面章節所述，考量紊流瞬時脈動流速，對於較長時間平均流場控制方程式而言，會有紊流應力（又稱 Reynolds stresses）項的產生，它扮演描述動量擴散的功能。紊流應力和瞬時脈動流速有很密切之關係。對於單向水流而言，時間平均流速 $\bar{u} = \bar{u}(z)$、$\bar{v} = 0$、$\bar{w} = 0$，在水流方向的紊流剪應力 $\tau = \tau_{zx}$，即

$$\tau = -\rho_f \overline{u'w'} \qquad (4.35)$$

由於瞬時脈動流速難以捉摸，自十九世紀以來，很大一部分亂流理論的研究就在於如何把「瞬時脈動流速」轉化為「時間平均流速」的函數。Prandtl 的混合長度理論，假設「瞬時脈動流速」和「時間平均流速」成線性正比關係，其比例係數 ℓ 稱為混合長度，

$$|u'| \approx |w'| = \ell \left| \frac{d\overline{u}}{dz} \right| \qquad (4.36)$$

於是將水流方向的紊流剪應力寫成

$$\tau = -\rho_f \overline{u'w'} = \rho_f \ell^2 \left| \frac{d\overline{u}}{dz} \right| \frac{d\overline{u}}{dz} \qquad (4.37)$$

仿照牛頓流體層流剪應力的表達方式，將上式改寫為

$$\tau = -\rho_f \overline{u'w'} = \eta_t \frac{d\overline{u}}{dz} \qquad (4.38)$$

其中 $\eta_t = \rho_f \ell^2 |d\overline{u}/dz|$ = 渦動黏滯係數（Eddy viscosity），它的單位和動力黏滯係數 μ_f 的單位相同。流體的動力黏滯係數 μ_f 是流體的特有性質，它與流體中的位置無關（假如溫度是一樣的）；但是，渦動黏滯係數 η_t 與流體渦動程度有關，因此它和流體的位置及其速度的分布有關。在水流雷諾數不是很大時，紊動和黏性作用都重要，則流動流體中流層間的剪應力為紊動剪力及黏性剪力的總和，如圖 4.4 所示，即

$$\tau = \mu_f \frac{d\overline{u}}{dz} + \eta_t \frac{d\overline{u}}{dz} = (\mu_f + \eta_t) \frac{d\overline{u}}{dz} \qquad (4.39)$$

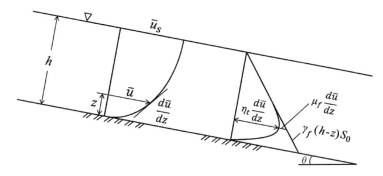

圖 4.4 水流流經平板之流速及剪應力分布示意圖

⏳ 4.3.3 對數流速分布公式

　　以下所討論的流速均是時間平均流速，指為了方便起見，省略流速符號上的水平橫條線，直接用原流速符號代表時間平均流速。對於明渠水流而言，假如阻力由雷諾應力在主導（$\eta_t \gg \mu_f$），Prandtl 進一步假設混合長度 $\ell = \kappa z$，於是前述流速梯度關係式整理後可寫成

$$\left(\frac{du}{dz}\right)^2 = \frac{\tau}{\rho_f \ell^2} = \frac{\tau}{\rho_f (\kappa z)^2} \tag{4.40}$$

如前所述，對於傾斜渠床上的均勻流而言，在水面上的剪應力 $\tau = 0$，在水面下水深（$h - z$）處的剪應力 $\tau = \rho_f g(h - z)S_0$，在渠床上（$z = 0$）的剪應力 $\tau = \tau_b = \rho_f ghS_0$，如圖 4.4 所示。Prandtl 進一步假設剪應力 τ 為常數並且等於 τ_b（註：此項假設不是一個合理的假設），並定義剪力速度

$$u_* = \sqrt{\frac{\tau_b}{\rho_f}} = \sqrt{ghS_0} \quad \text{or} \quad \tau_b = \rho_f u_*^2 \tag{4.41}$$

剪力速度 u_* 因為具有速度的單位，故被稱為剪力速度（Shear velocity）；剪力速度直接反應的是作用在渠床上剪應力的大小。渠床剪應力等於流體密度乘上剪力速度的平方，因此前述 Prandtl 的流速梯度公式可以改寫成

$$\frac{du}{dz} = \frac{\sqrt{\tau / \rho}}{\kappa z} \approx \frac{\sqrt{\tau_b / \rho}}{\kappa z} = \frac{u_*}{\kappa z} \qquad (4.42)$$

雖然剪力速度不是直接說明速度的大小，但在一般情況下，流速和剪力速度成正比關係。將上式積分可得水深流速分布

$$u(z) = \frac{u_*}{\kappa} \int_{z_0}^{z} \frac{1}{z} dz = \frac{u_*}{\kappa} \left[\ln(z) - \ln(z_0) \right] \qquad (4.43)$$

將上式重新整理可得

$$\frac{u}{u_*} = \frac{1}{\kappa} \ln \frac{z}{z_0} \qquad (4.44)$$

上式是流速的對數流速分布，其中 κ 為馮卡曼常數（≈ 0.4），z_0 為積分常數。

⧗ 4.3.4 對數分布積分常數

顯然的，對數流速分布中水深要符合 $z \geq z_0$ 的條件。當 $z = z_0$ 時，流速為零，因此積分常數 z_0 又被稱為零速位階（Zero-velocity level），大小和邊界層流次層的厚度 δ_0 大小同一級，但是它的大小並非是一個固定不變的常數，而是和渠床邊壁的光滑或粗糙程度有密切關係。換言之，z_0 和邊壁雷諾數及邊壁的粗糙厚度 k_s 有密切關係，即

$$z_0 = f(Re_*, k_s) \qquad (4.45)$$

前人由光滑渠床的流速公式及完全粗糙渠床的流速公式反推，分別求得所對應的積分常數 z_0。由尼古拉（Nikuradse）的實驗資料，光滑渠床的流速經驗公式可寫成

$$\frac{u}{u_*} = 5.5 + 5.75 \log(\frac{u_* z}{v_f}) \tag{4.46}$$

當 $z = z_0$ 時，$u = 0$，

$$\log(\frac{u_* z_0}{v_f}) = -\frac{5.5}{5.75} \tag{4.47}$$

由上式可得光滑渠床

$$z_0 = 10^{-\frac{5.5}{5.75}} \frac{v_f}{u_*} \approx 0.11 \frac{v_f}{u_*} \approx \frac{v_f}{9u_*} \tag{4.48}$$

或以無因次表示為

$$\frac{z_0}{k_s} = \frac{v_f}{9u_* k_s} = \frac{1}{9 Re_*} \tag{4.49}$$

上式說明對於光滑渠床而言，黏滯性對於 z_0 的影響大，因此 z_0 的大小和邊壁雷諾數（Boundary Reynolds number）Re_* 有關。邊壁雷諾數以邊壁的粗糙厚度 k_s 為特徵長度，以剪力速度 u_* 為特徵流速，即

$$Re_* = \frac{u_* k_s}{v_f} \tag{4.50}$$

同理，由尼古拉（Nikuradse）的實驗資料，完全粗糙渠床的流速經驗公式可寫成

$$\frac{u}{u_*} = 8.5 + 5.75 \log(\frac{z}{k_s}) \tag{4.51}$$

當 $z = z_0$ 時，$u = 0$，

$$\log(\frac{z_0}{k_s}) = -\frac{8.5}{5.75} \tag{4.52}$$

由上式可得粗糙渠床

$$z_0 = 10^{-\frac{8.5}{5.75}} k_s \approx 0.033 k_s \approx \frac{1}{30} k_s \qquad (4.53)$$

或以無因次表示為

$$\frac{z_0}{k_s} = \frac{1}{30} \qquad (4.54)$$

上式說明對於完全粗糙渠床而言，邊界粗糙程度的影響大，因此積分常數和邊界粗糙厚度 k_s 成正比。

分析流體流經一平板邊界層的發展過程，可以得到邊界層流次層的厚度（Thickness of laminar sublayer）為

$$\delta = 11.6 \frac{v_f}{u_*} \qquad (4.55)$$

邊界粗糙厚度 k_s 與邊界次層厚度 δ 的比值為

$$\frac{k_s}{\delta} = \frac{1}{11.6} \frac{u_* k_s}{v_f} = \frac{1}{11.6} Re_* \qquad (4.56)$$

比值 k_s / δ 呈現邊界粗糙厚度 k_s 與邊界次層厚度 δ 之間的相對大小，可以作為判別渠床邊界光滑或粗糙的指標：

(1) 光滑渠床：當 $1 < Re_* \leq 5$，即 $0.09 < k_s / \delta \leq 0.43$），表示渠床非常光滑。

(2) 過渡區：當 $5 < Re_* \leq 70$，即 $0.43 < k_s / \delta \leq 6.03$，渠床表面在光滑與粗糙之間。

(3) 粗糙渠床：當 $Re_* \geq 70$，即 $k_s / \delta \geq 6.03$，表示渠床完全粗糙。

依據尼古拉（Nikuradse）的實驗資料，詹錢登等人（Jan et al., 2006）建議推估對數流速分布積分常數 z_0 的經驗公式如下列公式。圖 4.5 顯示詹錢登等人的經驗公式和尼古拉（Nikuradse）的實驗資料相當吻合。

$$
\begin{cases}
\dfrac{z_0}{k_s} = \dfrac{v_f}{9u_*k_s} = \dfrac{0.11}{Re_*} & \text{for } Re_* \le 4 \\[3mm]
\dfrac{z_0}{k_s} = 0.0275 - 0.007\sqrt{\sin\left(\dfrac{Re_* - 4}{14}\pi\right)} & \text{for } 4 < Re_* \le 11 \\[3mm]
\dfrac{z_0}{k_s} = 0.0205 + \dfrac{0.0125}{\sqrt{2}}\sqrt{1 + \sin\left(\dfrac{Re_* - 40.5}{59}\pi\right)} & \text{for } 11 < Re_* < 70 \\[3mm]
\dfrac{z_0}{k_s} = \dfrac{1}{30} \approx 0.033 & \text{for } Re_* \ge 70
\end{cases}
\tag{4.57}
$$

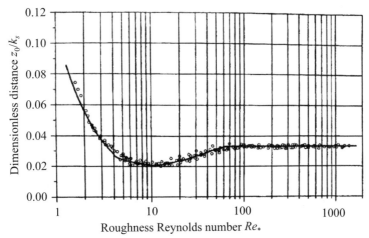

圖 4.5 **積分常數經驗公式和尼古拉實驗資料之比較**

著名的輸沙力學之父，漢斯・艾伯特・愛因斯坦（Hans Albert Einstein），他藉由一個修正因子 χ，將對數流速公式表示成

$$
\frac{u}{u_*} = 5.75\log\left(30.2\frac{z}{k_s}\chi\right)
\tag{4.58}
$$

其中愛因斯坦並以渠床泥沙粒徑 d_{65} 來代表粗糙厚度 k_s；修正因子 χ 為 k_s/δ 值（或雷諾數 Re_*）的函數，如圖 4.6 所示。當 $k_s/\delta > 10$ 時，為粗糙床面，修正因子 $\chi \approx 1$；當 $k_s/\delta < 0.25$ 時，為光滑床面，修正因子 χ 和 k_s/δ 成正比，$\chi = 34.8k_s/\delta$（或 $\chi = 0.3Re_*$）。

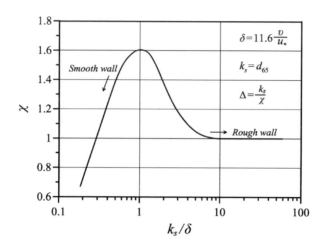

圖 4.6　愛因斯坦對數流速公式修正因子 χ

　　詹錢登等人（Jan et al., 2006）重新整理後建議推估修正因子 χ 的經驗公式如下列公式。圖 4.7 顯示詹錢登等人的經驗公式和尼古拉實驗資料大致相當吻合。

$$\chi = \begin{cases} 0.3 Re_* = 3.48 \dfrac{k_s}{\delta} & \text{for } \dfrac{k_s}{\delta} \le 0.35 \ (Re_* \le 4) \\[3mm] \left[0.83 - 0.21 \sqrt{\sin\left(\dfrac{(k_s/\delta) - 0.35}{1.20} \pi \right)} \right]^{-1} & \text{for } 0.35 < \dfrac{k_s}{\delta} \le 0.95 \\[3mm] \left[0.62 + \dfrac{0.38}{\sqrt{2}} \sqrt{1 + \sin\left(\dfrac{(k_s/\delta) - 3.49}{5.08} \pi \right)} \right]^{-1} & \text{for } 0.95 < \dfrac{k_s}{\delta} < 6.03 \\[3mm] 1.0 & \text{for } \dfrac{k_s}{\delta} \ge 6.03 \quad (Re_* \ge 70) \end{cases} \tag{4.59}$$

　　雖然 Prandtl 在推導過程假設剪應力 τ 為常數是不合理的，但是所得到的流速對數分布卻能夠以相當好的程度描述明渠水流流速分布，因此被廣為使用。也因如此，與其說「對數流速分布」是一種理論推導公式，不如說它是一種經驗公式。把對數流速分布公式當作經驗公式，就不用理會或牽強解釋其推導過程中假設剪應力為定值之合理性。

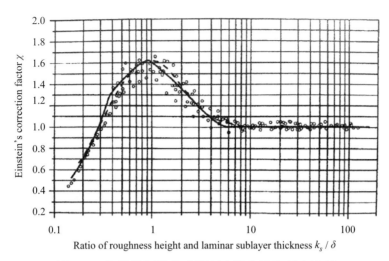

圖 4.7 詹錢登經驗公式和尼古拉實驗資料之比較

4.4 一維單向渠流

⧗ 4.4.1 水力半徑

對於有限寬的渠道水流,當我們將渠道水流簡化成沿著渠道中心軸單向一維流動時,除了渠道坡度之外,渠道的斷面形狀及邊界扮演相當重要的角色,它們會影響到水流的深度及流速。對於均勻流,水體沿著渠道底床坡面的重量分量恰好等於渠道邊界對於水流的阻力。如圖 4.8 所示,考量水體長度為 L,通水斷面積為 A,濕周長度為 P,渠道底床坡度為 S_0($=\sin\theta$),則水體沿著渠道底床坡面的重量分量為 WS_0,渠道邊界對於水流的阻力為 $\tau_0 PL$,其中 τ_0 為平均剪應力。在均勻流條件下

$$W \sin \theta = WS_0 = \gamma_f ALS_0 = \tau_0 PL \tag{4.60}$$

則

$$\tau_0 = \gamma_f \frac{A}{P} S_0 = \gamma_f R S_0 \tag{4.61}$$

式中 R 為水力半徑，是溝渠通水面積 A 和濕周長度 P 的比值，即 $R = A/P$。對於有限寬的渠道水流往往以水力半徑 R 取代水深 h。

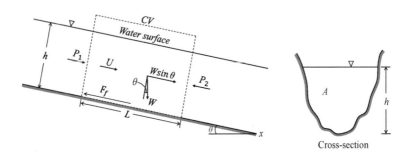

圖 4.8　有限寬度一維渠道縱斷面及橫斷面示意圖

　　前述分析顯示水力半徑是表達通水斷面中平均水深的一種方式，它考量邊壁對水流阻力的影響。水力半徑小於實際的最大水深。例如：矩形斷面渠道，渠寬為 b，水深為 h，通水面積 $A = bh$，濕周 $P = b + 2h$，則其水力半徑 R 為

$$R = \frac{bh}{b + 2h} = \frac{h}{1 + 2(h/b)} \tag{4.62}$$

　　當矩形斷面渠道水深很淺時，即 $h/b \ll 1$，水力半徑 R 雖然小於水深 h，但是非常接近水深 h，因此對於寬廣渠流（$h/b \ll 1$），可取 $R \approx h$。反之，當水深不是很淺時，$R < h$，不宜用水深 h 直接取代水力半徑 R。例如，當 $h/b = 1$ 時，$R = h/3$，水力半徑 R 只是水深 h 的三分之一；當 $h/b = 2$ 時，$R = h/5$，水力半徑 R 只是水深 h 的五分之一。對於很窄的矩型渠道，$h/b \gg 1$，則水力半徑與水深無關，反而與渠寬有密切之關係，水力半徑是渠寬的一半，即 $R = b/2$。

　　對於梯形斷面渠道，渠底寬為 b，渠岸斜坡垂向與橫向長度比為 $1 : z$（邊坡係數 z），水深為 h，其通水面積 $A = (b + zh)h$，濕周 $P = b +$

$2h\sqrt{1+z^2}$，則

$$R = \frac{(b+zh)h}{b+2h\sqrt{1+z^2}} = \frac{[1+z(h/b)]h}{1+2(h/b)\sqrt{1+z^2}} \tag{4.63}$$

⧗ 4.4.2 平均流速公式

考量邊壁對水流阻力的影響時，水力半徑 R 代表斷面之水深。渠道斷面平均流速 $U =$ 斷面通水流量 Q 除以通水面積 A，依據前人之研究，常見渠道斷面平均流速公式表達式有下列幾種形式：

1. 對數流速公式，Keulean（1938）配合 Bazin 的光滑與粗糙渠道實驗資料，得到光滑與粗糙渠道之斷面平均流速公式分別為

光滑渠道： $$\frac{U}{u_*} = 3.25 + 5.75\log(\frac{u_* R}{v_f}) \tag{4.64}$$

粗糙渠道： $$\frac{U}{u_*} = 6.25 + 5.75\log(\frac{R}{k_s}) \tag{4.65}$$

其中 u_* 為渠床面上剪力速度 $u_* = \sqrt{gRS_0}$，R 為水力半徑，在意義上，水力半徑是溝渠通水斷面的代表水深。圖 4.9 顯示無因次平均流速與水力半徑之關係。

2. 愛因斯坦（Einstein）曾經引入一個修正因子，將光滑渠道、粗糙渠道及其過渡區域串聯在一起，合併寫成一個對數流速公式：

$$\frac{U}{u_*} = 5.75\log(12.27\frac{R}{k_s}\chi) \tag{4.66}$$

其中修正因子 χ 為渠面相對粗糙度 k_s / δ_0 值（或邊壁雷諾數 $Re_*(= u_* k_s / v_f)$）的函數，如圖 4.6 所示。

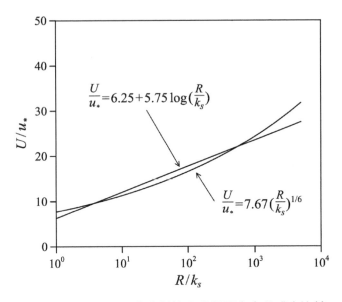

圖 4.9　無因次平均流速對數公式與冪定率公式之比較

3. 蔡斯（Chezy）公式：適用於粗糙渠道。

$$U = C\sqrt{RS_0}$$

（4.67）

或寫成無因次化

$$\frac{U}{u_*} = \frac{C}{\sqrt{g}}$$

（4.68）

其中 $C =$ 經驗係數，隨渠道條件而異。歐洲國家較常使用蔡斯公式計算平均流速。

4. 曼寧（Manning）公式：適用於粗糙渠道。

$$U = \frac{1}{n} R^{2/3} S_0^{1/2}$$

（4.69）

或寫成無因次化

$$\frac{U}{u_*} = \frac{R^{1/6}}{n\sqrt{g}} \tag{4.70}$$

其中 n = 曼寧粗糙係數，隨渠道條件而異。美國較常使用曼寧公式，我國臺灣在渠流分析時也是比較喜歡使用曼寧公式。曼寧粗糙係數 n 並非固定值，而是會隨河道型態、河床粗糙度及水流大小而有所不同。

5. 達西—外斯貝克（Darcy-Weisbach）公式：適用於管流及光滑渠道。對於管流的壓力損失常使用下列 Darcy-Weisbach 公式來計算

$$h_f = f\frac{L}{D}\frac{U^2}{2g} \tag{4.71}$$

重新整理上式後得

$$U = \left(\frac{2g}{f}D\frac{h_f}{L}\right)^{1/2} = \left(\frac{8}{f}gRS_f\right)^{1/2} = \sqrt{\frac{8}{f}}\sqrt{gRS_f} \tag{4.72}$$

或寫成無因次化

$$\frac{U}{u_*} = \sqrt{\frac{8}{f}} \tag{4.73}$$

其中 $S_f(= h_f / L)$ 為能量坡度，f 為達西阻力係數（Darcy friction factor），此係數並非固定值，而是隨雷諾數 Re 增加而減小。對於管徑為 D，平均流速為 U 的管流而言，雷諾數 $Re = UD / v_f$。

前述均勻流流速公式中的底床坡度與能量坡度是相同的，即 $S_0 = S_f$。比較前述蔡斯公式、達西—外斯貝克公式及曼寧公式可得下列關係式

$$\frac{U}{u_*} = \frac{C}{\sqrt{g}} = \frac{R^{1/6}}{n\sqrt{g}} = \sqrt{\frac{8}{f}} \tag{4.74}$$

上式說明蔡斯係數、達西係數及曼寧係數之間可以透過公式進行轉換。對於非均勻流，底床坡度不等於能量坡度，即 $S_0 \neq S_f$。在明渠漸變流分析中

常利用曼寧公式推估漸變流的能量損失坡度 S_f，即

$$S_f = \frac{n^2 U^2}{R^{4/3}} \qquad (4.75)$$

⧗ 4.4.3　達西阻力係數

管流的實驗資料很豐富，前人依據各種不同的管流條件下的試驗資料，建立許多不同經驗公式。例如對於光滑管流，達西阻力係數 f 的關係式為

$$f = \frac{64}{Re} \qquad \text{for } Re < 2{,}000 \qquad (4.76)$$

$$f = \frac{0.316}{Re^{1/4}} \qquad \text{for } 2{,}000 \le Re < 10^5 \text{ (Blasius equation)} \qquad (4.77)$$

$$\frac{1}{\sqrt{f}} = 2.0\log(Re\sqrt{f}) - 0.8 \quad \text{for } Re \ge 10^5 \text{ (Karman-Prandtl equation)} \quad (4.78)$$

$$\frac{1}{\sqrt{f}} = 1.8\log Re - 1.5146 \quad \text{for } Re \ge 10^5 \text{ (Jain equation)} \qquad (4.79)$$

對於粗糙管流，阻力係數與管壁的相對糙度有關：

$$\frac{1}{\sqrt{f}} = -2.0\log\frac{k_s}{D} + 1.14 \quad \text{for } Re \ge 10^5 \qquad (4.80)$$
$$\text{(Karman-Prandtl equation)}$$

對於光滑到粗糙過渡區管流而言，達西阻力係數與管壁的相對糙度及雷諾數有關：

$$\frac{1}{\sqrt{f}} = 1.14 - 2.0\log\left(\frac{k_s}{D} + \frac{9.35}{Re\sqrt{f}}\right) \quad \text{(Colebrook equ.)} \qquad (4.81)$$

$$\frac{1}{\sqrt{f}} = 1.14 - 2.0\log\left[\frac{k_s}{D} + \frac{21.25}{Re^{0.9}}\right] \quad \text{for } 5{,}000 \le Re \le 10^8 \qquad (4.82)$$

$$\text{(Jain equation)}$$

另外，對於光滑到粗糙過渡區管流，達西阻力係數也可以寫成

$$\frac{1}{\sqrt{f}} = -2.0\log\left(\frac{k_s/D}{3.7} + \frac{2.51}{Re\sqrt{f}}\right) \quad \text{(Colebrook equ.)} \qquad (4.83)$$

$$\frac{1}{\sqrt{f}} = -2.0\log\left(\frac{k_s/D}{3.7} + \frac{5.74}{Re^{0.9}}\right) \quad \text{(Swamee-Jain equ.)} \qquad (4.84)$$

$$\frac{1}{\sqrt{f}} = -1.8\log\left[\left(\frac{k_s/D}{3.7}\right)^{1.11} + \frac{6.9}{Re}\right] \quad \text{(Haaland equ.)} \qquad (4.85)$$

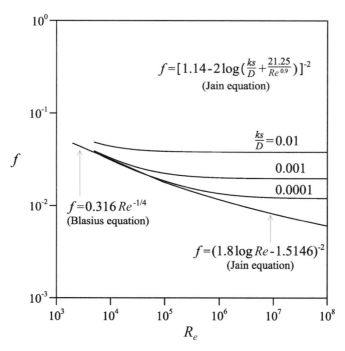

圖 4.10　阻力係數 f 與雷諾數及相對糙度之經驗關係

注意以上公式適用於管流，當把它應用到渠流時，管徑 D 要轉換成水力半徑 R 來表示。對於管流，滿管時，水力半徑 R 與管徑 D 之關係為 $R = D/4$，或寫成 $D = 4R$。因此前述管流公式應用到渠流時將雷諾數 $Re = UD / v_f$ 改為 $Re = 4RU / v_f$，相對粗糙度 k_s / D 改為 $k_s / 4R$。

⧗ 4.4.4 曼寧係數

在應用曼寧公式計算平均流速時，須先決定曼寧粗糙係數 n 值。嚴格說來，粗糙係數不僅與渠道溝床表面材料的粗糙高度（Roughness height）、形狀及分布有關，同時也與流量及水流含沙量有關。對於自然河道，由於河道的不規則性，粗糙係數更為複雜。表 4.1 列出部分曼寧 n 值與溝床組成特性之經驗關係。

表 4.1　**曼寧 n 值與溝床組成特性之經驗關係**

	溝床內物質	n 值範圍	平均 n 值
溝床無內面工者	黏土質溝身整齊者	0.016～0.022	0.020
	沙礫、黏壤土溝身整齊者	—	0.020
	稀疏草生	0.035～0.045	0.040
	全面密草生	0.040～0.060	0.050
	雜有直徑 1～3 公分小石	—	0.022
	雜有直徑 2～6 公分小石	—	0.025
	平滑均勻岩值	0.030～0.035	0.033
	不平滑岩值	0.035～0.045	0.040
溝床有內面工者	漿砌磚	0.012～0.017	0.014
	漿砌石	0.017～0.030	0.020
	乾砌石	0.025～0.035	0.033
	有規則土底兩岸砌石	—	0.025
	不規則土底兩岸砌石	0.023～0.035	0.030
	純水泥漿平滑者	0.010～0.014	0.012
	礫石底兩岸混凝土	0.015～0.025	0.020

如圖 4.6 所示，若將粗糙渠道斷面的對數平均流速公式以冪定律關係式近似表示時，河床的相對粗糙度在 $5 < R/k_s < 1,000$ 範圍內，可以約略寫成

$$\frac{U}{u_*} = 6.25 + 5.75\log(\frac{R}{k_s}) \approx 7.68(\frac{R}{k_s})^{1/6} \tag{4.86}$$

與曼寧公式比對可以得到

$$\frac{U}{u_*} = \frac{R^{1/6}}{n\sqrt{g}} \approx 7.67(\frac{R}{k_s})^{1/6} \tag{4.87}$$

進而可推得曼寧係數與粗糙高度之關係式

$$n = \frac{k_s^{1/6}}{7.67\sqrt{g}} = \frac{k_s^{1/6}}{24.0} \tag{4.88}$$

又粗糙高度與泥沙粒徑大小有關,因此有些學者建議利用溝床床面泥沙粒徑推估曼寧 n 值,例如,Stricker 在 1923 年就已經提出用床面泥沙代表粒徑 d_{50} 替代 k_s,並配合平面定床實驗資料推得

$$n = \frac{d_{50}^{1/6}}{21.1} \approx 0.0474\ d_{50}^{1/6} \quad (d_{50} \text{ in m}) \tag{4.89}$$

上式中 d_{50} 是床沙的中值粒徑(單位為公尺);d_{50} 表示床沙中有 50% 床沙粒徑小於 d_{50}。表 4.2 列出幾個由 Stricker 公式推估之曼寧 n 值,如圖 4.11 所示,如果床沙中值粒徑 d_{50} 的單位為毫米(mm),則

$$n \approx 0.0150 d_{50}^{1/6} \quad (d_{50} \text{ in mm}) \tag{4.90}$$

表 4.2　**由** Stricker **公式推估之曼寧** n **值**

$d\,(mm)$	0.1	0.5	1.0	10	100
n 值	0.010	0.013	0.015	0.022	0.032

山區河道因為具有較粗的礫石,因此 Meyer-Peter and Muller 建議

$$n = \frac{d_{90}^{1/6}}{26} \approx 0.0385 \, d_{90}^{1/6} \quad (d_{90} \text{ in m}) \tag{4.91}$$

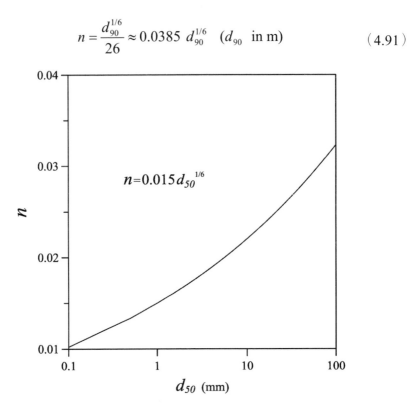

圖 4.11　Stricker 曼寧 n 值與泥沙粒徑之關係

其中 d_{90} 表示床沙中 90% 床沙粒徑小於 d_{90}，其單位為公尺（m）。上式也可寫成

$$n = 0.0122 \, d_{90}^{1/6} \quad (d_{90} \text{ in mm}) \tag{4.92}$$

在分析床面粗糙度方面，一般都是用較大的床面粒徑 $d_i \, (\geq d_{50})$ 代表 k_s，這一類的公式可以寫成 $n = \alpha d_i^{1/6}$，α 為常數，此類公式通稱為 Manning-Stricker 公式，如表 4.3 所列。另外，1998 年 Rice 依據礫石陡坡溝槽試驗，其中溝床質中值粒徑 d_{50} 介於 52～89 mm，溝床坡度介於 0.1～0.4 之間，建議曼寧係數與溝床質粒徑 d_{50} 及溝床坡度 S 之關係式為

$$n = 0.029S^{0.147}d_{50}^{0.147} \quad (d_{50} \text{ in mm}) \tag{4.93}$$

　　注意影響曼寧係數的因素很多，粒徑及坡度為眾多因子之一，其他如水流速度、河道形態及植生狀態等等都會影響曼寧係數 *n* 值大小。如何選取適當的 *n* 值，可以參考一些明渠水流方面的教科書。另外，周文德教授（Prof. V.T. Chow）以及紐西蘭 Hicks and Mason 曾經提供河道照片與可能曼寧係數 *n* 值範圍參考手冊，可供工程師選擇 *n* 值之參考。

表 4.3　曼寧係數與溝床床面泥沙代表粒徑之關係式

作者（年代）	*n* 值與粒徑 *d* 關係（原公式）	粒徑單位	*n* 值與粒徑 *d* 公式（統一粒徑單位）	粒徑單位
Stricker (1923)	$n = 0.0474d_{50}^{1/6}$	m	$n = 0.0150d_{50}^{1/6}$	mm
Meyer-Peter and Muller (1948)	$n = 0.0385d_{90}^{1/6}$	m	$n = 0.0122d_{90}^{1/6}$	mm
Williamson (1951)	$n = 0.031d_{75}^{1/6}$	ft	$n = 0.0120d_{75}^{1/6}$	mm
Lane and Carlson (1953)	$n = 0.026d_{75}^{1/6}$	in	$n = 0.0152d_{75}^{1/6}$	mm
Handerson (1966)	$n = 0.034d_{50}^{1/6}$	ft	$n = 0.0131d_{50}^{1/6}$	mm
Anderson (1970)	$n = 0.0395d_{50}^{1/6}$	ft	$n = 0.0152d_{50}^{1/6}$	mm
Raudkivi (1976)	$n = 0.013d_{65}^{1/6}$	mm	$n = 0.0130d_{65}^{1/6}$	mm
Garde and Raju (1978)	$n = 0.039d_{50}^{1/6}$	ft	$n = 0.0150d_{50}^{1/6}$	mm
Bray (1979)	$n = 0.0593d_{50}^{0.179}$ $n = 0.0561d_{65}^{0.176}$ $n = 0.0561d_{90}^{0.160}$	m	$n = 0.0171d_{50}^{0.179}$ $n = 0.0166d_{65}^{0.176}$ $n = 0.0164d_{90}^{0.160}$	mm
Subramanya (1982)	$n = 0.047d_{50}^{1/6}$	m	$n = 0.0149d_{50}^{1/6}$	mm
Rice (1998)	$n = 0.029S^{0.147}d_{50}^{0.147}$	mm	$n = 0.029S^{0.147}d_{50}^{0.147}$	mm

註：$d_i = i\%$ 的溝床質粒徑小於 d_i 值；$S =$ 溝床坡度。

⧗ 4.4.5 平均渦流黏滯係數

如前所述水流沿著坡度為 S_0 的平面渠床流動，考量單向流動，即沿著渠床方向座標為 x，垂直渠床方向座標為 z，水流速度在不同深度的速度為單向流動，即 $u = u(z)$、$v = 0$、$w = 0$，若水深為 h，不同深度的剪應力 $\tau = \rho_f g(h - z)S_0$。假設流況為紊流，流速在水深方向的分布為對數分布時

$$\frac{u}{u_*} = \frac{1}{\kappa}\ln\frac{z}{z_0} \quad \text{或寫成} \quad \frac{du}{dz} = \frac{u_*}{\kappa z} \tag{4.94}$$

流況為紊流時，以渦流雷諾剪應力為主，則

$$\tau = \rho_f g(h - z)S_0 = \tau_0(1 - \frac{z}{h}) = \eta_t \frac{du}{dz}$$

渦流黏滯係數分布 $\eta_t(z)$

$$\begin{aligned}\eta_t(z) &= \rho_f u_*^2\left(1 - \frac{z}{h}\right)\left(\frac{du}{dz}\right)^{-1} = \rho_f u_*^2\left(1 - \frac{z}{h}\right)\frac{\kappa z}{u_*} \\ &= \rho_f u_* \kappa z\left(1 - \frac{z}{h}\right)\end{aligned} \tag{4.95}$$

此分布顯示底床及表面的渦流黏滯係數均為零，最大值發生在中間水深處，即

$$\eta_{t\max} = \eta_t(\frac{h}{2}) = \frac{\rho_f u_* \kappa h}{4} \tag{4.96}$$

無因次渦流黏滯係數分布（圖4.9）：

$$\frac{\eta_t(z)}{\eta_{t\max}} = 4\frac{z}{h}\left(1 - \frac{z}{h}\right) \tag{4.97}$$

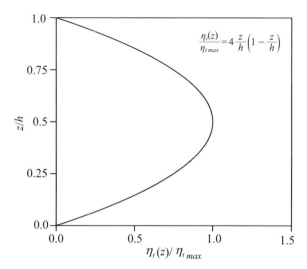

圖 4.12　無因次渦流黏滯係數分布

渦流黏滯係數的水深平均值

$$\overline{\eta_t} = \frac{1}{h}\int_0^h \rho_f u_* \kappa z (1 - z/h) dz = \frac{\rho_f u_* \kappa h}{6} = \frac{2}{3}\eta_{t\,max} \qquad (4.98)$$

如前所述，對於有限寬的渠道水流有關水深方面往往以水力半徑 R 取代水深 h，因此對於有限寬的渠道水流的平均渦流黏滯係數可以直接表示成

$$\overline{\eta_t} = \frac{\rho_f u_* \kappa R}{6} \qquad (4.99)$$

此外，對於粗沙礫河床，1979 年 Thompson & Campbell 的實驗結果顯示 k_s = 4.5d，並提出

$$\frac{U}{u_*} = 5.75\left(1 - 0.45\frac{d_{50}}{R}\right)\log\left(\frac{2.67R}{d_{50}}\right) \qquad (4.100)$$

重新整理上式並配合曼寧公式可以得到

$$\frac{U}{u_*} = \frac{R^{1/6}}{n\sqrt{g}} = 5.75\left(1 - 0.45\frac{d_{50}}{R}\right)\log\left(\frac{2.67R}{d_{50}}\right)$$

$$\approx 6.48\left(1 - 0.45\frac{d_{50}}{R}\right)\left(\frac{R}{d_{50}}\right)^{1/6} \tag{4.101}$$

及適用於粗沙礫河床之曼寧係數經驗關係式

$$n = \frac{d_{50}^{1/6}}{20.3\ (1 - 0.45\dfrac{d_{50}}{R})} \quad (\text{for } d_{50} \text{ in m}) \tag{4.102}$$

習題

習題 4.1

已知有一寬廣矩形渠道，渠床床面的粗糙高度（Roughness height）為 k_s，此渠流之邊界層流次層厚度（Laminar sublayer thickness）為 δ，試以 k_s/δ 比值大小來劃分水力學上渠床是屬於光滑渠床或粗糙渠床（Hydraulically smooth or rough boundary）。

習題 4.2

有塊小集水區，面積 $A = 2$ ha，逕流係數 C 約為 0.8，在緊接集水區下游處要設置一個矩形斷面的砌石排水溝，排水溝底床坡度 $S = 0.0025$，曼寧係數 n 約為 0.035，設計降雨強度 $I = 80$ mm/hr。試 (1) 推求該排水溝之設計流量 Q；(2) 假如渠寬 $B = 1.0$ m，試設計排水溝之合理深度；(3) 計算平均流速。

習題 4.3

已知有一寬廣矩形渠道（Wide rectangular channel），河床相當平整，大部分為礫石，水流接近均勻流，水流深度 $h = 1.2$ m，水溫為 20℃，流速量測結果如下表：

離床距離 z (m)	0.15	0.45	0.75	1.05
流速 u (m/s)	0.16	0.26	0.30	0.33

試選用適當對數流速公式估算下列參數：(a) 剪力速度（Shear velocity）u_*、(b) 渠床剪應力（Bed shear stress）τ_0、(c) 邊界層流次層厚度（Laminar sublayer thickness）δ、(d) 能損坡降（Energy slope）S、(e) 水深平均流速（Depth average velocity）U、(f) 水面流速（Surface velocity）u_s、(g) 水流福祿數（Froude number）Fr、(h)Darcy-Weisbach 摩擦係數 f、(i) 曼寧係數（Manning coefficient）n、(j) 動量修正係數（Momentum correction factor）β，及 (k) 能量修正係數（Energy correction factor）α。

習題 4.4

有一矩形渠道，渠寬 B = 3.6 m，水流深度 h = 1.8 m，渠床坡度 S = 0.0005，水流接近均勻流。某人放置一浮體於渠流表層，隨水流漂流，浮體入水深度為 0.2 m，用以量測渠流表層平均流速 u_s（浮體移動速度）。假設可以忽略渠岸摩擦阻力，而且水深流速分布 $u(z)$ 可以用冪定律公式（Power law）來描述：$u / u_* = \alpha(z / k_s)^{1/6}$，$0 < z \leq h$，其中 u_* = 剪力速度（Shear velocity），k_s = 渠床粗糙高度 = 0.4 mm，α = 無因次係數。當浮體移動平均流速 u_s = 1.0 m/s，試推求此渠流之平均流速 U（m/s）及流量 Q（cms）。（題目條件若有不足之處，可自行作合理之假設）

習題 4.5

有一寬渠的渠床為粗糙渠床，水深為 h，渠流的流速分布可以對數流速分布來表示，如（4.51）式所示，試證明渠流的水深平均流速 U 大約等於水面下 $0.6h$ 處之流速 $U_{0.6}$，也等於水面下 $0.2h$ 處之流速 $U_{0.2}$ 和水面下 $0.8h$ 處之流速 $U_{0.8}$ 的平均值，即證明 $U \approx U_{0.6}$ 及 $U \approx (U_{0.2} + U_{0.8}) / 2$。

名人介紹

楊志達　博士

　　楊志達博士 1962 年畢業於國立成功大學土木工程學系，之後到美國科羅拉多州立大學留學，專攻水利工程，1965 年及 1968 年先後取得碩士及博士學位。楊博士曾經在美國陸軍工兵團、美國墾務局、美國伊利諾州政府水情調查局及伊利諾州大學水資源中心擔任水利工程師，也曾經在美國科羅拉州大學、科羅拉州州立大學及密尼蘇達大學擔任教職及研究工作。楊博士在 1971 年發表了位能與河貌（Potential Energy and Stream Morphology）的研究論文，傑出的研究成果獲美國地球物理學會（AGU）水文方面最高榮譽 Horton Award。楊博士提出以最小耗能率及單位河川功率來分析河道水流與泥沙運移，有助於解釋許多複雜的河道水力與河川地貌特性。楊博士在泥沙運行學、水力學及水文學的卓越貢獻，使他於 1991 年獲得聯合國科教文組織的國際水文組織及國際水利研究學會推選為該年度的「Lecture of the year」，並於 1995 年獲選為國立成功大學傑出校友。楊博士於 1996 年將多年研究成果撰寫成《泥沙運行學》（Sediment Transport – Theory and Practice），該書內容豐富，包含理論與實務。此外，楊博士在美國墾務局服務期間積極協助推動臺灣經濟部水利署與美國墾務局之間的實質合作，貢獻良多。

參考文獻及延伸閱讀

1. 吳健民（1991）：泥沙運移學，中國土木水利工程學會。

2. 錢寧、萬兆惠（1991）：泥沙運動力學，科學出版社，中國。

3. 顏清連（2015）：實用流體力學，五南圖書出版股份有限公司，臺灣。

4. Colebrook, C. (1939): Turbulent flow in pipes, with particle reference to the transition region between the smooth and rough pipe laws. Journal of the Institution of Civil Engineers, Vol. 11(4), 133-156.

5. Garde, R. J. and Ranga Raju, K. G. (1985): Mechanics of Sediment Transportation and Alluvial Stream Problems. John Wiley & Sons, New York.

6. Genic et al., (2011): A review of explicit approximations of Colebrook's equation. FME Transactions, University of Belgrade, Vol. 39, 67-71.

7. Haaland, S. (1983): Simple and explicit formulas for the friction factor in turbulent flow. Transactions of ASME, Journal of Fluids Engineering, Vol. 103, 89-90.

8. Hicks, D.M. and Mason, P.D. (1991): Roughness Characteristics of New Zealand Rivers. A handbook published by the Water Resources Survey, DSIR Marine and Freshwater, New Zealand.

9. Jan, C.D.（詹錢登）, Wang, J.S., and Chen, T.H. (2006): Discussion of "Simulation of flow and mass dispersion in meandering channels" by J. G. Duan. Journal of Hydraulic Engineering, ASCE, Vol. 132(3), 339-341.

10. Subramanya, K. (2009): Flow in Open Channels. McGraw Hill.

11. Swamee, P. and Jain, A. (1976): Explicit equations for pipe-flow problems. Journal of the Hydraulics Division, ASCE, Vol. 102(5), 657-664.

12. Thompson, S.M. and Campbell, P.L. (1979): Hydraulics of a large channel paved with boulders. Journal of Hydraulic Research, Vol. 17(4).

Chapter 5

泥沙運動的基本概念

5.1 床面泥沙顆粒受力情況

當水流經過由鬆散泥沙顆粒組成的河床時，床面沙粒將承受水流作用力：拖曳力（Drag force）及上舉力（Lift force）。抗拒水流作用力的力量，除了泥沙的重力以外，還有相鄰顆粒之間的黏結力（Cohesive force）；當大量泥沙以推移的形式運動時，由於推移質之間存在離散力（Dispersive force），這離散力將以壓力的形式作用於床面沙粒上，有助於床面泥沙的穩定。

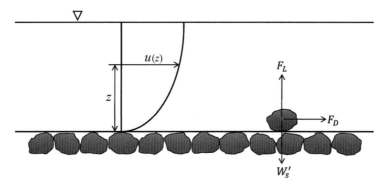

圖 5.1　作用於渠床顆粒的重力、拖曳力及上舉力示意圖

在河流水位與河道兩岸地下水位相差懸殊時，床面泥沙顆粒還要承受滲透壓力（Seepage force）的作用。即抗拒水流的作用力包括：重力、黏結力、離散力、滲透壓力。

水流拖曳力又可區分為摩擦阻力（Friction resistance）及形狀阻力（Form resistance）：(1) 摩擦阻力：當水流經過河床床面時，由於泥沙顆粒表面粗糙不平，水流和泥沙表面相接觸後將產生表面摩擦阻力。因為只有一部分沙粒表面直接和水流相接觸，摩擦力並不通過顆粒重心，方向則與水流方向相同。當雷諾數小時摩擦阻力是主要的作用力。(2) 形狀阻力：當雷諾數較大時，顆粒頂部表面的流線會發生分離，在顆粒背後形成渦流，因而顆粒前後產生了壓力差，造成形狀阻力。

　　此外，在水流經過河床床面時，顆粒頂部和底部的流速不同，前者為水流的運動速度，後者則為顆粒間滲透水的流動速度，比水流的速度要小得多。根據伯努里定律，頂部流速高、壓力小，底部流速低、壓力高。這樣產生壓力差，造成上舉力，方向朝上。拖曳力 F_D 和上舉力 F_L 的一般表達形式如下：

$$F_D = \frac{1}{2} C_D \rho A_1 u_b{}^2 \qquad (5.1)$$

$$F_L = \frac{1}{2} C_L \rho A_2 u_b{}^2 \qquad (5.2)$$

其中 C_D 及 C_L 分別為阻力係數及上舉力係數，A_1 為沙粒在水流方向之投影面積，A_2 為沙粒在垂直水流方向之投影面積，ρ 為水流密度，u_b 為水流在床面沙粒上的流速。有效流速 v 的作用點距離床面的距離與泥沙粒徑大小成正比，但這個比例係數究竟應選用多少，各家的做法不盡相同。也有研究工作者以斷面平均流速或摩擦速度（U 或 u_*）取代 u_b。阻力係數及上舉力係數與床面顆粒周圍的流場有關，一般而言 C_D 和 C_L 與顆粒形狀，雷諾數及 u_b 的確定方法有關。

5.2　泥沙運動形式

⧖ 5.2.1　泥沙運動形式分類

　　水流能夠帶動泥沙，挾帶泥沙的水流叫做「挾沙水流」，或稱為「渾水」。特定的水流條件能夠帶動特定的泥沙量，叫做水流的「挾沙能力」或「輸沙能力」。水流挾沙能力與流速及泥沙特性有關，一般而言水流的流速愈大或泥沙顆粒愈小，水流的挾沙能力愈大。可以經由河道水流挾沙能力及河道實際輸沙量之比較，來判別河道是否會發生沖刷、淤積或維持不沖不淤之狀態。挾沙水流中泥沙的運動，按其運動形式的不同，可分為懸移

質、接觸質、跳移質及層移質四個部分，其中接觸質、跳移質及層移質又統稱為推移質（Bed load）。

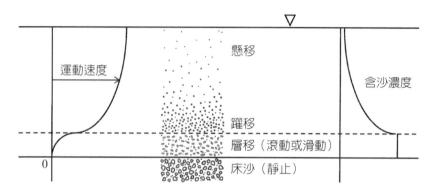

圖 5.2　挾沙水流中泥沙運動形式示意圖

圖 5.3　挾沙水流中泥沙運動形式的分類

1. 接觸質

接觸質是指泥沙顆粒在床面以滾動或滑動方式運動。當床面顆粒所受的拖曳力大於顆粒的摩擦阻力時，泥沙顆粒開始向前滑動，在滑動過程中，由於河床表面高低不平往往會轉化為滾動。但無論是滑動或滾動，顆粒在運動過程中經常與河床保持接觸，因此稱為接觸質。

2. 跳移質（Saltation）

泥沙顆粒自床面躍起（Jumping/Saltating）後被水流帶向下游，並因重力作用，泥沙顆粒跳行一段距離後，再落到床面。在水流中以躍移形式運動的泥沙，其跳躍高度一般不過幾倍泥沙粒徑。臺灣大學李鴻源教授（Prof. Lee, H.Y.）研究團隊曾經進行一系列的泥沙躍移研究，他們得到泥沙最大

躍移高度 H_{sm} 是粒徑 d 的 9.3 倍，最大躍移長度 L_{sm} 是粒徑 d 的 106.8 倍，最大躍移速度 U_{sm} 是水流剪力速度 u_* 的 9.9 倍。依據泥沙粒徑分別為 1.36 mm 及 2.47 mm 的系列泥沙躍移實驗結果（Lee et al., 1994），他們也得到泥沙顆粒平均躍移高度 H_s、平均躍移長度 L_s 及平均躍移速度 U_s 等三個參數與泥沙粒徑 d、無因次剪應力 τ_*（Shields parameter）及無因次泥沙起動臨界剪應力 τ_{*_c}（Critical Shields parameter）之關係為

$$\frac{H_s}{d} = 14.27 \left(\tau_* - \tau_{*_c} \right)^{0.575} \quad \text{for } 0.05 < \tau_* < 0.50 \qquad （5.3）$$

$$\frac{H_s}{d} = 196.3 \left(\tau_* - \tau_{*_c} \right)^{0.788} \quad \text{for } 0.05 < \tau_* < 0.50 \qquad （5.4）$$

$$\frac{U_s}{u_*} = 11.53 \left(\tau_* - \tau_{*_c} \right)^{0.174} \quad \text{for } 0.05 < \tau_* < 0.50 \qquad （5.5）$$

3. 層移質

水流拖曳力增大以後，河床表層的泥沙不能保持靜止，而且第二層的泥沙也開始進入運動，流速再加強時，泥沙運動不斷向深層發展，床面下各層泥沙以成層地滾動及滑動的方式運動。

4. 懸移質

流速的增加使水流中紊動加強，水流中充滿著大小不同的漩渦，這時泥沙顆粒在自床面跳起的過程中，有可能遇到向上移動的漩渦，並被帶入離床面更高的流區中。這種懸浮在水中隨水流傳輸的泥沙，稱為懸移質（Suspended load）。床面上的泥沙經過躍移質為媒介，然後再轉化為懸移質。

泥沙的懸浮是大尺度紊動作用的結果。自床面顆粒附近產生的漩渦，因受空間的限制，尺寸不可能很大，這樣的漩渦對懸浮泥沙來說是無效的。只有當漩渦上升離開河床一定距離，形成較大的漩渦後，自床面躍起而進入這樣大尺度漩渦的泥沙，才能為漩渦所帶走。泥沙懸浮於水中要有兩個條件：(1) 漩渦的向上分速必須超過沙粒的沉降速度，(2) 漩渦的尺度一定要比沙粒粒徑大很多。

5. 泥沙運動的連續性

河床上的泥沙會在一定的水流條件下發生運動，而已經運動的泥沙也不是永遠保持運動狀態的，而是在搬運一段距離以後又會沉澱下來。換句話說，床面層中運動泥沙會和河床上的泥沙發生交換。如果流速足以使泥沙懸浮時，在懸移質與推移質之間同樣也有交換現象，而且透過床面層中運動的泥沙為媒介，在懸移質與沙床之間也會有交換，即：懸移質 ⟷ 推移質 ⟷ 床沙。

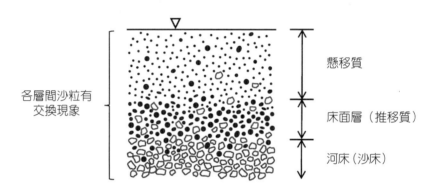

圖 5.4　河床上懸浮質、推移質及床沙間運動交換示意圖

⧗ 5.2.2　推移質及懸移質的相對重要性

如前所述，接觸質、跳移質及層移質統稱為推移質（Bed load）。推移質及懸移質的相對重要性因顆粒大小及水流強弱而異。對同一種河床組成物質來說，如果將河道平均流速由小排列到大，分成五個階段來看：

1. 當 $U < U_1$ 時，流速小於泥沙起動臨界速度，泥沙靜止不動。

2. 當 $U_1 < U < U_2$ 時，泥沙以滑動、滾動或躍移的形式運動，運動的範圍僅限於河床表層以上相當於一至三倍泥沙粒徑的區域內，這一區域稱為床面層。只有推移質運動。

3. 當 $U_2 < U < U_3$ 時，一部分泥沙進入主流區，以懸移的形式運動，一部分泥沙則仍在床面層內以推移的形式運動。

4. 當 $U_3 < U < U_4$ 時，懸移質的相對重要性逐漸超過推移質。

5. 當 $U_4 < U$，河床表層以下的層移運動開始形成，層移質所占的厚度因流速的增加，而不斷擴大。

在一般天然河道所常見的水流條件下，往往粗於某一粒徑的泥沙主要以推移形式運動，而細於該粒徑的泥沙則在懸移質中較為多見。Kresser 曾經根據歐洲四條河流的觀測資料，在 1964 年得出利用河流平均流速與泥沙粒徑來判別河道挾沙水流中懸移質與推移質的臨界關係式為

$$\frac{U^2}{gd} \le 360 \ \text{為推移質}；\frac{U^2}{gd} > 360 \ \text{為懸移質} \tag{5.3}$$

例如：平均流速 $U = 1.0$ m/s，按上式計算結果顯示挾沙水流中粒徑大於 0.238 mm 的泥沙將以推移質方式運動；反之，挾沙水流中，粒徑小於 0.238 mm 的泥沙將以懸移質方式運動。

以泥沙的起動和沉降規律及水流的紊動性質，便可大致判斷什麼樣的泥沙在什麼樣的水流條件下將以何種形式運動。圖 5.5 以水流條件（水流平均速度 U 或水流剪力速度 u_*）及泥沙條件（粒徑 d 或沉降速度 w_0）來區分泥沙的運動性質。

(1) 在 DOE 以下的區域，泥沙沉速大於河段中向上脈動分速，泥沙會沉澱下來，形成淤積現象。

(2) 在 COE 之間的區域，泥沙沉速小於向上脈動分速，泥沙可懸浮不沉。但水流不足以使底床泥沙起動。

(3) 在 DOF 之間的區域，水流條件已足以使泥沙起動，但卻不能使泥沙懸浮。泥沙運動形式將以推移質為主。

(4) 在 COF 以上之區域推移質與懸移質並存。當剪力速度 u_* 愈大，懸移質將成為輸沙中的主體。

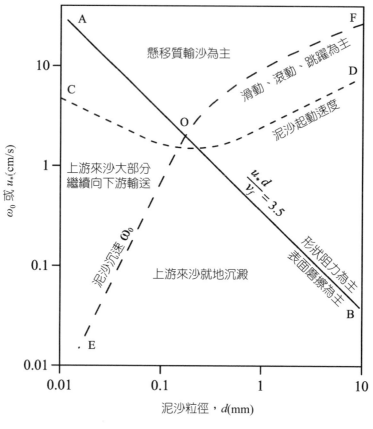

圖 5.5 **泥沙運動性質分區**

5.3 推移質和懸移質的差異

推移質和懸移質的差異包含運動規律不同、能量來源不同，以及對河床的作用不同。推移質和懸移質運動所遵循的物理運動規律不一樣；簡言之，他們的輸沙率與水流拖曳力之間的關係不一樣。

推移質和懸移質兩者運動所需的能量來源不同；泥沙在水流中運動時，需要一定的能量，而能量的來源不外乎三個方面：水流的勢能、泥沙顆粒的勢能及水流內部紊動的動能。推移質沙粒進入運動以後，一開始在水流方向的速度很小，然後逐漸為水流所帶動，速度漸次增加。這種增速

過程，對於水流而言，都會加大水流的能量損失，這部分的能量轉化為顆粒的動能。懸移運動的情況有所不同，懸移質為漩渦所挾帶前進，它在水流方向的速度和水流的速度大致一致，因此並不會直接消耗水流的能量。由於泥沙比水重，泥沙之所以能在水中懸浮，必須從水流紊動動能中取出一部分能量。

懸移質和推移質對河床的作用也有所不同。懸移質增加了水流的單位容重，從而增加了水流的靜壓力。支持推移質重量的，則是粒子間的離散力，粒間離散力透過推移質顆粒最後傳遞到河床表面，使床面顆粒受到一個向下的壓力。簡言之，懸移質增加了水的單位容重，加大了水體的靜水壓力；推移質則增加了河床表面的壓力，加大了河床的穩定性。懸移質影響河床顆粒間的水體，推移質則直接影響河床顆粒本身。

5.4 床沙質和沖瀉質

依據運動形式及性質的不同，可以把泥沙運動分為推移質及懸移質。按照泥沙相對粗細及來源的不同又可以分為：床沙質（Bed material load）及沖瀉質（Wash load）。床沙質是指水中運動的泥沙來自於底床泥沙。床沙質＝水流輸沙能力。沖瀉質又稱細泥沙質（Fine-material load），泥沙不是來自於河床，而是來自於上游集水區。對於沙床渠道（Sand-bed channel）而言，挾沙水流中粒徑小於 0.062 mm 的泥沙可視為沖瀉質。對於礫石渠道而言（Coarse gravel bed channel），可將黏土、粉沙及細沙視為沖瀉質。床沙質被水流從河床中帶起進入運動的泥沙，它有可能以推移或懸浮方式運動。沖瀉質是細顆粒泥沙從流域面上沖刷運移來到本河段之泥沙，它也有可能以推移或懸浮方式運動。但由於其顆粒較細，大部分會以懸移方式運動為主。按照挾沙水流中的泥沙粒徑分布，有時會簡化為將粒徑小於 d_5 的泥沙視為沖瀉質。

參考文獻及延伸閱讀

1. 沙玉清（1996）：泥沙運動學引論，陝西科學技術出版社，中國。

2. 吳健民（1991）：泥沙運移學，中國土木水利工程學會，臺灣。

3. 錢寧、萬兆惠（1991）：泥沙運動力學，科學出版社，中國。

4. Garde, R. J. and Ranga Raju, K. G. (1985): Mechanics of Sediment Transportation and Alluvial Stream Problems. John Wiley & Sons, New York.

5. Julien, P.Y. (1998): Erosion and Sedimentation. Cambridge University Press.

6. Lee, H.Y.（李鴻源）, Chen, Y.H., You, J.Y. and Lin, Y.T. (2000): Investigations of continuous bed load saltating process. Journal of Hydraulic Engineering, ASCE, Vol. 126(9), 691-700.

7. Lee, H.Y.（李鴻源）and Hsu, I.S. (1994): Investigation of saltating particle motions. Journal of Hydraulic Engineering, ASCE, Vol. 120(7), 831-845.

8. Lee, H.Y.（李鴻源）, You, J.Y. and Lin, Y.T. (2002): Continuous Saltating Process of Multiple Sediment Particles. Journal of Hydraulic Engineering, ASCE, Vol. 128(4), 443-450.

9. Simons, D.B. and Senturk, F. (1977): Sediment Transport Technology. Water Resources Publications, Fort Collins, Colorado.

10. Yang, C.T.（楊志達）(1996): Sediment Transport – Theory and Practice. McGraw-Hill.

Chapter *6*

沙波運動

6.1　沙波形態分類

由於水流的拖曳力可以帶動床面上泥沙顆粒的運動，這些在床面上泥沙顆粒的集體運動稱為沙波運動。沙波床面具有週期性的規則外形。沙波運動的結果，使得沙床具有不同的形狀特性（Simons and Senturk, 1977; 吳健民，1991）。

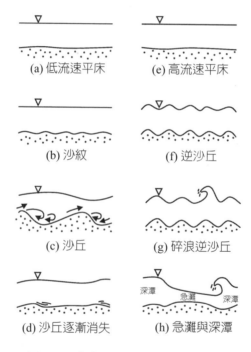

圖 6.1　**沙波不同發展階段的示意圖**

例如，水流流經一個平坦沙床，如圖 6.1 所示，隨著水的加強，床面泥沙搬運的結果，可能形成不同發展階段的沙床形態（Bed forms）：低流速下的平床（Plane bed）、沙紋（Ripple）、沙丘（Dune）、高流速下的平床（Plane bed）、逆沙丘（Antidune）、急灘與深潭（Chute and pool）。

1. 平床（Plane bed）

水流經過平整靜止的河床，由於水流流速小，水流拖曳力尚不足以帶動床面泥沙，床面維持原先平坦的沙床形態。

2. 沙紋（Ripple）

在水流速度達到一定強度以後，部分泥沙開始發生運動，小量泥沙聚集在床面的某部分形成一系列的沙紋，具有週期性的規則外形。沙紋的特性：

(1) 沙紋的縱剖面大多不對稱，迎水面長而平，背水面短而陡，如圖 6.2 所示；迎水面及背水面兩者水平長度比值通常在 2～4 之間。沙紋的尺度大小與水深之關係不大，因為它近壁層流邊界層不穩定（Laminar sublayer instability）所造成。

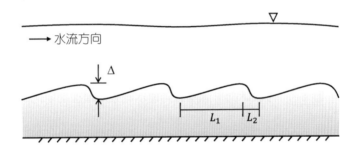

圖 6.2　沙紋斷面形態示意圖

(2) 沙紋波高大約 0.5～2.0 cm，最大不超過 5 cm。沙紋的波長大多是 1～15 cm，通常不超過 30 cm。對於一般的明渠水流來說，超過某一粒徑的泥沙顆粒就不會形成沙紋，臨界粒徑大約 0.6～0.7 mm。

(3) 沙紋會隨著水流方向移動，其運動形態像波似的移動；沙紋的傳波速度遠小於水流之平均流速。沙紋存在時，由於流速不是很大，沙紋傳波速度也很小。

(4) 沙紋發生時的水流運動強度剛剛超過泥沙起動條件，尚未形成大量泥沙輸送，因此輸沙量不大，一般輸沙濃度大約介於 10～200 ppm。

(5) 沙紋是近壁層流邊界層不穩定所形成的，因此與沙粒雷諾數 $u_* d/v_f$

有密切之關係，其中 u_* 為剪力速度，d 為泥沙粒徑。前人之研究結果顯示沙粒雷諾數逐漸加大，沙紋會逐漸消失，當沙粒雷諾數 $u_*d/v_f > 11.7$ 以後，沙紋不會再出現，沙床形態逐漸轉換成沙丘（又稱沙壟）形態。

(6) 隨著水流速度加大，沙紋在平面上逐漸從順直狀沙紋過渡到彎曲狀沙紋，再過渡到鱗片狀沙紋，如圖 6.3 所示。

(7) 沙紋的存在會增加水流的阻力，沙紋存在時河床曼寧係數 n 值大約為 0.018～0.035。

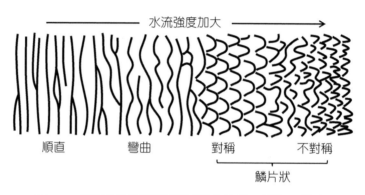

圖 6.3　沙紋床面形態隨著河道水流強度增加而變化

3. 沙丘（Dune）

隨著水流速度的增加，沙紋成長為沙丘（又稱沙壟）。一般沙丘具有下列特性：

(1) 沙丘形狀大多是三維。其縱斷面形狀與沙紋相似，上游面坡度較緩，下游面坡度約 40°～48°。沙丘存在會增加河道水流阻力，曼寧係數 n = 0.018～0.035。

(2) 沙丘的泥沙粒徑大多介於 0.6～15 mm。沙丘存在時，水流中會有懸浮質。輸沙濃度 100～1,200 ppm。

(3) 雖然沙紋大小與水深之關係不大，但是沙丘的尺寸與水深有很密切之關係，因為沙丘與水流的福祿數 Fr 有關。沙丘存在時，水流仍為亞臨界流（$Fr < 1$）。在不同的河流中，水流條件及泥沙條件不一樣，沙丘能達到

的高度與長度也不一樣。沙丘的波高可以從幾公分到幾公尺，沙丘的波長可以從幾公分到幾百公尺。

(4) 沙丘常會引起水面變化，且河床波與水面波間有相位差。沙丘的波峰處，會有水面跌落，沙丘的波谷處，水面上升，如圖 6.4 所示。

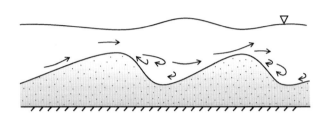

圖 6.4　沙丘床面起伏與水面起伏之示意圖

(5) 由於河床泥沙的沖刷與淤積交替作用，沙丘會有類似波的傳遞方式，如圖 6.5 所示。沙丘之傳波速度與沙紋相似，均以緩慢之速度向下游傳播。在沙丘發展到一定高度後，如果水流速度繼續增加，沙丘轉而趨於衰微，最後河床再一次恢復平整。

(6) 水流在經過沙丘時，其流線並非與沙丘表面平行。近底的水流在波峰後發生分離現象，在沙坡下游面形成渦流。由於水流分離的結果，使近底流速的沿程分布不均勻。在沙丘的迎水面處水流加速，背水面水流減速，造成迎水面及背水面的壓力不等，形成阻力（壓力阻力或形狀阻力）。

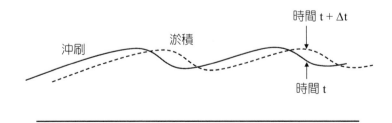

圖 6.5　沙丘床面沖淤之變化類似波動示意圖

4. 逆沙丘（Antidune）

逆沙丘，又名沙浪，為水面波與河床交互作用的結果，其河床沙波與水面波在形狀方面具有相同的相位，如圖 6.6 所示。逆沙丘隨水流與泥沙之特性而有三種可能之傳波方向：向上游移動、向下游移動、不移動。

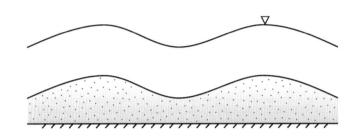

圖 6.6　逆沙丘床面起伏與水面起伏之示意圖

逆沙丘發展過程中，水面波動愈來愈大，有時失去穩定發生碎浪，如圖 6.7 所示。碎波條件為波高和波長比值大於 0.142。逆沙丘又可區分為駐波逆沙丘（Antidune with standing wave）、碎波逆沙丘（Antidune with breaking wave）。流速再增加時，床面的起伏形成急灘（Chute）及深潭（Pool）。水流在急灘段水深較淺，流速較大；水流在深潭段水深較深，流速較小。

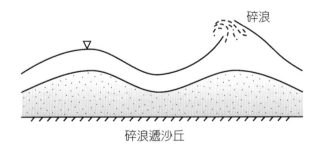

碎浪

碎浪逆沙丘

圖 6.7　逆沙丘床面起伏與水面碎浪示意圖

此外，除了河道水流會使動床河道的床面形成沙波之外，在海灘或在實驗室的水槽內，水面的波動會引發水下的水流運動，因而使泥沙發生

輸運作用，從而使底床形成不同型態的沙波。例如實驗室內短峰波作用下形成的沙波，如圖 6.8 所示，沙波形態縱橫交錯，有比較大的沙丘，也有沙紋騎在沙丘的表面上；圖 6.9 呈現駐波作用下所形成之沙波（詹錢登，1984；Jan and Lin, 1998）。

圖 6.8　短峰波作用下所形成之沙波（詹錢登拍攝）

圖 6.9　駐波作用下所形成之沙波（詹錢登拍攝）

6.2　沙床形態與水流阻力

　　沙床形態特性會影響水流的阻力，河底形成沙波以後，特別是在沙紋與沙丘階段，由於近底床附近，流線不與床面平行，在沙波波峰處會發生流線分離現象，使沙波迎水面及背水面的壓力不平衡，造成沙波的形狀

阻力。沙波阻力是河流阻力的主要組成部分之一，隨著沙波的發展消長，使沖積河流的阻力係數也不斷隨著水流條件的改變而變化，並不是一個常數。由前人之研究成果顯示曼寧係數 n 值及水流輸沙濃度隨著不同沙床形態而有所不同。從 Simons、錢寧及 Julien 他們的教科書中所提到的資料，整理後如表 6.1 所列，沙床形態呈現為沙丘及急灘與深潭時，有較大之曼寧 n 值，表示水流阻力較大。逆沙丘（沙浪）存在時，由於其形狀起伏與水面起伏一致，且近底流線不產生分離，因此其阻力損失反而比沙紋及沙丘小。

此外，沙波消長也會影響到水位—流量關係。不同的水流形成不同的沙波，在水流條件改變以後，將會引起床面形態的相應變化，但由於慣性作用，沙波的變化往往落後於水流條件的變化，兩者之間存在著一個時差。在漲水階段，沙波還來不及充分發展，這時水流所感受的阻力較小，流速較快。在落水階段，沙波又來不及趨於衰微，水流阻力較大。圖 6.10 顯示逆時針水位—流量之繩套關係。

表 6.1 **不同沙床形態下曼寧 n 值及對應之輸沙濃度**

床面形態	平床	沙紋	沙丘	過渡	平床	逆沙丘	急灘與深潭	參考文獻
n值 (1)	0.012 ~ 0.016	0.018 ~ 0.035	0.018 ~ 0.035	—	—	0.012 ~ 0.028	0.015 ~ 0.031	Simons 教科書
n值 (2)	0.016	0.020 ~ 0.027	0.021 ~ 0.026	0.014 ~ 0.017	0.013 ~ 0.014	0.014 ~ 0.022	0.015 ~ 0.031	Simons 教科書
n值 (3)	0.016	0.020 ~ 0.027	0.021 ~ 0.026	0.014 ~ 0.017	0.013 ~ 0.014	0.014 ~ 0.022		錢寧 教科書
n值 (4)	0.016	0.020 ~ 0.028	0.019 ~ 0.033	0.016 ~ 0.022	—	0.011 ~ 0.015	—	錢寧 教科書
n值 (5)	0.014	0.018 ~ 0.028	0.020 ~ 0.040	0.014 ~ 0.025	0.010 ~ 0.013	0.010 ~ 0.020	0.018 ~ 0.035	Julien 教科書
輸沙濃度 mg/L	0	10 ~ 200	200 ~ 3000	1000 ~ 4000	2000 ~ 4000	2000 ~ 5000	5000 ~ 50000	Julien 教科書

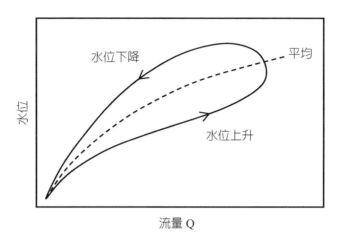

圖 6.10 逆時針水位—流量繩套關係示意圖

6.3 沙洲（Bars）

河道沙洲是較大的河床形態。沙洲長度與河寬有密切關係，沙洲高度與平均水深大小屬同一階。沙洲依其在河道中發生位置之不同，可區分為四種不同型態：點洲（Point bars）、交互沙洲（Alternate bars）、橫向沙洲（Transverse bars）及支流沙洲（Tributary bars），如圖 6.11 所示。

1. 點洲（Point bars）

又稱固定沙洲或點狀沙洲，發生於河道彎曲部凸岸處，其形狀雖隨水流之條件而略有變化，但其位置近似固定。

2. 交互沙洲（Alternate bars）

又稱交遞沙洲，在直線河段內，沙洲以左右交遞方式週期性出現，沙洲之橫寬較河寬為窄。在水流輸沙的作用下，交互沙洲以小於平均流速之速度緩慢向下游移動。

3. 橫向沙洲（Transverse bars）

橫跨整個河寬的沙洲，有的孤立存在，有的週期性重複發生，這些沙洲均會因為水流輸沙的作用向下游緩慢移動。

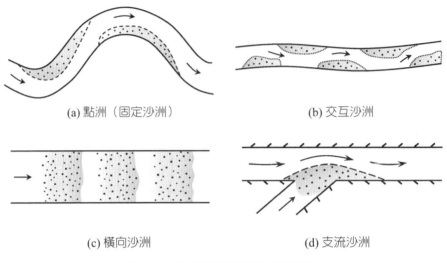

(a) 點洲（固定沙洲）   (b) 交互沙洲

(c) 橫向沙洲   (d) 支流沙洲

圖 6.11   **河道沙洲類別說明示意圖**

4. 支流沙洲（Tributary bars）

含沙量較大、流速較大之支流，匯流入主流之後，會有淤沙形成沙洲現象。在支流匯入主流之下游端所形成之沙洲，其形狀受交匯點之形狀及主、支流水力條件而有所變化。此沙洲之縱剖面略呈三角形，上游面之斜面坡度較緩，下游斜面之坡度約與泥沙在水中之安息角相等。

6.4 影響河床形態之主要參數

影響河床形態之主要因子，除了重力因子之外，可歸納為水流條件及泥沙條件兩大類。重力因子以重力加速度 g 為代表；水流條件包括水的本性及水的流況，水的本性以水的密度 ρ_f 及水的黏滯度 μ_f 為代表，水的流況以平均流速 U、水深 h（或水力半徑 R）、流寬 B 及渠床坡度 S_0 為代表；泥沙條件以泥沙粒徑 d、泥沙密度 ρ_s 及泥沙沉降速度 ω_0 為代表。前述總共合計有十個影響河床形態之主要因子，將這些影響因子以一個函數的方式表示為

$$\phi_1\left(U,h,B,S_0,\rho_f,\mu_f,d,\rho_s,\omega_0,g\right)=0 \qquad (6.1)$$

我們分析的主題是影響河床形態之主要因子，在進行無因次化分析之前，先以河床為主體，將渠床坡度 S_0 的影響效果以剪力速度 u_*（$= ghS_0$）來代表，即

$$\phi_2(U,h,B,u_*,\rho_f,\mu_f,d,\rho_s,\omega_0,g)=0 \qquad (6.2)$$

使用因次分析法，如 $\pi-$ 定理，可將上式十個影響因子轉換為七個無因次的變數。例如，選擇 ρ_f、h 及 U 三個因子反復變數，它們分別代表質量尺度、長度尺度及時間尺度，利用 π 定理時，可將十個變數轉為七個無因次量。

$$\phi_3(\underbrace{\frac{h}{B}}_{\pi_1},\underbrace{\frac{U}{u_*}}_{\pi_2},\underbrace{\frac{\rho_f Uh}{\mu_f}}_{\pi_3},\underbrace{\frac{h}{d}}_{\pi_4},\underbrace{\frac{\rho_f}{\rho_s}}_{\pi_5},\underbrace{\frac{u_*}{\omega_0}}_{\pi_6},\underbrace{\frac{U}{\sqrt{gh}}}_{\pi_7})=0 \qquad (6.3)$$

上式中有七個無因次參數。由於我們分析的對象是以沙床型態為主，因此雷諾數表達將以沙粒雷諾數為主。將上式中無因次參數 π_3 先除以 π_1 再除以 π_4，可以得到沙粒雷諾數 u_*d/v_f，其中 $v_f=\mu_f/\rho_f$。因此

$$\phi_4(\underbrace{\frac{h}{B}}_{\pi_1},\underbrace{\frac{U}{u_*}}_{\pi_2},\underbrace{\frac{u_*d}{v_f}}_{\pi_3},\underbrace{\frac{h}{d}}_{\pi_4},\underbrace{\frac{\rho_f}{\rho_s}}_{\pi_5},\underbrace{\frac{u_*}{\omega_0}}_{\pi_6},\underbrace{\frac{U}{\sqrt{gh}}}_{\pi_7})=0 \qquad (6.4)$$

其中 $u_*d/v_f=$ 沙粒雷諾數（Re_*）；$U/\sqrt{gh}=$ 水流福祿數（Fr）。對於河道挾沙水流密度比 ρ_f/ρ_s 為固定常數。沙紋的出現主要取決於沙粒雷諾數 Re_*；影響沙丘的形成與特性的參數包括 Re_*、U/u_*、h/d、h/B 及 u_*/ω_0；影響逆沙丘（或稱沙浪）的形成與特性主要與水流福祿數 F_r 有關。

在高水流雷諾數下，剪力速度與沉降速度的比值 u_*/ω_0 的平方類似於水流剪應力 τ_0 和沙粒在水中單位面積重量 $(\rho_s-\rho_f)gd$ 之比值。

$$\Theta = \frac{\tau_0}{(\rho_s - \rho_f)gd} = \frac{\rho_f u_*^2}{(\rho_s - \rho_f)gd} \tag{6.5}$$

上式稱為 Shields 參數。若將 Θ 表示成

$$\Theta = \underbrace{\frac{\tau_0}{(\rho_s - \rho_f)gd}}_{\text{Shields 參數}} = \underbrace{\frac{\rho_f}{\rho_s - \rho_f}}_{\text{密度比}} \cdot \underbrace{\frac{v_f^2}{gd^3}}_{\text{粒徑雷諾數}} \cdot \underbrace{\left(\frac{u_* d}{v_f}\right)^2}_{\text{沙粒雷諾數}} \tag{6.6}$$

上述不同的無因次參數之間的關係可以用來區別沙床床面形態。如下圖所示，早在 1936 年 Shields 就用 Shields 參數 Θ 及沙粒雷諾數 Re_* 之參數關係來判別泥沙起動條件及床面形態，如圖 6.12 所示。詳細內容可以參閱 Kennedy（1995）所寫有關 Albert Shields 的故事。此外，在錢寧與萬兆惠（1991）的泥沙運動力學一書中也介紹許多不同無因次參數之間的關係可以用來區別沙床床面形態；例如法國夏都水利實驗室 Shields 參數 Θ 及沙粒雷諾數 Re_* 來判別床面形態，如圖 6.13 所示。

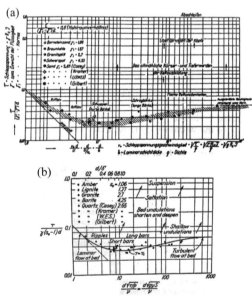

圖 6.12　Shields 泥沙起動條件及床面形態分區

（After Kennedy, 1995）

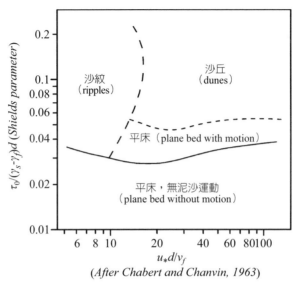

圖 6.13 平整—沙紋—沙壟區的判別準則簡化圖

6.5 沙波特性與水流及泥沙條件之關係

⧖ 6.5.1 沙紋階段

在沙紋階段，最主要的水流參數是沙粒雷諾數 Re_*，圖 6.14 呈現無因次沙紋波長（λ / d）與 Re_* 之關係。當 $Re_* < 3.5$ 時，不但床面存在近壁層流層，而且床面泥沙顆粒附近的繞流也屬於層流流態。此條件下，無因次沙紋波長（λ / d）與 Re_* 成反比關係。

$$\frac{\lambda}{d} = 2,250 \left(\frac{u_* d}{v_f} \right)^{-1} \quad \text{for} \quad \frac{u_* d}{v_f} < 3.5 \tag{6.7}$$

上式可以寫成 $\lambda = 2,250(v_f / u_*)$。此外，近壁層流的厚度 $\delta = 11.6 v_f / u_*$，即 $v_f / u_* = \delta / 11.6$。因此在 $Re_* < 3.5$ 時，$\lambda \approx 194\delta$，即沙紋波長約為近壁層流厚度的 194 倍。

當 $3.5 < Re_* < 11.6$ 時，床面雖有近壁層流層，但水流在經過床面泥沙顆粒時，還會在泥沙顆粒背面產生尾跡。此條件下，無因次沙紋波長（λ/d）與 Re_* 成正比關係，但關係較為複雜，沙粒雷諾數 Re_* 及泥沙粒徑 d 都將影響沙紋波長。圖 6.14 左側三條線代表三組不同實驗條件下之結果。

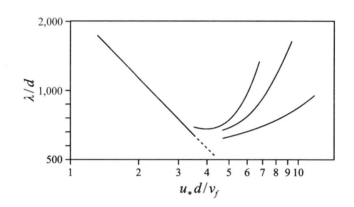

圖 6.14　**沙紋波長與沙粒雷諾數關係簡化圖**

⌛ 6.5.2　沙丘階段

當水流強度增加，沙床進入沙丘階段，水流強度 Shields 參數 Θ（$= \tau_0 / [(\rho_s - \rho_f)gd]$），水流福祿數 $Fr = U / \sqrt{gh}$ 及相對糙度 d/h 均將對沙波的波長及波高有所影響。圖 6.15 呈現沙丘波高與波長比與水流條件的關係，此圖反應了沙丘形態隨著水流強度 Θ / Θ_c 的增加，由沙丘之產生—成長—衰微—消失的全部過程，其中 Θ_c 為泥沙起動的水流強度。

錢寧與萬兆惠（1991）的專書中曾經提到，中國武漢水利電力學院曾經建立下列沙丘波高關係式：

$$\frac{\Delta}{h} = 0.086 F_r \left(\frac{h}{d}\right)^{1/4} \tag{6.8}$$

圖 6.15 為沙丘波高與波長比與水流 Shields 參數 Θ 及相對水深的關係圖，其中 Θ_c 為泥沙起動臨界 Shields 參數。

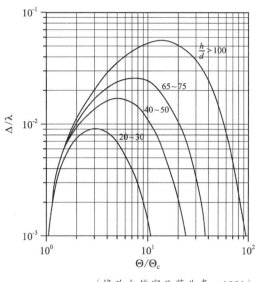

（修改自錢寧及萬兆惠，1991）

圖 6.15 　沙丘波高與波長比與水流條件的關係

沙丘波形運動速度（傳波速度 C_s）方面，武漢水利電力學院及長江流域規劃辦公室曾經分別建立下列沙丘波形運動速度關係式如下：

$$\frac{C_s}{U} = 0.0144 \frac{U^2}{gh} \quad 或 \quad \frac{C_s}{U} = 0.0144 Fr^2 \tag{6.9}$$

$$\frac{C_s}{U} = 0.012 Fr^2 - 0.043 \left(Fr \cdot \frac{h}{d} \right)^{-1} \tag{6.10}$$

顯然，沙丘波形運動速度小於水流平均流速，影響沙丘波形運動速度主要因子是水流平均流速及水流福祿數。

6.5.3 　沙波尺寸與輸沙率

沙波運動是推移質運動的集體形式。在天然河道中，直接量測推移質輸沙量很困難，量測沙波的尺寸及其運動速度較容易些。因此希望能利用沙波的運動特性來推估推移質的輸沙量。沙波運動過程中其形狀守恆式

$$\frac{\partial \eta}{\partial t} + C_s \frac{\partial \eta}{\partial x} = 0 \tag{6.11}$$

其中 $\eta = \eta(x, t)$ 為沙波表面高程，如圖 6.16 所示。

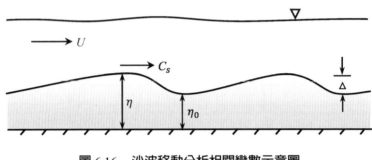

圖 6.16　沙波移動分析相關變數示意圖

推移質輸沙連續方程式

$$\frac{\partial q_b}{\partial x} + \gamma_b \frac{\partial \eta}{\partial t} = 0 \tag{6.12}$$

其中 q_b = 推移質單位寬度輸沙率（以重量計），γ_b = 床沙單位體積重量 = $(1 - e)\gamma_s$，e 為床沙孔隙率；例如 $e = 0.4$，$\gamma_s = 2{,}650$ kg/m³，則 $\gamma_b = 1{,}590$ kg/m³，$\gamma_b / \gamma_s = 0.6$。

由前述二方程式可得

$$\frac{\partial q_b}{\partial x} = \gamma_b C_s \frac{\partial \eta}{\partial x} \tag{6.13}$$

由上式可得平均推移質單寬輸沙率 $\bar{q}_b$ 為

$$\bar{q}_b = \alpha_s \gamma_b \Delta_s C_s \tag{6.14(a)}$$

或以體積計算寫成

$$\overline{q}_{bv} = \alpha_s(\gamma_b / \gamma_s)\Delta_s C_s \qquad (6.14(b))$$

其中 $\overline{q}_{bv}$ = 推移質單位寬度平均輸沙率（以體積計）= $\overline{q}_b/\gamma_s$；α_s 為沙波的形狀係數（經驗係數），對三角形沙波而言 $\alpha_s = 0.5$；Δ_s 為沙波波高。日本學者曾經建立推移質單寬輸沙率與沙波特性之關係為

$$\overline{q}_b = 0.55\gamma_b\Delta_s C_s \qquad (6.15)$$

6.6 沙床形態發展之古典理論分析

早在 1925 年 Exner 曾經建立沙床形態發展之古典力學模式。如圖 6.17 所示，他忽略摩擦力的影響，將水流及泥沙運動的連續方程式分別寫成

$$Q = B(H - \eta)U = BhU \qquad (6.16)$$

$$\frac{\partial q_b}{\partial x} + \gamma_b \frac{\partial \eta}{\partial t} = 0 \qquad (6.17)$$

Q 為流量，B 為渠流寬度，H 為水面高程，η 為沙床高程，水深 $h = H - \eta$，U 為渠流斷面平均流速，q_b 為單位寬度輸沙率，γ_b 為床沙單位體積重量。配合適當的起始條件及相關條件可以求解沙床高程 $\eta(x, t)$ 之變化。

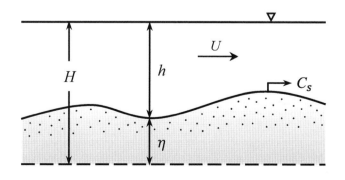

圖 6.17 Exner 沙波運移模式相關變數示意圖

⧗ 6.6.1 固定流量及均勻渠寬

假如流量 Q 及渠寬 B 固定不變,而且水面高程 H 的變動非常微小,可以忽略不計,平均流速會因為沙床形態的變動而有所不同,它的變化可以寫成

$$U = \frac{Q}{B(H - \eta)} \qquad (6.18)$$

假設輸沙量與平均流速成正比,即 $q_b = \gamma_s \beta_s U$(以重量計),其中係數 β_s 具有長度單位,則泥沙運動連續方程式可以改寫成

$$\frac{\partial \eta}{\partial t} + \varepsilon_1 \frac{\partial U}{\partial x} = 0 \qquad (6.19)$$

其中 $\varepsilon_1 \ (= \gamma_s \beta_s / \gamma_b)$ 為沖刷係數(Erosion coefficient),具有長度單位。將(6.18)式代入(6.19)式得

$$\frac{\partial \eta}{\partial t} + \frac{-\varepsilon_1 Q}{B(H - \eta)^2} \frac{\partial (H - \eta)}{\partial x} = 0 \qquad (6.20)$$

由於水面起伏一般要比床面起伏小得多,即 $|\partial H / \partial x| \ll |\partial \eta / \partial x|$,所以忽略 $|\partial H / \partial x|$ 後,(6.20)式可寫成

$$\frac{\partial \eta}{\partial t} + \frac{M}{(H - \eta)^2} \frac{\partial \eta}{\partial x} = 0 \qquad (6.21)$$

其中 $M = \varepsilon_1 Q / B = $ 常數,具有流量單位。上式沙波傳遞方程式的沙波傳波速度 C_s 為

$$C_s = \frac{M}{(H - \eta)^2} = \frac{\varepsilon_1 Q}{B(H - \eta)^2} \qquad (6.22)$$

顯然在沙波波峰處的傳波速度大於沙波波谷處的傳波速度。

（6.21）式之通解為

$$\eta = f\left[\frac{Mt}{(H-\eta)^2} - x\right] \tag{6.23}$$

假如起始條件 $t = 0$ 時，沙床高程

$$\eta = \eta(x, 0) = A_0 + A_1 \cos kx \tag{6.24}$$

其中 k 為波數（Wave number），$k = 2\pi / \lambda$；A_0 為常數，A_1 為波幅，λ 為沙波波長。對於任意時間及位置沙波高程，則為

$$\eta(x,t) = A_0 + A_1 \cos k\left[x - \frac{Mt}{(H-\eta)^2}\right] \tag{6.25}$$

上式為固定流量及河寬時，Exner 的沙波成長過程解析解。

例題 6.1

假如流量及渠寬固定不變，而且水面高程的變動非常微小，$A_0 = 1$、$A_1 = 1$、$H = 3$、$M = 1$ 及 $\lambda = 20$，則 $k = \pi / 10$，沙波高程起始條件為

$$\eta(x,0) = 1 + \cos\left(\frac{\pi}{10}x\right) \tag{6.26}$$

答：

後續沙波高程變化為

$$\eta(x,t) = 1 + \cos\left[\frac{\pi}{10}\left(x - \frac{t}{(3-\eta)^2}\right)\right] \tag{6.27}$$

　　圖 6.18 顯示定量流等寬矩形渠道上 Exner 沙波成長過程，起始的沙波為平滑壟起曲線，沙波波峰移動速度比較快，隨著時間增加，波峰變形，最終為碎波，沙波由起初的對稱形狀轉變成沙波前端較高較陡，後端較矮較緩的形狀。

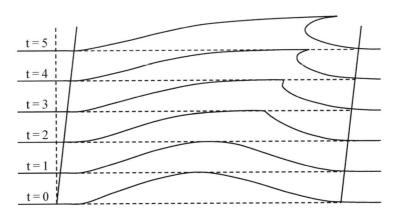

圖 6.18　定量流等寬矩形渠道上 Exner 沙波成長示意圖

（重繪自 Exner, 1925 與 Graf, 1971）

　　Exner 的沙波成長過程理論不足之處在於：(1) 沒有考量摩擦力的影響；(2) 假設輸沙率與水流速度的一次方成正比，此假設與事實不符；(3) 假設水面起伏很小，當沙丘很大時此項假設也與事實不符。

⏳ 6.6.2　固定流量但渠寬有變化

　　對於非等寬渠道，其寬度隨著渠道縱向距離變化時，$B = B(x)$，則泥沙運動連續方程式可以寫成

$$\frac{\partial \eta}{\partial t} + \varepsilon_1 \frac{\partial}{\partial x}\left(\frac{Q}{B(H-\eta)}\right) = 0 \tag{6.28}$$

整理後得

$$\frac{\partial \eta}{\partial t} - \frac{\varepsilon_1 Q}{B^2 (H-\eta)^2} \frac{\partial [B(H-\eta)]}{\partial x} = 0 \qquad (6.29)$$

假設渠寬 B 及水面高程 H 均不隨時間改變，則上式第一項對時間的微分項可以寫成

$$\frac{\partial \eta}{\partial t} = -\frac{1}{B} \frac{\partial B(H-\eta)}{\partial t} \qquad (6.30)$$

將上式代入泥沙運動連續方程式可得

$$\frac{\partial G}{\partial t} + C_s \frac{\partial G}{\partial x} = 0 \qquad (6.31)$$

其中函數 G 為

$$G(x,t) = B(x)[H - \eta(x,t)] \qquad (6.32)$$

傳波速度 C_s 為

$$C_s = \frac{\varepsilon_1 Q}{B(H-\eta)^2} = \frac{\varepsilon_1 Q}{B} \frac{1}{(H-\eta)^2} = M \frac{1}{(H-\eta)^2} \qquad (6.33)$$

當起始條件 $B = B(x)$ 及 $\eta(x, 0) = \eta_0(x)$ 代入新的變數 G 時

$$G(x,0) = B(x)[H - \eta_0(x)] \qquad (6.34)$$

上式的通解為

$$G(x,t) = G(x - C_s t) = B(x - C_s t)[H - \eta_0(x - C_s t)] \qquad (6.35)$$

結合（6.32）式及（6.34）式，可得非均勻渠寬所形成之沙波高程變化

$$\eta(x,t) = H - \frac{B(x-C_s t)[H - \eta_0(x-C_s t)]}{B(x)} \qquad (6.36)$$

進一步假設在起始條件 $t = 0$ 時，渠寬

$$B(x) = A_0 + A_1 \cos kx \qquad (6.37)$$

起始沙床高程

$$\eta(x, 0) = \eta_0(x) = A_2 = \text{constant} \qquad (6.38)$$

其中 k 為波數，$k = 2\pi / \lambda$；A_0 及 A_3 為常數，A_1 為波幅，λ 為渠寬變化波長，渠寬只隨位置變化，不隨時間變化。對於任意時間及位置沙波高程，則為

$$\eta(x,t) = H - \frac{[A_0 + A_1 \cos[k(x - C_s t)]] \, (H - \eta_0)}{A_0 + A_1 \cos(kx)} \qquad (6.39)$$

例題 6.2

假如流量固定不變，渠寬有變化 $B = B(x)$，水面高程的變動非常微小，$A_0 = 5/3$、$A_1 = 1$、$H = 3$、$M = 1$、$\eta_0 = 1.5$ 及 $\lambda = 20$，$k = \pi / 10$，渠寬為

$$B(x) = \frac{5}{3} + \cos\left(\frac{\pi}{10}x\right) \qquad (6.40)$$

答：

非均勻渠寬所形成之後續沙波高程變化為

$$\eta(x,t) = 3 - \frac{3}{2} \frac{\left[\dfrac{5}{3} + \cos\left(\dfrac{\pi}{10}\left(x - \dfrac{t}{[1 - \eta(x,t)]^2}\right)\right)\right]}{\dfrac{5}{3} + \cos\left(\dfrac{\pi x}{10}\right)} \qquad (6.41)$$

$$\eta(x,t) = 1 + \cos\left[\frac{\pi}{10}\left(x - \frac{t}{[3-\eta(x,t)]^2}\right)\right] \tag{6.42}$$

$$\eta(x,t) = 3 - \frac{3}{2}\frac{\left[\frac{5}{3} + \cos\left(\frac{\pi}{10}\left(x - \frac{t}{[1-\eta(x,t)]^2}\right)\right)\right]}{\frac{5}{3} + \cos\left(\frac{\pi x}{10}\right)} \tag{6.43}$$

圖 6.19 呈現渠道寬度漸縮後再逐漸變寬條件下渠床沙波高程變化示意圖（修改自 Graph, 1971；原圖取自 Exner, 1925）。渠道在漸縮段因為寬度縮小，流速變快，沖刷力變強，形成渠床沖蝕；反之，渠道在漸寬段因為寬度變大，流速變小，水流挾沙能力變弱，形成泥沙淤積，沙波隆起。

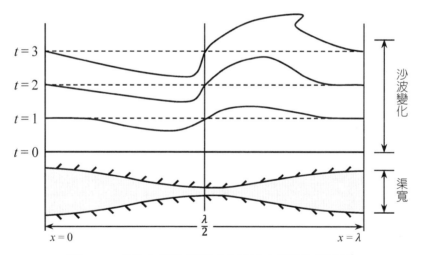

圖 6.19　非均勻渠寬所形成之沙波高程變化示意圖

（重繪自 Exner, 1925, and Graf, 1971）

近年來，渠道寬度變化所導致沙洲形成過程及結果的沙波特性，受到許多學者的重視，有豐富的水槽試驗及數值模擬結果可供參考。進階閱讀，建議讀者參閱臺灣大學吳富春教授的文章（Wu and Yeh, 2005; Wu et al., 2011）。

習題

習題 6.1

試詳細說明 (1) 沖積河川（Alluvial rivers）中各種可能之河床形態（Bed forms）；(2) 影響沖積河川河床形態的主要因子。

習題 6.2

有一沖積河川觀測資料：河床平均坡度 $S = 0.0007$，床沙粒徑 $d_{50} = 0.25$ mm，$d_{65} = 0.35$ mm，水深 $h = 0.35$ m，平均流速 $U = 0.5$ m/s，水溫為 20℃。試從此觀測資料推估河床可能型態（Bed form）。（題目條件若有不足之處，可自行作合理之假設）

習題 6.3

試詳細閱讀 Van Rijn（1984）一篇有關沖積河川河床型態與粗糙係數之論文，然後列出評估河床型態與粗糙係數之步驟。（Van Rijn, L.C. (1984): Sediment Transport, Part III: Bed Forms and Alluvial Roughness. Journal of Hydraulic Engineering, ASCE, Vol. 110 (12), 1733-1754）

名人介紹

錢寧　教授

　　錢寧教授（1922～1986），浙江杭州人，中國泥沙及河流演變專家。他的家世頗為顯赫，父親錢天鶴是中國現代農業的先驅，弟弟錢理群是知名的北大學者及魯迅研究專家。錢寧 1939 年畢業於重慶南開中學，1943年畢業於中央大學。1947 年考取公費留學美國，他先在美國愛荷華大學就讀，從流體力學名師 Hunter Rouse 教授學習，1948 年獲碩士學位後轉入加州大學柏克萊校區（UC Berkeley）就讀，從泥沙工程名師愛因斯坦教授（Prof. H.A. Einstein）學習河流泥沙問題。他天資聰穎，兼勤奮好學，在河流泥沙方面的研究成果十分優秀，深得愛因斯坦教授的器重，成為愛因斯坦門下最得意的弟子，1951 年獲得博士學位。1955 年他放棄在美國的地位及優裕的生活環境，毅然回國服務，曾任中國科學院水工研究室研究員、水利水電科學研究院河渠研究所副所長。文革時期，不理性動亂，因為曾經留學美國，他遭受到殘酷的迫害，十年浩劫。但他對於泥沙工程的研究矢志不移，1973 年後任清華大學水利系教授、泥沙研究室主任、中國水利學會常務理事、《泥沙研究》及《國際泥沙研究》主編等職務。錢教授承續愛因斯坦泥沙運動力學理論體系，倡導高含沙水流運動機理的研究，主張將河流動力學和地貌學結合起來研究河床演變。1980 年當選為中國科學院學部委員（現稱院士），之後也曾經擔任中國水利學會名譽理事及國際泥沙研究中心顧問委員會主席等職務。他窮畢生之力研究泥沙問題，積極培育人才，並對長江及黃河的治理做出重要貢獻。他有系統的彙整國內外河流泥沙研究成果，先後撰寫具有很高理論及實用價值的著作《泥沙運動力學》及《河床演變學》兩本書；其中《泥沙運動力學》在美國 John S. McNown 教授的指導及其弟子萬兆惠教授的努力之下，集眾人之力翻譯成英文，並於 1999 年獲得美國土木工程師協會出版（ASCE Press），英文書名《Mechanics of Sediment Transport》。

參考文獻及延伸閱讀

1. 吳健民（1991）：泥沙運移學，中國土木水利工程學會。

2. 詹錢登（1984）：短峰波對沙床作用之研究，臺灣大學土木工程學系碩士論文（指導教授：林銘崇教授）。

3. 錢寧、萬兆惠（1991）：泥沙運動力學，科學出版社。

4. Cao, Z., Pender, G. and Meng, J. (2006): Explicit formulation of the Shields diagram for incipient motion of sediment. Journal of Hydraulic Engineering, ASCE, Vol. 132(10), 1097-1099.

5. Garde, R. J. and Ranga Raju, K. G. (1985): Mechanics of Sediment Transportation and Alluvial Stream Problems. John Wiley & Sons, New York.

6. Graf, W.H. (1971): Hydraulics of Sediment Transport. McGraw-Hill Book Company, New York.

7. Jan, C.D.（詹錢登）and Lin, M. C. (1998), "Bedforms generated on a sandy bottom by oblique standing waves." Journal of Waterway, Port, Coastal and Ocean Engineering, ASCE, Vol.124(6), 295-302.

8. Kennedy, J.F. (1995): The Albert Shields Story. Journal of Hydraulic Engineering, ASCE, Vol. 121(11), 766-772.

9. Simons, D.B. and Senturk, F. (1977): Sediment Transport Technology. Water Resources Publications, Fort Collins, Colorado.

10. Wu, F.C.（吳富春）and Yeh, T. H. (2005): Forced bars induced by variations of channel width: Implications for incipient bifurcation. Journal of Geophysical Research, 110, F02009.

11. Wu, F.C.（吳富春）, Shao, Y.C. and Chen, Y.C. (2011): Quantifying the forcing effect of channel width variations on free bars: Morphodynamic modeling based on characteristic dissipative Galerkin scheme. Journal of Geophysical Research, 116, F03023.

12. Van Rijn, L.C. (1984): Sediment Transport, Part III: Bed Forms and Alluvial Roughness. Journal of Hydraulic Engineering, ASCE, Vol. 110 (12), 1733-1754.

Chapter 7

河道水流阻力

7.1 水流能量的轉換過程

　　明渠水流只有在具有一定坡度的條件下才能向前流動，對於均勻流來說，水面坡度和底床坡度保持相等，都等於水流的能量坡度。水流的能量坡度代表單位重量水體在經過單位距離以後，由於克服阻力而損失的能量。這樣所損失的能量最後都轉化為熱能。在明渠等速流中，水流的能量全部來自勢能（Potential energy）。水流內部各點的勢能中有一小部分透過水流的黏滯作用就地散失為熱能。絕大部分則透過剪力作用傳遞到水流邊界，在那裡轉化為紊動的動能。在轉化的過程中，又損失一部分能量，其餘部分則變為漩渦的動能。漩渦脫離邊界進入主流區分解成尺寸更小的漩渦。這些小漩渦又因當地水流的黏滯作用，將它們的能量消耗為熱能。研究河流的阻力，就是研究水流的機械能如何轉化為熱能的機理（錢寧及萬兆惠，1991）。

圖 7.1　水流能量的轉換過程

1. 水流所提供的能量

　　如圖 7.2 所示，考量二維明渠水流，距河底為 z 處之自由水體 $abcd$，其高度為 dz，厚度為 1，長度為 dx，能量坡度為 S，在 z 處的水流速度為 $u(z)$。如圖中，單位時間內水體 $abcd$ 的能量為 $\rho_f g dx dy S u$，因此在距離河底為 z 處，單位水體在單位時間內中所具有的能量 $e_w(z)$ 為

$$e_w(z) = \rho_f g S u(z) \tag{7.1}$$

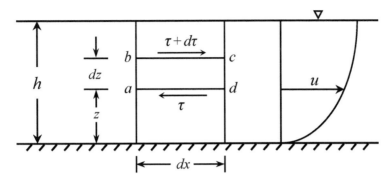

圖 7.2　二維明渠水流及控制體積示意圖

在力的平衡方面，自由水體 *abcd* 上力的平衡關係式為

$$(\tau + \frac{d\tau}{dz}dz)dx - \tau dx + \rho_f gS dx dz = 0 \tag{7.2}$$

重新整理後得

$$\frac{d\tau}{dz} = -\rho_f gS \tag{7.3}$$

因此離河底為 z 處單位水體單位時間內釋出之能量 $e_w(z)$ 為

$$e_w(z) = -u(z)\frac{d\tau}{dz} \tag{7.4}$$

2. 就地克服阻力所需的能量

　　自由水體 *abcd* 因受力而變形，所作的功為剪應力與位移的乘積；其中剪應力 = τdx，位移量 = $dudt = (du/dz)dzdt$，所作的功 = 剪應力 × 位移量 = $\tau \times dudt = \tau \times (du/dz)dzdt$；因此單位時間內單位水體因克服阻力所需的能量 e_d 為

$$e_d(z) = \tau\frac{du}{dz} \tag{7.5}$$

由上式可知因克服當地的阻力而損失的能量在水面為零，在河底則最大，此表示能量損失集中在邊界附近。

3. 能量的傳遞與平衡

為了說明水體中能量傳遞的概念，將二維明渠水流分成 A、B 及 C 三層水體，如圖 7.3 所示。水體 A 自水體 C 接受的能量為

$$(\tau + d\tau)(u + du)dx = \tau udx + \tau dudx + ud\tau dx + d\tau dudx$$
$$= \tau udx + d(\tau u)dx + \underbrace{d\tau dudx}_{\text{微小可忽略項}} \tag{7.6}$$

由水體 A 傳遞給水體 B 的能量為 τudx；因此水體 A 所得之淨能量為

$$(\tau u)dx + d(\tau u)dx - (\tau u)dx = d(\tau u)dx = \frac{d(\tau u)}{dz}dxdz \tag{7.7}$$

換言之，單位時間內距河底為 z 處單位水體向河底傳遞的能量 e_t 為

$$e_t(z) = -\frac{d(\tau u)}{dz} \tag{7.8}$$

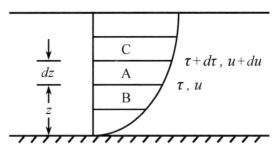

圖 7.3　明渠水流水體能量傳遞示意圖

在主流區各層水體中所取出的能量除了一部分因克服當地的阻力而損失以外，另外多餘部分則通過（τu）的梯度向邊界輸送。相反，在靠近邊界附近，自當地取出的能量不足以克服當地阻力損失，必須有賴於主流區的能量的補充。以能量平衡的觀點，$e_w = e_d + e_t$，即

$$-u\frac{d\tau}{dz} = \tau\frac{du}{dz} - \frac{d(\tau u)}{dz} \tag{7.9}$$

將上式自距渠底為 z 處向上積分至水表面，可得到位置 z 處向上積分至水表面 $z = h$ 處水體的能量總和為

$$\underbrace{\int_z^h (-u)\frac{d\tau}{dz}dz}_{\text{水流提供的能量}} = \underbrace{\int_z^h \tau\frac{du}{dz}dz}_{\text{阻力耗損的能量}} - \underbrace{\int_z^h \frac{d(\tau u)}{dz}dz}_{\text{能量的傳遞}} \tag{7.10}$$

鑑於 $\tau = \gamma_f(h-z)S$ 及 $d\tau/dz = -\gamma_f S$，上式可改寫為

$$\underbrace{\gamma_f S\int_z^h u(z)dz}_{E_w} = \underbrace{\int_{u(z)}^{u(h)} \tau du}_{E_d} - \underbrace{\int_{\tau u(z)}^{\tau u(h)} d(\tau u)}_{E_t} \tag{7.11}$$

因此在單位時間內由水面起至某一高程 z 止，水流所提供的總能量為 $E_w(z)$、就地損失的總能量為 $E_d(z)$ 及向邊界傳遞的總能量為 $E_t(z)$。

假如水流速度分布可用冪定律表示為 $u = u_s(z/h)^m$，其中 u_s 為表面流速，m 為指數（在一般情況下指數 m 大約等於 0.10～0.25），則

$$\begin{aligned} E_w(z) &= \gamma_f S\int_z^h u(z)dz = \gamma_f S\int_z^h u_s\left(\frac{z}{h}\right)^m dz \\ &= \frac{\gamma_f S u_s h}{m+1}\left[1-\left(\frac{z}{h}\right)^{m+1}\right] \end{aligned} \tag{7.12}$$

$$\begin{aligned} E_d(z) &= \int_{u(z)}^{u(h)} \tau(z)du = \int_z^h \gamma_f(h-z)S\frac{mu_s}{h}\left(\frac{z}{h}\right)^{m-1}dz \\ &= \gamma_f S u_s h\left[1-\left(\frac{z}{h}\right)^m - \frac{m}{m+1}\left(1-\left(\frac{z}{h}\right)^{m+1}\right)\right] \end{aligned} \tag{7.13}$$

$$\begin{aligned} E_t(z) &= -\int_{\tau u(z)}^{\tau u(h)} d(\tau u) = \tau u(z) - \tau u(h) \\ &= \gamma_f S u_s(h-z)\left(\frac{z}{h}\right)^m = \gamma_f S u_s h\left(1-\frac{z}{h}\right)\left(\frac{z}{h}\right)^m \end{aligned} \tag{7.14}$$

其中 $E_t(z)$ 的微分為零處，即 $dE_t(z) \,/\, dz = 0$ 處，為能量向邊壁傳遞最大處，此位置為 $z = z_{\max} = mh \,/\, (1 + m)$。在 $z = z_{\max}$ 處，最大傳遞能量 $E_{t\max}$（$= E_t(z_{\max})$）為

$$E_{t\max} = \frac{\gamma_f Su_s h}{1+m}\left(\frac{m}{1+m}\right)^m = \left(\frac{m}{1+m}\right)^m E_{w0} \qquad (7.15)$$

其中 E_{w0} 為渠底處能量

$$E_{w0} = E_w(0) = \frac{\gamma_f Su_s h}{1+m} \qquad (7.16)$$

如前所述，在一般情況下，流速分布指數 m 值大約介於 0.10～0.25 之間。因此 $z_{\max} = (0.09～0.20)h$，而對應之 $E_{t\max} = (0.67～0.79)E_{w0}$。以 $z = z_{\max}$ 處為界線，將水流流場區分成兩個流區：(1) 在 $z > z_{\max}$ 處為主流區，占全部水深的 80～90%，此一部分的能量約有 0.67～0.79% 傳給近壁流區；(2) 在 $z > z_{\max}$ 處為近壁流區，其厚度僅占全部水深的 10～20%。在此靠近河底的流區中，由於流速梯度較陡，水流所提供之機械能的絕大部分都在此消耗掉。全部能量轉化過程可以簡單如圖 7.4 所示。

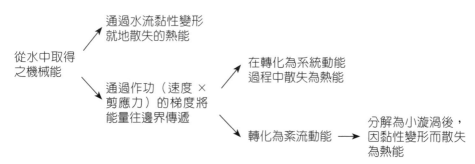

圖 7.4　從水流機械能量轉換為熱能過程

若以渠底處能量 E_{w0} 將水流所提供總能量 $E_w(z)$、就地損失總能量 $E_d(z)$ 及向邊界傳遞總能量 $E_t(z)$ 進行無因次化，則（7.12）、（7.13）及（7.14）式可以表示為

$$\frac{E_w(z)}{E_{w0}} = 1 - \left(\frac{z}{h}\right)^{m+1} \tag{7.17(a)}$$

$$\frac{E_d(z)}{E_{w0}} = (m+1)\left[1 - \left(\frac{z}{h}\right)^m - \frac{m}{m+1}\left(1 - \left(\frac{z}{h}\right)^{m+1}\right)\right] \tag{7.18(a)}$$

$$\frac{E_t(z)}{E_{w0}} = (m+1)\left(1 - \frac{z}{h}\right)\left(\frac{z}{h}\right)^m \tag{7.19(a)}$$

例如，若 $m = 0.2$，則前述關係式可以寫成

$$\frac{E_w(z)}{E_{w0}} = 1 - \left(\frac{z}{h}\right)^{1.2} \tag{7.17(b)}$$

$$\frac{E_d(z)}{E_{w0}} = 1.2\left[1 - \left(\frac{z}{h}\right)^{0.2} - \frac{1}{6}\left(1 - \left(\frac{z}{h}\right)^{1.2}\right)\right] \tag{7.18(b)}$$

$$\frac{E_t(z)}{E_{w0}} = 1.2\left(1 - \frac{z}{h}\right)\left(\frac{z}{h}\right)^{0.2} \tag{7.19(b)}$$

圖 7.5 說明若 $m = 0.2$ 時無因次化能量與無因次垂直水深位置之關係。由圖中可知水流所提供總能量 $E_w(z)$ 在水面處為零，在渠床底最大；就地損失總能量 $E_d(z)$ 在水面處為零，在渠床底最大；向邊界傳遞總能量 $E_t(z)$ 在水面處為零，在渠床底也為零，最大值發生在 $z_{\max} = h/6$ 處，$E_{t\max} \approx 0.70E_{w0}$。

此外，就水底（$z = 0$）至水面（$z = h$）全區來說，為了克服阻力損失由水體中所提供的全部機械能，應該等於流區內各部分阻力損失的總和，即

$$\underbrace{\gamma_f S \int_0^h u\,dz}_{\text{水流提供的能量}} = \underbrace{\int_0^{u_s} \tau\,du}_{\text{阻力耗損的能量}} \tag{7.20}$$

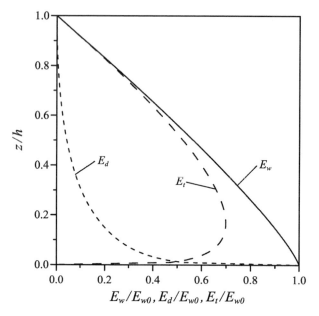

圖 7.5 　**無因次化能量與垂直水深位置之關係**

7.2 水流阻力類別

　　真實河道往往存在著不同大小的泥沙粒徑、不同的植生狀態、不同的幾何斷面、不同的表面形態，以及不同的水工構造物等等，如圖 7.6 所示。因此，河流所受到的阻力大致上可區分為：(1) 沙粒阻力、(2) 沙波阻力、(3) 河岸及灘面阻力、(4) 河槽形態阻力及 (5) 人工構造物的外加阻力。

　　(1) 沙粒阻力：河床上的泥沙顆粒表面會對水流產生阻力，此種阻力稱為沙粒阻力，又稱表面阻力或摩擦阻力。

　　(2) 沙波阻力：河床上泥沙運移結果可能會形成大小不一的沙波，沙波的存在會造成水壓力的差異，因為這些沙波的存在而產生的額外阻力稱為沙波阻力，又稱形狀阻力。

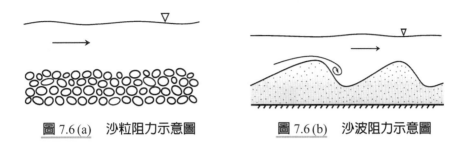

圖 7.6 (a)　沙粒阻力示意圖　　圖 7.6 (b)　沙波阻力示意圖

(3) 河岸及灘面阻力：由於河岸及灘面上的糙度或植生而引起之阻力。

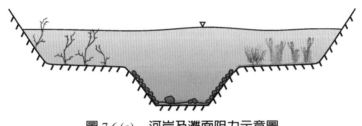

圖 7.6 (c)　河岸及灘面阻力示意圖

(4) 河槽形態阻力：因為河槽形態的變化而引起之額外阻力。河槽形態變化多樣，有平直河道、蜿蜒河道、沙洲河道、變寬河道等等。

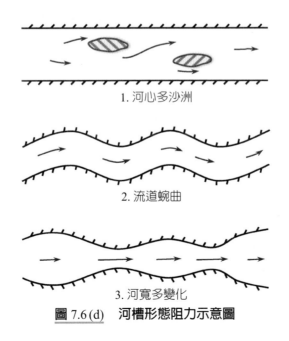

1. 河心多沙洲

2. 流道蜿曲

3. 河寬多變化

圖 7.6 (d)　河槽形態阻力示意圖

(5) 人工構造物的外加阻力：在河段內因有人為因素設置的構造物而引起之額外阻力。此種局部阻力的大小，因構造物外形、尺寸及方向而異。

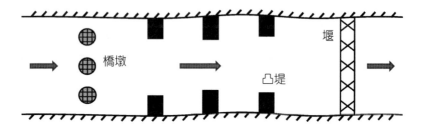

圖7.6(e) 人工構造物阻力示意圖

7.3 水流阻力關係式

河道水流阻力關係式是描述河道平均水流速度與河道幾何特性及邊界條件床之關係式，或直接簡稱為流速關係式，比較詳細之說明，可參考本書第四章的內容。河道邊界對水流阻力大小的度量參數，稱為粗糙係數。對於定床明渠水流而言，常見的水流阻力關係式有蔡斯（Chézy）公式及曼寧（Manning）公式，

$$U = C\sqrt{RS} \tag{7.21}$$

$$U = \frac{1}{n}R^{2/3}S^{1/2} \text{（公制）} \tag{7.22}$$

其中 C = Chézy 阻力係數；n = 曼寧阻力係數，或稱粗糙係數；R 為水力半徑及 S 為渠流坡度。Chézy 阻力係數和曼寧阻力係數之間具有 $C = R^{1/6}/n$ 之關係。

一般而言，在定床明渠水流中，除非河道有劇烈變動，一般視粗糙係數 C 及 n 為定值。對於沖積河道（Alluvial river）而言，沖積河道的水流的糙度會隨水流強度及底床形態而有所不同。如果一定要把糙度係數視為某一個定值，則前述公式，例如曼寧公式的 R 及 S 的指數就不能固定不變，

而需要改寫成下列形式

$$U = C_a R^a S^b \qquad (7.23)$$

其中 C_a 為係數；指數 a 及 b 隨床沙組成及床面形態而異。例如 Lacey 分析印度渠道得 $U = 16R^{2/3}S^{1/3}$。

7.4　河岸與河床阻力

　　河道水流的總阻力包含作用在兩岸的河岸阻力以及作用在河底的河床阻力。若以剪應力來表示，總阻力 $\tau_0 = \gamma_f RS$，其中 γ_f 為流體單位重，τ_0 為平均剪應力，R 為水力半徑及 S 為渠流坡度。

$$\text{河道水流綜合阻力 } \tau_0 = \text{河床阻力 } \tau_b + \text{河岸阻力 } \tau_w \qquad (7.24)$$

河床阻力 τ_b 及河岸阻力 τ_w 的區分模式有兩種：

　　1. 將水力半徑 R 視為整個過水斷面幾何形態的特徵值，不因不同阻力單元而異。將能量坡降 S 區分為河岸阻力坡降 S_w 及河床阻力坡降 S_b 兩種，即

$$\begin{cases} \tau_w = \gamma_f RS_w \\ \tau_b = \gamma_f RS_b \end{cases} \qquad (7.25)$$

　　2. 將能量坡度 S 視為不變，而將水力半徑 R 區分為對應於河岸的水力半徑 R_w 及對應於河床的水力半徑 R_b 兩種，即

$$\begin{cases} \tau_w = \gamma_f R_w S \\ \tau_b = \gamma_f R_b S \end{cases} \qquad (7.26)$$

目前比較常用的是上述第二種方法，即將能量坡度 S 視為不變，而將

水力半徑 R 區分為 R_w 及 R_b，邊界濕周長度 P 區分為 P_w 及 P_b，通水斷面積 A 區分為 A_w 及 A_b，如圖 7.7 所示。

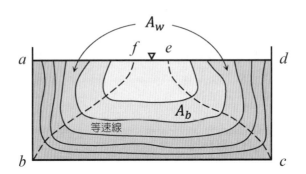

圖 7.7　渠流斷面區分能量單元示意圖

將某一渠流斷面區分成不同的能量單元，如圖 7.7 所示，從能量的觀點來看，整個通水斷面可以劃分為三個區域：(1) 左壁 ab 面上集中的能量來自水流容積 abf 中的勢能，從 ab 面上所產生的紊動動能最後又在 abf 流域內散失為熱能；(2) 同理，流區 $bcef$ 和槽底 bc 在能量上結成一個整體，槽底 bc 面上集中的能量來自水流容積 $bcef$ 中的勢能，從槽底 bc 面上所產生的紊動動能最後又在 $bcef$ 流域內散失為熱能；(3) 流區 cde 又和右壁 cd 在能量上結成一個整體，右壁 cd 面上集中的能量來自水流容積 cde 中的勢能，從右壁 cd 面上所產生的紊動動能最後又在 cde 流域內散失為熱能。在 bf 及 ce 面上沒有能量交換（由於沒有速度梯度）。

水力半徑 R 本身具有水體容積的意義，該水體容積的勢能傳給所對應之邊界，再由邊界產生紊動，所產生之紊動又在該水體容積內散失為熱能，因此對應於河岸阻力的水力半徑及對應於河床阻力的水力半徑可分別表示為

$$\begin{cases} R_w = \dfrac{A_w}{P_w} \\[2mm] R_b = \dfrac{A_b}{P_b} \end{cases} \tag{7.27}$$

其中 A_w 及 A_b 分別為對應於河岸阻力及對應於河床阻力的通水面積；P_w 及 P_b 分別為對應於河岸阻力及對應於河床阻力的邊界濕周長度。例如，寬度為 B，水深為 h 的矩形渠道，

$$\begin{cases} R_w = \dfrac{A_w}{P_w} = \dfrac{A_w}{2h} \\[2mm] R_b = \dfrac{A_b}{P_b} = \dfrac{A_b}{B} \end{cases} \tag{7.28}$$

7.5　河道水流阻力分析

以下簡要說明河床阻力及河岸阻力之計算方法。河道水流可直接量測或計算得知的相關變數包括：通水斷面積 A、平均流速 U、渠道坡度 S、河岸濕周長度 P_w、河床濕周長度 P_b、總濕周長度 P、水力半徑 R 及曼寧粗糙係數 n 這八個變數。另一方面，未知的變數包括：對應於河岸的通水斷面積 A_w、對應於河床的通水斷面積 A_b、對應於河岸的平均流速 U_w、對應於河床的平均流速 U_b、對應於河岸的水力半徑 R_w、對應於河岸的水力半徑 R_b、對應於河岸的曼寧係數 n_w 及對應於河床的曼寧係數 n_b 這八個未知的變數。有八個未知變數，因此需要有八個方程式來求解這些未知數。可用的方程式有

1. 幾何形態連續性（Geometry continuity）

$$A = A_w + A_b \tag{7.29}$$

2. 水流連續性（Flow continuity）

$$AU = A_w U_w + A_b U_b \tag{7.30}$$

3. 定義（Definition）

$$R_w = \frac{A_w}{P_w}; \quad R_b = \frac{A_b}{P_b} \tag{7.31}$$

以寬為 B、水深為 h 的矩形渠道為例，$R_w = A_w / 2h$，

$$R_b = \frac{A_b}{B} = \frac{A - A_w}{B} = \frac{Bh - 2hR_w}{B} = h\left(1 - \frac{2R_w}{B}\right) \tag{7.32}$$

4. 水流阻力，以曼寧公式（Manning's formula）表示

$$U_b = \frac{1}{n_b} R_b^{2/3} S^{1/2} \tag{7.33}$$

$$U_w = \frac{1}{n_w} R_w^{2/3} S^{1/2} \tag{7.34}$$

5. 經驗或理論關係式

$$n_b = n_b\left(R_b, U_b, \nu_f, \Delta_b, f_b\right) \tag{7.35}$$

$$n_w = n_w\left(R_w, U_w, \nu_f, \Delta_w, f_w\right) \tag{7.36}$$

其中 Δ_b 及 Δ_w 分別為河床及河岸之粗糙高度；ν_f 為水的運動黏滯係數；f_b 及 f_w 為與河床阻力及河岸阻力相關聯的水體形狀係數。以上八個公式中，事實上第七個及第八個為未知。一般河岸可視為定床，其曼寧係數 n_w 可由經驗式推求，但 n_b 為未知，前人曾經用下列三種方式推求 n_b。

1. 姜國干的處理方法（1948）

姜國干從水流剪應力線性疊加出發 $\tau_0 P = \tau_0(P_b + P_w) = \tau_w P_w + \tau_b P_b$，即總水流剪力等於水流作用在河岸及河床剪力之和；將單位面積水流剪應力表示為 $\tau_0 = \gamma_f RS$，$\tau_w = \gamma_f R_w S_w$，$\tau_b = \gamma_f R_b S_b$；由曼寧公式出發，將所對應於河岸及河床的能損坡度與河道整體的能損坡度可以分別寫成 $S = n^2 U^2 /$

$R^{4/3}$，$S_w = n_w^2 U_w^2 / R_w^{4/3}$，$S_b = n_b^2 U_b^2 / R_b^{4/3}$。因此由水流剪應力關係式可得

$$\frac{\gamma_f n^2 U^2}{R^{1/3}} P = \frac{\gamma_f n_w^2 U_w^2}{R_w^{1/3}} P_w + \frac{\gamma_f n_b^2 U_b^2}{R_b^{1/3}} P_b \qquad (7.37)$$

另外再假設 $U^2 / R^{1/3} = U_w^2 / R_w^{1/3} = U_b^2 / R_b^{1/3}$，則對應於河道整體曼寧係數與對應於河床及河岸曼寧係數之間的關係可以表示成

$$n^2 P = n_w^2 P_w + n_b^2 P_b \qquad (7.38\text{(a)})$$

或寫成

$$n = \sqrt{(n_w^2 P_w + n_b^2 P_b) / P} \qquad (7.38\text{(b)})$$

2. 愛因斯坦的處理方法（1942）

假設對應於河道整體的平均流速等於對應於河床及河岸的平均流速，即 $U = U_w = U_b$，且能損坡度方面也相同，即 $S = S_w = S_b$，則由曼寧公式可以推求得

$$\frac{R^{2/3}}{n} = \frac{R_b^{2/3}}{n_b} = \frac{R_w^{2/3}}{n_w} = c \qquad (7.39)$$

又由流體剪應力之關係式可以推求得 $\gamma_f RSP = \gamma_f R_w SP_w + \gamma_f R_b SP_b$，即 $RP = R_w P_w + R_b P_b$。上式說明 $R = cn^{3/2}$，$R_b = cn_b^{3/2}$，$R_w = cn_w^{3/2}$，因此可得河道整體曼寧係數與河床及河岸曼寧係數之間的關係為

$$n^{3/2} P = n_w^{3/2} P_w + n_b^{3/2} P_b \qquad (7.40\text{(a)})$$

或寫成

$$n = [(n_w^{3/2} P_w + n_b^{3/2} P_b) / P]^{2/3} \qquad (7.40\text{(b)})$$

依據 Knight & MacDonald（1979）在粗糙底床光滑邊壁的矩形水槽試驗結果，$U_w / U \approx 0.927 \sim 1.103$，平均 1.015，此反應 Einstein 的假設 $U = U_w = U_b$ 與實驗結果大致相符。

3. Lotter 的處理方法（1933）

由水流連續性 $AU = A_wU_w + A_bU_b$，其中 $A = PR$，$A_w = P_wR_w$，$A_b = P_bR_b$，得 $PRU = P_wR_wU_w + P_bR_bU_b$，再由曼寧公式描述流速之關係式推求得

$$PR\frac{R^{2/3}S^{1/2}}{n} = P_wR_w\frac{R_w^{2/3}S_w^{1/2}}{n_w} + P_bR_b\frac{R_b^{2/3}S_b^{1/2}}{n_b} \tag{7.41}$$

並假設 $S = S_w = S_b$ 得

$$\frac{PR^{5/3}}{n} = \frac{P_wR_w^{5/3}}{n_w} + \frac{P_bR_b^{5/3}}{n_b} \tag{7.42(a)}$$

或寫成

$$n = PR^{5/3}\left(\frac{P_wR_w^{5/3}}{n_w} + \frac{P_bR_b^{5/3}}{n_b}\right)^{-1} \tag{7.42(b)}$$

例題 7.1

已知某一矩形河道，寬度 12 m，水深 3 m；河道兩側植生茂盛，曼寧粗糙係數 $n_w = 0.04$；河道底部為卵礫石河床，曼寧粗糙係數 $n_b = 0.025$；河道坡度 $S = 0.0022$，試求 (1) 對應於河道整體斷面之曼寧係數 n；(2) 對應於河道整體的平均流速 U；(3) 對應於河岸及河床阻力之水力半徑，R_w 及 R_b。

答：

   (1) 渠流通水斷面 $A = 12 \times 3 = 36$ m^2，濕周 $P = 12 + 3 \times 2 = 18$ m，水力半徑 $R = A/P = 36/18 = 2.0$ m。對應於河道整體斷面之曼寧係數 n

依姜國干方法 $n = \sqrt{(n_w^2 P_w + n_b^2 P_b)/P} = 0.0308$

依愛因斯坦方法 $n = \left[(n_w^{3/2} P_w + n_b^{3/2} P_b)/P\right]^{2/3} = 0.0304$

上述兩個方法所得結果差不多。若取愛因斯坦方法結果 $n = 0.0304$，表示因為河岸的粗糙度較大，對應於河道整體斷面之曼寧係數 n 大於對應於河道底部的曼寧係數 n_b。

(2) 對應於河道整體的平均流速 U

$$U = \frac{1}{n} R^{2/3} S^{1/2} = \frac{2^{2/3} \times 0.0022^{1/2}}{0.0304} = 2.45 \text{ m/s}$$

(3) 依愛因斯坦方法，假設流速 $U = U_w = U_b$，得 $R^{2/3}/n = R_b^{2/3}/n_b = R_w^{2/3}/n_w$，所以

$$R_w = \left(\frac{n_w R^{2/3}}{n}\right)^{3/2} = \left(\frac{n_w U}{S^{1/2}}\right)^{3/2} = \left(\frac{0.04 \times 2.45}{\sqrt{0.0022}}\right)^{3/2} = 3.02 \text{ m}$$

$$R_b = \left(\frac{n_b R^{2/3}}{n}\right)^{3/2} = \left(\frac{n_b U}{S^{1/2}}\right)^{3/2} = \left(\frac{0.025 \times 2.45}{\sqrt{0.0022}}\right)^{3/2} = 1.49 \text{ m}$$

因此對於本題曼寧係數 $n_b < n < n_w$ 情況下，對應之水力半徑為 $R_b < R < R_w$，而對應之剪應力為 $\tau_b < \tau_0 < \tau_w$。

7.6 玻璃水槽阻力分析

對於光滑槽壁，如玻璃水槽，河岸與河床的粗糙度有明顯之差異，Vanoni & Brooks（1957）曾建議以下列方法來區分岸壁及底床的阻力係數：

1. 當岸壁糙度處於光滑區時，採用 Darcy-Weisbach 公式比曼寧公式更為合宜來描述水流阻力關係式，即對應於全斷面的阻力係數可以表示為

$$h_f = f \cdot \frac{U^2}{2g} \cdot \frac{L}{4R} \rightarrow f = \frac{8gRS}{U^2} \qquad (7.43)$$

同理，對應於河岸的阻力係數 f_w 及河床有關的阻力係數 f_b 分別為

$$f_w = \frac{8gR_wS_w}{U_w^2} \; ; \; f_b = \frac{8gR_bS_b}{U_b^2} \qquad (7.44)$$

假設 $S = S_w = S_b$ 及 $U = U_w = U_b$，則可得阻力係數與水力半徑之關係式

$$\frac{R}{f} = \frac{R_w}{f_w} = \frac{R_b}{f_b} \qquad (7.45)$$

2. 對於光滑邊壁材料的水流實驗，如管流實驗，有非常豐富的實驗結果，已經建立阻力係數 f 與雷諾數 Re 之關係曲線可資利用。由阻力係數 f_w 及雷諾數 Re_w 之關係曲線或 f_w 和 Re_w / f_w 之關係曲線可推得 f_w。由雷諾數定義 $Re_w = 4R_wU / v_f$ 及（7.45）式可推知

$$\frac{Re_w}{f_w} = \frac{4U}{v_f}\frac{R_w}{f_w} = \frac{4U}{v_f}\frac{R}{f} = \frac{Re}{f} \qquad (7.46)$$

3. 由阻力係數 f 與雷諾數 Re 之關係曲線，Blasius' equation，$f = 0.316Re^{-1/4}$，可推求得

$$f = 0.3979\left(\frac{f}{Re}\right)^{1/5} \qquad (7.47)$$

對岸壁阻力而言，$f_w = 0.3979(f_w / Re_w)^{1/5}$，再配合（7.46）式可推求得 f_w 和 Re / f 之關係式，過程如下及圖 7.8 所示。

$$\begin{aligned}
f_w &= 0.3979\left(\frac{f_w}{Re_w}\right)^{1/5} = 0.3979\left(\frac{f}{Re}\right)^{1/5} \\
&= 0.3979\left(\frac{8gRS}{U^2} \cdot \frac{v_f}{4RU}\right)^{1/5} = 0.457\left(\frac{gSv_f}{U^3}\right)^{1/5}
\end{aligned} \qquad (7.48)$$

4. 由面積守恆式 $A = A_b + A_w$ 及（7.43）與（7.44）式可得

$$\frac{PfU^2}{8gS} = \frac{P_b f_b U^2}{8gS} = \frac{P_w f_w U^2}{8gS} \;\rightarrow\; Pf = P_b f_b + P_w f_w \qquad (7.49)$$

因此對應於底床的阻力係數為

$$f_b = \frac{1}{P_b}\left(Pf - P_w f_w\right) \qquad (7.50)$$

5. 當已知底床阻力係數時，由（7.45）式可推求得對應底床阻力之水力半徑

$$\frac{R}{f} = \frac{R_b}{f_b} \;\rightarrow\; R_b = f_b \cdot \frac{R}{f} \qquad (7.51)$$

6. 對應之河床剪力速度為 $u_{*b} = \sqrt{gR_b S}$；河床剪應力為 $\tau_b = \gamma_f R_b S$。

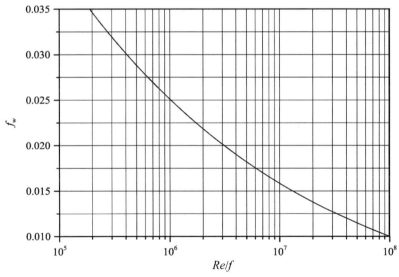

圖 7.8　Blasius 阻力係數 f 與雷諾數 Re 之關係曲線

例題 7.2

已知某一矩形水槽，寬度 0.5 m，水深 0.3 m，水槽兩側為光滑透明材料（玻璃或壓克力），水槽底部為平整粗糙底床，水槽坡度 $S = 0.0001$，平均流速 $U = 0.2$ m/s，水的運動黏滯度 $v_f = 1 \times 10^{-6}$ m²/s（假設水溫約 20 ℃）。試推求 (1) 作用於岸壁及底床的阻力係數（f_w 及 f_b）；(2) 對應於河床阻力之水力半徑 R_b 及水流作用於底床之剪應力 τ_b。

答：

(1) 渠流通水斷面 $A = 0.5 \times 0.3 = 0.15$ m²，濕周 $P = 0.5 + 0.3 \times 2 = 1.1$ m，水力半徑 $R = A / P = 0.1364$ m，阻力係數 $f = 8gRS / U^2 = 0.02676$，雷諾數 $Re = 4RU / v_f = 1.0912 \times 10^5$，$Re / f = 4.078 \times 10^6$。

對應於渠岸的阻力係 $f_w = 0.3979 \times (Re / f)^{-1/5} = 0.01895$

或由下列公式得 $f_w = 0.457 \times (gSv_f / U^3)^{1/5} \approx 0.01895$

對應於底床的阻力係數 $f_b = (Pf - P_w f_w) / P_b$，

矩形渠道 $f_b = f + 2h(f - f_w) / B$，因此

$$f_b = 0.02676 + \frac{0.6}{0.5}(0.02676 - 0.01827) = 0.03695$$

(2) 對應於底床阻力之水力半徑 $R_b = R \times (f_b / f) = 0.1364 \times 1.3808 = 0.1883$ m；對應於底床剪力速度（又名河床摩阻速度）$u_{*b} = \sqrt{gR_bS} = 0.0136$ m/s；

對應於底床剪應力 $\tau_b = \rho_f u_{*b}^2 = \rho_f gR_bS = 0.1848$ N/m²。含渠岸及底床之整體平均剪應力 $\tau_0 = \rho_f gRS = 0.1338$ N/m²，此值小於對應於底床剪應力 $\tau_b (= 0.1848$ N/m²)，這是渠岸較為光滑而渠底較為粗糙的緣故。一般實驗室的水槽，為了方便實驗觀測，岸壁大多用玻璃或壓克力材料製作，較為光滑，因此在實驗時，對應於底床剪應力 τ_b 大於整體平均剪應力 τ_0。反之，若渠岸比渠底粗糙（如渠岸植生茂密），則對應於底床剪應力 τ_b 小於整體平均剪應力 τ_0。

7.7 沙粒與沙波阻力

如前所述，河道水流綜合阻力可以區分為河岸阻力及河床阻力；換言之，河道水流作用於河道邊界上的綜合剪應力 τ_0 可以被區分為作用在河岸上的剪應力 τ_w 及作用在河床上剪應力 τ_b。為了分析對於河道泥沙運移有直接幫助的水流作用力，河床剪應力 τ_b 又可細分為作用在沙粒的剪應力 τ_b' 及作用在沙波上的剪應力 τ_b''；只有作用在沙粒的剪應力 τ_b' 對於河道輸沙量的大小有直接的幫助，因此在分析水流剪應力與輸沙量之關係時，往往先剔除作用在河岸及沙波的剪應力（τ_w 及 τ_b''）。在平衡狀態下，作用力等於反作用力，因此水流的剪應力等於水流所遭遇的阻力，而河道水流綜合阻力可以區分為河岸阻力及河床阻力，而河床阻力再細分為沙粒阻力（表面阻力）及沙波阻力（形狀阻力），如圖 7.9 所示。

河道水流綜合阻力 (τ_0) { 河岸阻力（τ_w）/ 河床阻力（τ_b） { 沙粒阻力（τ_b'）/ 沙波阻力（τ_b''）

圖 7.9　河道水流綜合阻力示意圖

7.7.1　平整河床表面阻力

河床的光滑與否並不決定於床沙的絕對粗細，而是取決於床沙粒徑和近壁層流層厚度的比值。近壁層流層厚度 $\delta = 11.6 v_f / u_*$；河床床面粗糙厚度 k_s（Roughness height），又名糙率；一般 k_s 值的大小與泥沙代表粒徑 d_i 有關；如表 7.1 所示，不同的研究者可能選取不同的泥沙代表粒徑來連結床面粗糙厚度 k_s，$k_s = A_0 d_i$。一般床面光滑或粗糙的區分方式：$k_s / \delta > 10$ 時，稱床面為粗糙床面；$k_s / \delta < 0.25$ 時，稱床面為光滑床面；在 $0.25 < k_s / \delta < 10$ 範圍內，稱床面處於光滑與粗糙間的過渡區。

表 7.1　各種不同泥沙代表粒徑與床面粗糙厚度之關係

研究者	粗糙厚度 k_s
Einstein (1950)	$k_s = d_{65}$
Lane and Carlson (1953)	$k_s = d_{75}$
Meyer-Peter (1948)	$k_s = d_{90}$
Engelund & Hansen (1972)；Bayazit (1976)	$k_s = 2.5d_{50}$
Kamphuis (1974)	$k_s = 2d_{90}$
Bray (1979)	$k_s = 3.5d_{84}$
Charlton (1978)	$k_s = 3.5d_{90}$

對於粗糙底床而言，常以曼寧公式來表示均勻渠流的斷面平均流速與水力半徑及渠道坡度之關係式，即

$$U = \frac{1}{n} R^{2/3} S^{1/2} = \frac{0.32R^{1/6}}{n} \sqrt{gRS} \qquad (7.52)$$

或寫成

$$\frac{U}{u_*} = \frac{0.32R^{1/6}}{n} \qquad (7.53)$$

在單位上，曼寧公式不是合理公式。上述兩公式中流速的單位為 m/s，水力半徑的單位為 m，而重力加速度 g 的單位為 m/s^2。由單位因次的考量上，（7.53）式顯示曼寧係數 n 應與某一特徵長度的 1/6 次方成正比。在沒有沙波存在時，此特徵長度應該是糙率 k_s，即 $n = A_1 k_s^{1/6}$；例如 Manning-Strickler 公式，取係數 $A_1 = 1/24$，即

$$\frac{U}{u_*} = 7.68 \left(\frac{R}{k_s} \right)^{1/6} \qquad (7.54)$$

如前所述，有時取不同的泥沙代表粒徑來連結床面粗糙厚度 k_s，即 $k_s =$

$A_0 d_i$，因此曼寧係數可直接由泥沙代表粒徑來推估，如表 7.2 所示。

表 7.2 由泥沙代表粒徑推估曼寧係數之相關公式

Strickler 型式公式	研究者（發表年）
$n = 0.0123d_{50}^{1/6}$; $n = 0.0132d_{65}^{1/6}$ $n = 0.0122d_{90}^{1/6}$	Meyer Peter-Müller (1948)
$n = 0.00822d_{50}^{1/6}$; $n = 0.0132d_{65}^{1/6}$ $n = 0.00787d_{90}^{1/6}$	Keulegan (1938)
$n = 0.0172d_{50}^{0.179}$; $n = 0.0166d_{65}^{0.179}$ $n = 0.0165d_{90}^{0.179}$	Bray (1979)

（表中代表粒徑 d_{50}、d_{65} 及 d_{90} 的單位為 mm。）

此外，粗糙河床的平均流速公式也可以用對數經驗公式表示為

$$\frac{U}{u_*} = 6.25 + 5.75\log\frac{R}{k_s} \qquad (7.55)$$

由（7.53）式及（7.55）式得曼寧係數之關係式為

$$n = \frac{R^{1/6}}{19.52 + 18.0\log\left(R/k_s\right)} \quad (R \text{ in meters}) \qquad (7.56)$$

例如美國地質調查所 Limerinos（1970）的研究報告，根據天然河道資料，對上式中的係數進行調整得到曼寧係數與水深及泥沙粒徑之關係為

$$n = \frac{0.0926R^{1/6}}{0.35 + 2.0\log\left(R/d_{50}\right)} \quad (R \text{ in feet}) \qquad (7.57(a))$$

$$n = \frac{0.0926R^{1/6}}{1.16 + 2.0\log\left(R/d_{84}\right)} \quad (R \text{ in feet}) \qquad (7.57(b))$$

或寫成公制為

$$n = \frac{R^{1/6}}{3.10 + 17.72 \log\left(R / d_{50}\right)} \quad (R \text{ in meters}) \qquad (7.57(c))$$

$$n = \frac{R^{1/6}}{10.27 + 17.72 \log\left(R / d_{84}\right)} \quad (R \text{ in meters}) \qquad (7.57(d))$$

⧗ 7.7.2 沙波阻力

前一節所陳述的基本上是平整河床表面阻力關係式,而且是定床的結果。對於對動床水流來說,河床上的泥沙不但可以移動,而且也可能形成沙波,此時除了泥沙表面阻力之外,還額外增加了沙波形狀因為壓力差而形成的阻力。沙波形狀阻力和沙波相對高度及沙波尖銳度有密切關係。本節簡要說明沙波阻力的推導過程及經驗公式。假設沙紋(或沙丘)為微小沙波,沙波的存在沒有顯著影響水面;沙波的波長為 λ,高為 Δ,沙波背水面傾角為 ϕ,平均水深 h,如圖 7.10 所示。

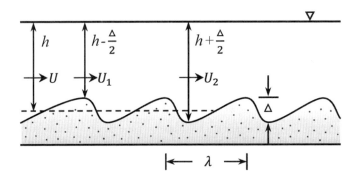

圖 7.10 沙波阻力分析示意圖

圖中顯示沙波波峰處水深為 $(h - \Delta / 2)$,波谷處水深為 $(h + \Delta / 2)$。以能量的觀點,水流經過沙波波峰以後,通水斷面擴大,將引起水流能量損失,其水頭損失 h_L 為

$$h_L = \alpha_0 \frac{\left(U_1 - U_2\right)^2}{2g} \qquad (7.58)$$

其中 U_1 為沙波波峰處斷面水深平均流速；U_2 為波峰下游處斷面水深平均流速；α_0 為係數。如果單位寬度的流量為 q，則平均流速 $U = q / h$，波峰及波谷兩處平均流速分別為 $U_1 = q / (h - \Delta / 2)$ 及 $U_2 = q / (h + \Delta / 2)$。將 U_1 及 U_2 代入上述水頭損失關係式後得

$$h_L = \frac{\alpha_0 q^2}{2g}\left(\frac{1}{h - \Delta / 2} - \frac{1}{h + \Delta / 2}\right)^2 = \frac{\alpha_0 q^2}{2gh^2}\left(\frac{\Delta / h}{1 - (\Delta / 2h)^2}\right)^2 \qquad (7.59)$$

整理上式，並且寫成 Darcy-Weisbach 公式的形式，得

$$h_L \approx \frac{\alpha_0 q^2}{2gh^2}\left(\frac{\Delta}{h}\right)^2 = \alpha_0\left(\frac{\Delta}{h}\right)^2\frac{U^2}{2g} = f_b''\frac{\lambda}{4h}\frac{U^2}{2g} \qquad (7.60)$$

其中沙波阻力係數 f_b'' 為

$$f_b'' = \alpha_0\frac{4h}{\lambda}\left(\frac{\Delta}{h}\right)^2 = 4\alpha_0\left(\frac{\Delta}{\lambda}\right)\left(\frac{\Delta}{h}\right) \qquad (7.61)$$

此式說明了 f_b'' 的大小主要取決於沙波相對波高 (Δ / h) 及沙波尖銳度 (Δ / λ)。依據 Chang（1970）的試驗結果：

$$f_b'' = 7.6\frac{\Delta}{\lambda}\left(\frac{\Delta}{h}\right)^{0.8} \qquad (7.62)$$

此表示沙波阻力之大小和沙波大小、形狀及阻力係數有關。

⏳ 7.7.3　Einstein-Barbarossa 方法

在 1952 年 Einstein 和 Barbarossa 首先提出將河床阻力區分為沙粒阻力及沙波阻力。在不區隔河岸阻力與河床阻力情況下，即 $\tau_0 = \tau_b$ 及 $R = R_b$，他們建議分析沙粒阻力及沙波阻力的方法如下：

$$\tau_0 = \tau_0' + \tau_b'' \qquad (7.63)$$

其中 τ_0 為對應於河床總阻力之剪應力 $= \gamma_f R S$；τ_0' 為對應於沙粒阻力之剪應力 $= \gamma_f R' S$；τ_0'' 為對應於沙波阻力之剪應力 $= \gamma_f R'' S$。由（7.63）式得

$$\gamma_f R S = \gamma_f R' S + \gamma_f R'' S \rightarrow R = R' + R'' \qquad (7.64)$$

上式表示對應於河床總阻力之水力半徑 R 等於對應於沙粒阻力之水力半徑 R' 加上對應於沙波阻力之水力半徑 R''。由 Manning-Strickler 公式可推求對應於沙粒阻力之水力半徑 R'，即

$$\frac{U}{u_*'} = 7.66 \left(\frac{R'}{d_{65}} \right)^{1/6} \qquad (7.65)$$

其中對應於沙粒阻力之剪力速度 $u_*' = \sqrt{gR'S}$。若由對數流速分布公式表達沙粒阻力關係式，則

$$\frac{U}{u_*'} = 5.75 \log \left(\frac{12.27 R' \chi}{k_s} \right) \qquad (7.66)$$

其中 χ 為修正係數。沙波形狀阻力與水流條件有關，因此沙波的存在也會影響總輸沙量的多寡。Einstein 和 Barbarossa 他們依據實驗資料建立無因次水流參數 ψ' 與沙波阻力（以剪力速度表示）之關係式為 $U / u_*'' = f(\psi')$，如圖 7.11 所示，此關係式可近似表示成

$$\frac{U}{u_*''} = 18 (\psi')^{-2} + 21.5 (\psi')^{-0.4} \qquad (7.67)$$

其中水流參數 ψ' 定義為

$$\psi' = \frac{\gamma_s - \gamma_f}{\gamma_f} \frac{d_{35}}{R'S} \qquad (7.68)$$

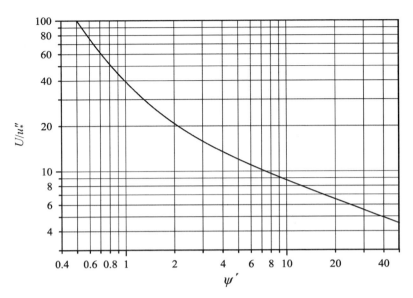

圖 7.11 　愛因斯坦水流參數與沙波阻力之關係

　　當 u_*'' 已知時，可求得對應於沙波阻力之水力半徑 $R_*'' = (u_*'')^2/gS$，進而求得整體之水力半徑 $R = R' + R''$。

例題 7.3

　　已知河道斷面幾何條件 $A = f(R)$、底床坡度 S、泥沙單位重 γ_s、粒徑分布（d_{35} 及 d_{65}）、水的單位重 γ_f、水的運動黏滯度 ν_f，若此動床河道在通水流量為 Q_0 情況下，試列出使用 Einstein-Barbarossa 方法評估河道水力半徑的步驟。

答：

(1) 先依已知條件猜想一個合理的 R' 值，並求對應之 $u_*' = \sqrt{gR'S}$；

(2) 計算相對糙度 $\dfrac{d_{65}}{\delta} = \dfrac{u_*' d_{65}}{11.6\nu_f}$，並依 $\chi = f(d_{65}/\delta)$ 關係推求對應之修正係數 χ 值；

(3) 由流速關係式推求流速，$U = 5.75 u_*' \log\left(\dfrac{12.27 R' \chi}{d_{65}}\right)$；

(4) 計算水流參數 $\psi' = \dfrac{\gamma_s - \gamma_f}{\gamma_f} \cdot \dfrac{d_{35}}{SR'}$，並由 $U / u_*'' = f(\psi')$ 之關係圖或關係式推求對應之 U / u_*'' 值。

(5) 由第 3 及第 4 步驟結果，推求出 u_*'' $(= U(U / u_*'')^{-1})$ 及 R'' $(= u_*''^2 / (gS))$；

(6) 計算綜合水力半徑 $R = R' + R''$，並由 $A = f(R)$ 關係推求通水面積 A；

(7) 計算流量 $Q = AU$，檢核此計算流量 Q 是否等於已知流量 Q_0，若是，則所得之水力半徑 R、R' 及 R'' 即為對應河床阻力、沙粒阻力及沙波阻力之水力半徑。由水深 $h = f(R)$ 之關係可以推求對應之水深。

(8) 否則，若 Q 大於或小於 Q_0，則須重新假設合理 R'，重複以上所有步驟，直到 $Q \approx Q_0$ 為止。

　　如果已知的條件是水力半徑 R，則前述第 7 及第 8 步驟推估計算過程檢核的項目改為水力半徑 R，推知的對象則為流量。除了 Einstein-Barbarossa 方法之外，也有許多學者，例如沈學汶（Shen, 1962）、Alan-Kennedy（1969）及 Engelund（1966），提出不同的方法來推估動床河道在有考量沙波阻力情況下的流量（流速）與水力半徑（水深）。

例題 7.4

已知河道水力半徑 $R(\text{m})$ 與通水斷面積 $A(\text{m}^2)$ 之關係為 $A = 108.6R^{3.10}$，河道縱向坡度 $S = 0.0004$，河道泥沙代表粒徑 $d_{35} = 0.0006$ m 及 $d_{65} = 0.001$ m，泥沙比重 $G_s = 1.68$，水的運動黏滯度 $v_f = 1.06 \times 10^{-6}$ m²/s，試求河道流量 $Q_0 = 142$ m³/s 時之河道水力半徑 R。

答：

步驟	1	2	3	4	5	6
參數	R'	u_*'	d_{65} / δ	χ	U	ψ'
第 1 次	0.15	0.0242	1.97	1.38	0.474	16.8
第 2 次	0.17	0.0258	2.10	1.37	0.505	14.82

步驟	7	8	9	10	11	12
參數	U/u_*''	u_*''	R''	R	A	Q
第 1 次	7.02	0.0675	1.16	1.31	250.8	118.9
第 2 次	7.40	0.0683	1.19	1.36	281.7	142.3

第一次計算結果 $Q = 118.9 \text{ m}^3/\text{s}$，小於 Q_0，調整 $R' = 0.17 \text{ m}$，經過兩次計算，$Q \approx Q_0 = 142 \text{ m}^3/\text{s}$，得到對應之流速 U 約為 0.505 m/s，水力半徑 R 約為 1.36 m，其中 $R''(= 1.19 \text{ m})$ 遠大於 $R'(= 0.17 \text{ m})$，此表示沙波阻力大，水流的能量大部分消耗在沙波阻力。

⧗ 7.7.4 Vanoni-Brooks 方法

前述愛因斯坦的方法（Einstein and Barbarossa, 1952）在已知河道流量 Q 時推求沙粒阻力所對應之水力半徑 R' 的分析過程需要試誤的演算過程，費力費時。美國加州理工學院（California Institute of Technology, CIT）泥沙實驗室萬努益和布魯克斯（Vanoni and Brooks）提出簡化的方法，在已知河道平均流速 U 時推求沙粒阻力所對應之水力半徑 R'（Vanoni and Brooks, 1957）。他們的簡化方法是結合愛因斯坦的對數流速關係式，(7.66) 式，及其對數流速修正因子 χ（圖 4.6），從而建立無因次流速 U/u_*' 與兩個無因次參數之關係曲線圖。他們的分析步驟簡述如下：

步驟 1

將對數流速關係式對數項內中的參數改寫成新的參數組合

$$\frac{R'\chi}{k_s} = \left(\frac{U^2 \chi}{g k_s S} \times \frac{g R' S}{U^2} \right) = \left(\frac{U\sqrt{\chi}}{\sqrt{g k_s S}} \times \frac{u_*'}{U} \right)^2 \tag{7.69}$$

步驟 2

使用愛因斯坦對數流速公式，給定 U/u_*' 值，推求對應之無因次參數

$U\sqrt{\chi}\,/\,\sqrt{gk_sS}$，即

$$\frac{U}{u'_*} = 5.75\log\left(\frac{12.27R'\chi}{k_s}\right) = 6.261 + 11.5\log\left(\frac{U\sqrt{\chi}}{\sqrt{gk_sS}}\times\frac{u'_*}{U}\right)$$

$$\rightarrow\quad \frac{U}{u'_*} + 11.5\log\left(\frac{U}{u'_*}\right) - 6.261 = 11.5\log\left(\frac{U\sqrt{\chi}}{\sqrt{gk_sS}}\right) \qquad (7.70)$$

$$\rightarrow\quad \frac{U\sqrt{\chi}}{\sqrt{gk_sS}} = 10^{f\left(\frac{U}{u'_*}\right)} \text{ with } f\left(\frac{U}{u'_*}\right) = \frac{U}{11.5u'_*} + \log\left(\frac{U}{u'_*}\right) - 0.5444$$

步驟 3

在已知 $U\,/\,u'_*$ 值及其對應之 $U\sqrt{\chi}\,/\,\sqrt{gk_sS}$ 值的情況下，給定 $U\,/\,\sqrt{gk_sS}$ 值，然後推求對應之流速修正因子 χ，或由下式直接求 χ 值。

$$\chi = 10^{f\left(\frac{U}{u'_*}\right)} \text{ with } f\left(\frac{U}{u'_*}\right) = \frac{U}{5.75u'_*} + 2\log\left(\frac{U}{u'_*}\div\frac{U}{\sqrt{gk_sS}}\right) - 1.089 \qquad (7.71)$$

注意：χ 之範圍必須介於 $0 < \chi < 1.61$（圖 4.6）。如果計算結果 $\chi > 1.61$，表示超出範圍，給定 $U\,/\,\sqrt{gk_sS}$ 值太小（或 U/u'_* 值太大），須提高 $U\,/\,\sqrt{gk_sS}$ 值（或降低 U/u'_* 值）。為確保 $0 < \chi < 1.61$，上式指數函數 $f(U/u'_*)$ 須小於 0.207。例如當 $U\,/\,\sqrt{gk_sS} = 1{,}000$ 時，U/u'_* 須小於 25.73。

步驟 4

在已知流速修正因子 χ 值時，由 χ 與 $k_s\,/\,\delta$ 之關係曲線（圖 4.6），推求 χ 值所對應之 $k_s\,/\,\delta$ 值。在 χ 值介於 $1.0 < \chi < 1.61$ 的範圍內，對應之 $k_s\,/\,\delta$ 值有兩個值。

步驟 5

在已知 U/u'_* 及其對應之 $U\,/\,\sqrt{gk_sS}$ 及 $k_s\,/\,\delta$，計算新的無因次參數

$$\frac{U^3}{gv_fS} = 11.6\left(\frac{k_s}{\delta}\right)\left(\frac{U}{u'_*}\right)\left(\frac{U}{\sqrt{gk_sS}}\right)^2 \qquad (7.72)$$

步驟 6

重新給定 U/u'_* 值，重覆前述步驟 2 至步驟 5，可建立無因次流速 U/u'_* 與兩個無因次參數 $U/\sqrt{gk_sS}$ 及 $U^3/(gv_fS)$ 之關係曲線圖，即

$$\frac{U}{u'_*} = f\left(\frac{U^3}{gv_fS}, \frac{U}{\sqrt{gk_sS}}\right) \qquad (7.73)$$

例題 7.5

給定 $U/\sqrt{gk_sS} = 1,000$，計算對應之 χ、k_s/δ 及 $U^3/(gv_fS)$，試繪出 U/u'_* 與 $U^3/(gv_fS)$ 之關係曲線。

答：

已知 $U/\sqrt{gk_sS} = 1,000$，則

(1) $\chi = 10^{f\left(\frac{U}{u'_*}\right)}$ with $f\left(\frac{U}{u'_*}\right) = \frac{U}{5.75u'_*} + 2\log\left(\frac{U}{u'_*}\right) - 7.089$

(2) 如圖 4.6 所示，當 $\chi < 1.3$ 時，$\chi = 3.48(k_s/\delta)$ 或寫成 $k_s/\delta = 0.2874\chi$；當 $\chi = 1.61$ 時（最大值），$k_s/\delta = 1.0$；當 $\chi \geq 1.0$ 時，有兩個 k_s/δ 值。

(3) 計算新的參數值 $U^3/(gv_fS) = 11.6 \times 10^6(k_s/\delta)(U/u'_*)$

(4) 在固定 $U/\sqrt{gk_sS} = 1,000$ 的條件下，不同 U/u'_* 值計算所得之相關參數彙整表如下：

表 7.3　當 $U/\sqrt{gk_sS} = 1,000$ 時計算不同 U/u'_* 值之相關參數

No.	$\dfrac{U}{u'_*}$	χ	$\dfrac{k_s}{\delta}$	$\dfrac{k_s}{\delta}$	$\dfrac{U^3}{gv_fS}$ (10^6)	$\dfrac{U^3}{gv_fS}$ (10^6)
1	25.73	1.61	1.0	1.0	298.468	298.468
2	25.6	1.51	0.6253	1.55	185.691	459.578
3	25.4	1.37	0.4839	1.99	142.572	585.792
4	25.2	1.25	0.4061	2.53	118.699	740.051
5	25.0	1.13	0.3479	3.45	100.877	1,001.913
6	24.8	1.03	0.3015	5.56	86.742	1,599.722
7	24.74	1.00	0.2877	9.0	82.557	2,582.856
8	24.5	0.89	0.2563	-	72.830	-
9	24.3	0.81	0.2327	-	65.592	-
10	24.0	0.70	0.2013	-	56.039	-
11	23.0	0.43	0.1239	-	33.047	-
12	22.0	0.26	0.0759	-	19.378	-

(5) 在 $U/\sqrt{gk_sS} = 1,000$ 的條件下，計算所得之 U/u'_* 與 $U^3/(gv_fS)$ 之關係如下圖所示。

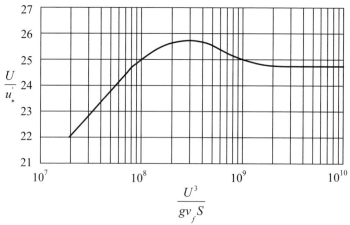

圖 7.12　在 $U/\sqrt{gk_sS} = 1,000$ 時 U/u'_* 與 $U^3/(gv_fS)$ 之關係曲線

　　依據 Vanoni-Brooks 方法，給定不同的 $U/\sqrt{gk_sS}$ 數值，可以推算出不同的 U/u'_* 與 $U^3/(gv_fS)$ 之關係曲線，如圖 7.13 所示。藉此關係曲線圖，可以在已知河道平均流速 U、河床坡度 S、河床糙度 k_s 及水的運動黏滯度 v_f 時，算出兩個無因次參數 $U/\sqrt{gk_sS}$ 及 $U^3/(gv_fS)$ 值，然後藉此推求所對應之 U/u'_* 值，再計算出 u'_* 值，並由 $u'_* = \sqrt{gR'S}$ 推算出沙粒阻力所對應之水力半徑 R'。

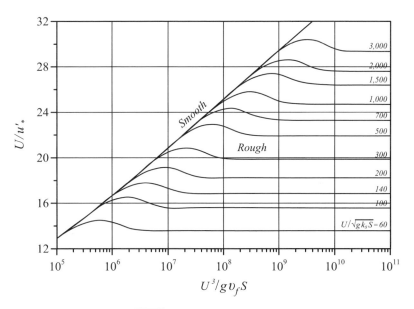

圖 7.13　不同 $U/\sqrt{gk_sS}$ 值對應之 U/u'_* 與 $U^3/(gv_fS)$ 之關係曲線

例題 7.6

　　參考例題 7.4 之結果，已知流速 $U = 0.505$ m/s、河床糙度 $k_s = 1$ mm 及河床平均坡度 $S = 0.000102$，河道泥沙代表粒徑 $d_{35} = 0.0006$ m 及 $d_{65} = 0.001$ m，泥沙比重 $G_s = 1.68$，水的運動黏滯度 $v_f = 1.06 \times 10^{-6}$ m²/s，試使用 Vanoni-Brooks 方法推求對應水力半徑 R'、R'' 及 R。

答：

(1) $U / \sqrt{gk_sS} = 0.505 / \sqrt{9.81 \times 0.001 \times 0.004} = 254.9$。

(2) $\dfrac{U^3}{gv_fS} = \dfrac{0.505^3}{9.81 \times 1.06 \times 10^{-6} \times 0.0004} \approx 31.0 \times 10^6$。

(3) 已知上述兩個參數值，由圖 7.13 得 $U/u'_* = 19.8$。

(4) $u'_* = U/19.8 = 0.505/19.8 = 0.0255$，$u'_* = \sqrt{gR'S}$。

(5) $R' = (u'_*)^2 / gS = 0.0255^2 / (9.81 \times 0.0004) = 0.166$ m。

(6) $\psi' = \dfrac{\gamma_s - \gamma_f}{\gamma_f} \cdot \dfrac{d_{35}}{SR'} = 1.65 \dfrac{0.0006}{0.0004 \times 0.166} = 15.2$。

(7) 由 $U/u''_* = f(\psi')$ 之關係圖或關係式得 $U/u''_* \approx 7.32$。

(8) $u''_* = U / 7.32 = 0.505 / 7.32 = 0.0690$。

(9) $u''_* = \sqrt{gR''S}$，$R'' = (u''_*)^2 / gS = 0.069^2 / (9.81 \times 0.0004) = 1.213$ m。

(10) 水力半徑 $R = R' + R'' = 1.379$ m，此結果與例題 7.4 之計算結果相近，但在計算上確實簡便些。

習題

習題 7.1

已知某沖積河川的水力半徑 R（m）與通水斷面積 A（m²）之關係為 $A = 100R^{1.5}$，河床縱向坡度 $S = 0.0004$，河床泥沙代表粒徑 $d_{35} = 0.0006$ m 及 $d_{65} = 0.001$ m，泥沙比重 $G = 2.65$，水的運動黏滯度 $v_f = 1.0 \times 10^{-6}$ m²/s。當流量 $Q = 60$ m³/s 時，試用 Einstein-Barbarossa 方法推求對應河床摩擦阻力之水力半徑 R'、對應河床沙波形狀阻力之水力半徑 R'' 及對應河床之總水力半徑 R（$= R' + R''$）。

習題 7.2

已知某沖積河川的平均流速 $U = 1.0$ m/s、河床糙度 $k_s = 2$ mm 及河床平均坡度 $S = 0.0002$，河道泥沙代表粒徑 $d_{35} = 0.001$ m 及 $d_{65} = 0.002$ m，泥沙比重為 2.65，水的運動黏滯度 $v_f = 1.0 \times 10^{-6}$ m²/s，試使用 Vanoni-Brooks 方法推求對應水力半徑 R'、R'' 及 R。（題目條件若有不足之處，可自行作合理之假設）

參考文獻及延伸閱讀

1. 吳健民（1991）：泥沙運移學，中國土木水利工程學會，臺灣。

2. 錢寧、萬兆惠（1991）：泥沙運動力學，科學出版社，中國。

3. Alan, M.S. and Kennedy, J.F. (1969): Friction factors for flow in sand-bed channels. Journal of the Hydraulics Division, ASCE, Vol.95 (HY6), pp. 1973-1992.

4. Bray, D.I. (1979): Estimating average velocity in gravel-bed rivers. Journal of the Hydraulics Division, ASCE, Vol. 105 (HY9), pp. 1103-1122.

5. Coon, W.F. (1998): Estimation of roughness coefficients for natural stream channels with vegetated banks. U.S. Geological Survey Water-Supply Paper 2441.

6. Chang, F.M. (1970): Ripple concentration and friction factor. Journal of the Hydraulics Division, ASCE, Vol. 96 (HY2), 417-430.

7. Einstein H.A. (1950): The bed-load function for sediment transportation in open channel flows. U.S. Dept. of Agriculture, Soil and Water Conservation Service, Washington D.C., Technical Bulletin.

8. Einstein H.A. and Barbarossa, N.L. (1952): River channel roughness. Transactions, ASCE, Vol.117, 1121-1146.

9. Engelund, F. (1966): Hydraulic resistance in alluvial streams. Journal of the ydraulics Division, ASCE, Vol.92 (HY2), 315-326.

10. Garde, R. J. and Ranga Raju, K. G. (1985): Mechanics of Sediment Transportation and Alluvial Stream Problems. John Wiley & Sons, New York.

11. Keulegan, G.H. (1938): Laws of turbulent flow in open channels. Journal, National Bureau of Standards, Washington, D.C., Vol. 21, 704-741.

12. Knight, D. W., and MacDonald, J. A. (1979). "Open-channel flow with varying bed roughness." Journal of the Hydraulics Division, ASCE, Vol. 105(9), 1167-1183.

13. Limerinos, J.T., 1970, Determination of the Manning coefficient from measured bed roughness in natural channels. U.S. Geological Survey Water-Supply Paper 1898-B.

14. Meyer-Peter, E. and Müller, R. (1948): Formulas for bed load transport. Proceedings of the 3rd Meeting of IAHR, Stockholm, 39-64.

15. Simons, D.B. and Senturk, F. (1977): Sediment Transport Technology. Water Resources Publications, Fort Collins, Colorado.

16. Shen, H.W.（沈學汶）(1962): Development of bed roughness in alluvial channels. Journal of the Hydraulics Division, ASCE, Vol.88 (HY3), 45-58.

17. Vanoni, V.A. and Brook, N.H. (1957): Laboratory studies of the roughness and suspended load of alluvial streams. Report No. E-68, CIT-Sedimentation Laboratory.

Chapter *8*

泥沙起動臨界條件

8.1 泥沙起動的隨機性

在水流的作用下，當水流逐步加強到超過某一個臨界條件後，河床面上的泥沙開始脫離靜止狀態而進入到運動狀態，這個條件稱為泥沙起動臨界條件。河床表面的泥沙顆粒在什麼樣的水流條件下才會開始運動，要確定這個臨界條件時，會碰到不少困難，其原因有：(1) 河床表面是由無數不同的泥沙顆粒所組成，他們的大小、形狀、比重、方位，以及相互間所處的位置均大不相同；(2) 水流的紊動特性，使得作用在沙床面上的剪應力具有隨機分布的特性（Wu and Chou, 2003）。

泥沙起動的判別標準帶有很大的任意性，不同的研究者可能有不同的判定方式，因而造成判定結果之差異。泥沙起動試驗中，水流強度由小逐漸加強的過程中，推移質的運動可以大致區分為四個階段：(1) 無泥沙運動，床面泥沙全面處於靜止狀態；(2) 輕微的泥沙運動，床面上有少數幾顆泥沙處於運動狀態；(3) 中強度的泥沙運動，床面上有許多泥沙處於運動狀態，但尚未影響床面形態；(4) 普遍的泥沙運動，床面上有大量泥沙處於運動狀態，影響到床面的形態。

顯然按照前述推移質從靜止到大量運動過程，判別泥沙的起動狀態，就會有不同的選擇。例如：(1) 只要任一顆泥沙動了，就判別為起動條件；(2) 有數顆泥沙動了，就判別為起動條件；(3) 有很多泥沙動了，才判別為起動條件；(4) 由輸沙量與水流條件關係式反推，將輸沙量趨近於零時的水流條件視為臨界起動條件。顯然不同判別方式所得到的臨界條件就會有不一樣的結果。

由於泥沙起動臨界條件有很大的隨機性，因此在愛因斯坦的泥沙理論分析裡，就沒有採用泥沙起動臨界條件的概念，這部分將在第九章推導愛因斯坦推移質輸沙量公式時再詳細說明。雖然泥沙起動帶有很大的隨機性，泥沙起動臨界條件的定量分析也是很重要及很有意義的，因為它易懂，容易被接受，而且有助於建構推移質輸沙量公式。

8.2　泥沙起動定量分析

在水流中，作用在床面上泥沙顆粒的作用力包含泥沙顆粒在水中的重量 W_s'、水流作用的拖曳力 F_D 及水流作用的上舉力 F_L，如圖 8.1 所示。床面上泥沙滑動的條件為

$$F_D = f_0(W_s' - F_L) \qquad (8.1)$$

其中「等號」為泥沙開始滑動的臨界條件，f_0 為床面上沙粒間的摩擦係數。

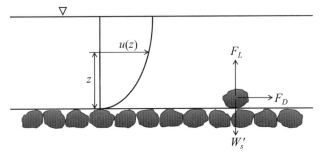

圖 8.1　河床上泥沙受力示意圖

為了簡化分析，假設泥沙顆粒為球狀顆粒，粒徑為 d，水和泥沙的單位重分別為 γ_f 及 γ_s，則所對應之 W_s'、F_D 及 F_L 可以分別表示成

$$W_s' = \left(\gamma_s - \gamma_f\right)\frac{\pi d^3}{6} \qquad (8.2)$$

$$F_D = C_D \cdot \frac{\pi d^2}{4}\frac{\rho_f u_0^2}{2} \qquad (8.3)$$

$$F_L = C_L \cdot \frac{\pi d^2}{4}\frac{\rho_f u_0^2}{2} \qquad (8.4)$$

其中 C_D 及 C_L 分別為阻力係數及上舉力係數，u_0 為作用在床面沙粒上的水

流代表流速。由（8.1）式可得泥沙開始滑動的流速臨界條件 u_c

$$C_D \cdot \frac{\pi d^2}{4} \frac{\rho_f u_c^2}{2} = f_0 \left[\left(\gamma_s - \gamma_f \right) \frac{\pi d^3}{6} - C_L \cdot \frac{\pi d^2}{4} \frac{\rho_f u_c^2}{2} \right] \tag{8.5}$$

整理後得

$$\frac{\rho_f u_c^2}{\left(\gamma_s - \gamma_f \right) d} = \frac{4}{3} \frac{f_0}{\left(C_D + f_0 C_L \right)} \tag{8.6}$$

即在 $u_0 \geq u_c$ 時，泥沙開始滑動。假如水流的流速可以用對數流速分布來描述，例如愛因斯坦對數流速分布，

$$\frac{u}{u_*} = 5.75 \log \frac{30.2 \, z\chi}{k_s} \tag{8.7}$$

其中剪力速度 $u_* = \sqrt{\tau_0 / \rho_f}$，或寫成 $\tau_0 = \rho_f u_*^2$；修正係數 χ 和沙粒雷諾數有關，$\chi = f_1(u_* d / v_f)$；假如河床粗糙厚度 k_s 正比於泥沙代表粒徑，即 $k_s = \alpha_1 d$，而且取 u_0 為 $z = \alpha_2 d$ 處的流速，則

$$u_0 = u(\alpha_2 d) = 5.75 u_* \log \frac{30.2 \alpha_2 \chi}{\alpha_1} = u_* f_2 \left(\frac{u_* d}{v_f} \right) \tag{8.8}$$

有些研究選取 $\alpha_1 \approx 2.0$ 及 $\alpha_2 \approx 1.0$。在泥沙起動臨界條件下

$$u_c = u_{*_c} f_2 \left(\frac{u_{*_c} d}{v_f} \right) \tag{8.9}$$

又

$$\rho_f u_c^2 = \rho_f u_{*_c}^2 f_2\left(\frac{u_{*_c} d}{v_f}\right) = \tau_c f_2\left(\frac{u_{*_c} d}{v_f}\right) \tag{8.10}$$

前述泥沙起動臨界流速條件可以改寫成泥沙起動臨界剪應力條件，即

$$\frac{\tau_c}{(\gamma_s - \gamma_f)d} = \frac{4}{3} \cdot \frac{f_0}{C_D + f_0 C_L} \cdot \frac{1}{\left[f_2(u_{*_c} d / v_f)\right]^2} \tag{8.11}$$

上式中 C_D 及 C_L 均為沙粒雷諾數的函數，因此上式又可簡要改寫成

$$\frac{\tau_c}{(\gamma_s - \gamma_f)d} = f\left(\frac{u_{*_c} d}{v_f}\right) \tag{8.12}$$

上式說明泥沙起動臨界條件下無因次剪應力與沙粒雷諾數有密切之關係。此外，將底床剪應力 τ_0 以剪力速度 u_* 表示，則

$$\frac{\tau_0}{(\gamma_s - \gamma_f)d} = \frac{\gamma_f}{\gamma_s - \gamma_f} \underbrace{\left(\frac{u_*}{\sqrt{gd}}\right)^2}_{\text{沙粒福祿數}} \tag{8.13}$$

上式說明無因次剪應力具有沙粒福祿數的意義。

8.3 泥沙起動臨界剪應力

　　早在 1936 年 Shields 將他的實驗結果點繪在以無因次剪應力為縱軸與以沙粒雷諾數為橫軸的圖紙上，此圖後來經過 Rouse 的增修及推廣使用，已經成為分析泥沙起動及判別沙波形態非常著名的曲線圖，如圖 8.2 所示，簡稱為 Shields 圖或 Shields-Rouse 圖（Shields diagram or Shields-Rouse diagram）。

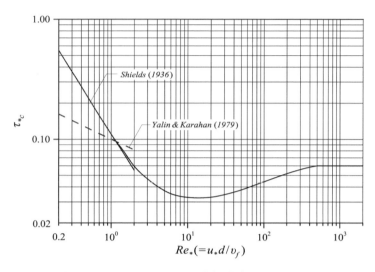

圖 8.2 Shields-Rouse 泥沙起動臨界條件曲線

Shields 圖上的曲線大致上可分區成三部分

$$\begin{cases} \tau_{*_c} \approx 0.11\left(u_*d\,/\,v_f\right)^{-1} & \text{for } u_*d\,/\,v_f < 2 \\ \tau_{*_c} = f\left(u_*d\,/\,v_f\right) & \text{for } 2 \le u_*d\,/\,v_f < 500 \\ \tau_{*_c} \approx 0.06 & \text{for } u_*d\,/\,v_f > 500 \end{cases} \tag{8.14}$$

其中無因次泥沙起動臨界剪應力 τ_{*_c} 為

$$\tau_{*_c} = \frac{\tau_c}{(\gamma_s - \gamma_f)d} \tag{8.15}$$

　　Shields 圖顯示當沙粒雷諾數接近於 10.0 左右時，無因次泥沙起動剪應力最小，此時近壁層流層的厚度與床沙粒徑相當，泥沙最容易起動。後續有很多的學者進行類似之研究，增加大量的實驗資料，對 Shields 圖的曲線進行一些修訂。例如在 $u_*d/v_f < 2.0$ 時，重新整理可以得到

$$\tau_c \approx 0.11 \left(\gamma_s - \gamma_f \right) \frac{v_f}{u_*} \qquad (8.16)$$

上式說明在沙粒雷諾數很小時，泥沙起動臨界剪應力和泥沙粒徑大小無關，這有些奇怪，而且 Shields 並無足夠實驗資料證明上述關係式合理性。土耳其學者 Yalin & Karahan 進行層流條件下的泥沙起動實驗研究，1979 年提出將沙粒雷諾數小於 2.0 之無因次泥沙起動臨界剪應力與沙粒雷諾數之關係修正為

$$\tau_{*_c} = 0.1 \left(\frac{u_* d}{v_f} \right)^{-0.3} \qquad (8.17)$$

即在 $u_* d / v_f < 2.0$ 時泥沙起動剪應力和粒徑關係為

$$\tau_c = 0.1 \left(\gamma_s - \gamma_f \right) \left(\frac{v_f}{u_*} \right)^{0.3} d^{0.7} \qquad (8.18)$$

或寫成另一個經驗式

$$\tau_c = 0.135 \; \rho_f^{0.13} (\gamma_s - \gamma_f)^{0.87} v_f^{0.26} d^{0.61} \qquad (8.19)$$

上式說明在沙粒雷諾數很小時，泥沙起動臨界剪應力和泥沙粒徑的 0.61 次方成正比。也就是說較粗的泥沙需要較大的臨界起動剪應力，才能使泥沙運動。

當 $u_* d / v_f > 500$ 時，Shields 認為無因次泥沙起動臨界剪應力接近 0.06，但 Miller 等人重新整理前人實驗資料認為無因次泥沙起動臨界剪應力接近 0.045；另外 Meyer-Peter 依據自己的實驗資料認為無因次泥沙起動臨界剪應力為 0.047。一般認為在沙粒雷諾數很大時，無因次泥沙起動臨界剪應力的上限為 0.06，而下限為 0.04，即

$$\tau_{*_c} \approx 0.04 \sim 0.06 \tag{8.20}$$

或寫成

$$\tau_c \approx \alpha_c(\gamma_s - \gamma_f)d \tag{8.21}$$

其中比例係數 $\alpha_c = 0.04 \sim 0.06$。上式說明在高沙粒雷諾數時泥沙起動臨界剪應力和泥沙粒徑大小成線性正比。此外，對於非均勻粒徑之泥沙，若以中值粒徑作代表粒徑，它的無因次臨界泥沙起動剪應力比較小一些，大約 $\tau_{*_c} \approx 0.03$（Misri et al., 1984; Wu et al., 2000）。

此外，日本學者 Iwagaki（岩桓）按照無因次粒徑參數 d_* 的大小，將無因次泥沙起動臨界剪應力條件分成五個區段：

$$\tau_{*_c} = \begin{cases} 0.14 & \text{for } d_* \leq 2.14 \\ 0.195d_*^{-7/16} & \text{for } 2.14 < d_* \leq 54.2 \\ 0.034 & \text{for } 54.2 < d_* \leq 162.7 \\ 0.0085d_*^{3/11} & \text{for } 162.7 < d_* \leq 671 \\ 0.05 & \text{for } d_* > 671 \end{cases} \tag{8.22}$$

其中無因次泥沙粒徑參數

$$d_* = (\rho_s / \rho_f - 1)^{1/2} g^{1/2} d^{3/2} / \nu_f \tag{8.23}$$

對於泥沙而言，比重約 2.65，常溫下黏滯度 ν_f 約為 10^{-6} m²/s（或寫成 0.01 cm²/s 或 1 mm²/s），上式可以寫成

$$d_* = \begin{cases} 4.023 \times 10^3 d^{3/2} & \text{for } d \text{ in cm} \\ 127.23\ d^{3/2} & \text{for } d \text{ in mm} \end{cases} \tag{8.24}$$

因此

$$\tau_{*c} = \begin{cases} 0.14 & \text{for } d \le 0.0065 \text{ cm} \\ 0.0052d^{-21/32} & \text{for } 0.0065 < d \le 0.0565 \text{ cm} \\ 0.034 & \text{for } 0.0565 < d \le 0.118 \text{ cm} \\ 0.082d^{9/22} & \text{for } 0.118 < d \le 0.303 \text{ cm} \\ 0.05 & \text{for } d > 0.303 \text{ cm} \end{cases} \quad (8.25)$$

或

$$\tau_{*c} = \begin{cases} 0.14 & \text{for } d \le 0.065 \text{ mm} \\ 0.0234d^{-21/32} & \text{for } 0.065 < d \le 0.565 \text{ mm} \\ 0.034 & \text{for } 0.565 < d \le 1.18 \text{ mm} \\ 0.0319d^{9/22} & \text{for } 1.18 < d \le 3.03 \text{ mm} \\ 0.05 & \text{for } d > 3.03 \text{ mm} \end{cases} \quad (8.26)$$

依據上式可以繪出 Iwagaki（岩桓）無因次泥沙起動臨界剪應力與泥沙粒徑之關係，如圖 8.3 所示。

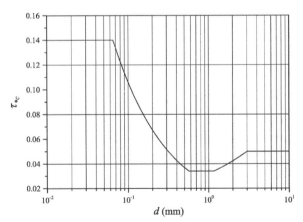

圖 8.3　日本 Iwagaki 泥沙起動臨界應力與粒徑之關係

美國科羅拉多大學教授 Julien 在他 1998 年出版的沖蝕與沉積（Erosion and Sedimentation）專書中提到泥沙安息角及粒徑大小與泥沙起動剪應力之

關係，如下

$$\tau_{*_c} = \begin{cases} 0.5\tan\phi & \text{for } d_{**} \leq 0.3 \\ 0.25d_{**}^{-0.6}\tan\phi & \text{for } 0.3 < d_{**} \leq 19 \\ 0.013d_{**}^{0.4}\tan\phi & \text{for } 19 < d_{**} \leq 50 \\ 0.06\tan\phi & \text{for } d_{**} > 50 \end{cases} \tag{8.27}$$

上式中無因次泥沙粒徑參數 d_{**} 和前述（8.23）式所定義 d_* 之關係為

$$d_{**} = [(\rho_s / \rho_f - 1)^{1/3} g^{1/3} / v_f^{2/3}]d = d_*^{2/3} \tag{8.28}$$

美國加州理工學院 Brownlie（1981）曾經用上述參數建立 Shields 曲線之經驗關係式如下：

$$\tau_{*_c} = 0.22d_{**}^{-0.66} + 0.66 \times 10^{-7.7d_{**}^{-0.6}} \tag{8.29}$$

對於泥沙而言，比重約 2.65，常溫下 v_f 約為 1.0 mm²/s，上式可以寫成 d_{**} = 25.03d（d in mm）。因此將此關係代入（8.27）式得到下列關係式

$$\tau_{*_c} = \begin{cases} 0.5\tan\phi & \text{for } d \leq 0.012 \text{ mm} \\ 0.035d^{-0.6}\tan\phi & \text{for } 0.012 < d \leq 0.75 \text{ mm} \\ 0.046d^{0.4}\tan\phi & \text{for } 0.75 < d \leq 1.97 \text{ mm} \\ 0.06\tan\phi & \text{for } d > 1.97 \text{ mm} \end{cases} \tag{8.30}$$

表 8.1 列出不同泥沙粒徑 d 及安息角 ϕ 對應之泥沙起動剪應力。從表中可以看出無因次臨界剪應力 τ_{*_c} 的最小值大約發生在粒徑 d = 1.0 mm。粒徑大於 1.0 mm，τ_{*_c} 隨粒徑增加而減小；反之，粒徑小於 1.0 mm，τ_{*_c} 隨粒徑減小而增加。雖然如此，若以有因次的臨界剪應力 τ_c 來看，粒徑愈大所需要的臨界剪應力愈大。

表 8.1　非黏性泥沙起動臨界剪應力與粒徑大小關係參考表

泥沙分類	最小粒徑 d (mm)	安息角 ϕ （度）	無因次臨界剪應力 τ_{*c}	臨界剪應力 τ_c (Pa)
卵石（Cobble）				
粗卵石	128	42	0.054	111.9
細卵石	64	41	0.052	53.9
礫石（Gravel）				
非常粗礫石	32	40	0.050	25.9
粗礫石	16	38	0.047	12.2
中礫石	8	36	0.044	5.70
細礫石	4	35	0.042	2.72
非常細礫石	2	33	0.039	1.26
沙（Sand）				
非常粗沙	1	32	0.029	0.469
粗沙	0.5	31	0.032	0.259
中沙	0.25	30	0.046	0.186
細沙	0.125	30	0.070	0.142
非常細沙	0.0625	30	0.107	0.108
粉沙（Silt）				
粗粉沙	0.031	30	0.162	0.081
中粉沙	0.016	30	0.242	0.063

（剪應力單位：Pa = N/m^2 = kg/m-s^2。）

8.4　泥沙起動臨界水流速度

　　由於渠道內流速場和剪力場之間存在著一定的關係，所以知道了泥沙起動剪應力 τ_c 就可以推求臨界起動流速 U_c。渠槽斷面平均對數流速公式：

$$U = 5.75u_* \log\left(\frac{12.27R\chi}{k_s}\right) = 5.75\sqrt{\frac{\tau_0}{\rho_f}}\log\left(\frac{12.27R\chi}{k_s}\right) \qquad (8.31)$$

泥沙起動臨界剪應力代入上式流速公式後可得泥沙起動臨界流速關係式

$$\frac{U_c}{\sqrt{(G_s-1)gd}} = 5.75\sqrt{f_1\left(\frac{u_*d}{v_f}\right)}\log\left(\frac{12.27R\chi}{k_s}\right) = f_2\left(\frac{u_*d}{v_f},\frac{R}{k_s}\right) \tag{8.32}$$

對於天然泥沙而言，泥沙比重 $G_s \doteqdot 2.65$，且當 $u_*d/v_f > 10$ 以後，$f_1(u_*d/v_f)$ $\approx 0.03 \sim 0.06$ 之間，所以

$$\frac{U_c}{\sqrt{(G_s-1)gd}} = (1.0\sim1.4)\log\left(\frac{12.27R\chi}{k_s}\right) \tag{8.33}$$

或

$$\frac{U_c}{\sqrt{gd}} = (1.28\sim1.79)\log\left(\frac{12.27R\chi}{k_s}\right) \tag{8.34}$$

在錢寧及萬兆惠的教科書中也列舉一些前蘇聯學者的著名經驗公式，例如 1962 年崗恰洛夫（Goncharov）泥沙起動臨界流速關係式，

$$\frac{U_c}{\sqrt{(G_s-1)gd}} = 1.07\log\left(\frac{8.8h}{d}\right) \tag{8.35}$$

1962 年前蘇聯學者列維（Levy）公式

$$\frac{U_c}{\sqrt{gd}} = \begin{cases} 1.40\ \log\left(\dfrac{12R}{d_{90}}\right) & \text{for } 10<\dfrac{R}{d_{90}}<40 \\[3mm] 1.04+0.87\ \log\left(\dfrac{10R}{d_{90}}\right) & \text{for } \dfrac{R}{d_{90}}>60 \end{cases} \tag{8.36}$$

如果流速分布採用冪定律分布公式（Power-law distribution）

$$\frac{u}{u_*} = a\left(\frac{z}{z_0}\right)^m \tag{8.37}$$

其中 a 為係數，m 為指數，光滑渠床參考高度 $z_0 = v_f / (9u_*)$，粗糙渠床參考高度 $z_0 = k_s / 30$。平均流速可以寫成

$$\frac{U}{u_*} = \frac{a}{m+1}\left(\frac{h}{z_0}\right)^m \tag{8.38}$$

因此對於粗糙渠床水流的平均流速

$$U = \frac{a}{m+1}(30)^m \cdot \left(\frac{h}{k_s}\right)^m u_* \tag{8.39}$$

將泥沙起動臨界剪應力關係式代入上式可得

$$\frac{U_c}{\sqrt{(G_s-1)gd}} = \frac{a(30)^m}{m+1}\sqrt{f_1\left(\frac{u_*d}{v_f}\right)} \cdot \left(\frac{h}{k_s}\right)^m \tag{8.40}$$

對於粗糙渠床，若取 $a = 5.325$，$m = 1/6$，則

$$\frac{U_c}{\sqrt{(G_s-1)gd}} = 8.05\sqrt{f_1\left(\frac{u_*d}{v_f}\right)} \cdot \left(\frac{h}{k_s}\right)^{1/6} \tag{8.41}$$

對於一般泥沙，$f_1(u_*d/v_f) = 0.03 \sim 0.06$，上式可得

$$\frac{U_c}{\sqrt{gd}} = (1.79 \sim 2.53)\left(\frac{h}{k_s}\right)^{1/6} \tag{8.42}$$

一般假設 $k_s = \alpha_1 d$，所以

$$\frac{U_c}{\sqrt{gd}} = \frac{(1.79 \sim 2.53)}{\alpha_1^{1/6}}\left(\frac{h}{d}\right)^{1/6} \tag{8.43}$$

或寫成

$$U_c = (1.79 \sim 2.53)\alpha_1^{-1/6} g^{1/2} h^{1/6} d^{1/3} \qquad (8.44)$$

例如 1952 年前蘇聯學者沙莫夫（Shamov）建議

$$\frac{U_c}{\sqrt{gd}} = 1.47 \left(\frac{h}{d}\right)^{1/6} \qquad (8.45)$$

1968 年加拿大學者 Neill 建議

$$\frac{U_c}{\sqrt{(G_s - 1)gd}} = 1.414 \left(\frac{h}{d}\right)^{1/6} \qquad (8.46)$$

或寫成

$$\frac{U_c}{\sqrt{gd}} = 1.82 \left(\frac{h}{d}\right)^{1/6} \qquad (8.47)$$

另外，1970 年印度學者 Garde 建議

$$\frac{U_c}{\sqrt{(G_s - 1)gd}} = 1.63 + 0.50 \log\left(\frac{h}{d}\right) \qquad (8.48)$$

我國旅美學者楊志達博士（Dr. Yang, C.T.）收集 153 組試驗資料，並以沙粒沉降速度 ω_0 為無因次化參數，於 1973 年提出無因次化泥沙起動臨界流速之經驗關係式為

$$\frac{U_c}{\omega_0} = \begin{cases} 0.66 + \dfrac{2.5}{\log\left(u_* d / v_f\right) - 0.06} & \text{for } 1.2 < \dfrac{u_* d}{v_f} < 70 \\[4mm] 2.05 & \text{for } \dfrac{u_* d}{v_f} \geq 70 \end{cases} \quad (8.49)$$

上式繪於圖 8.4，從圖中可以看出楊志達公式最大的特色在於將起動流速 U_c 和沙粒沉降速度 ω_0 連繫起來，而且對於粗顆粒泥沙而言，泥沙起動流速大約為泥沙沉降速度的 2 倍。

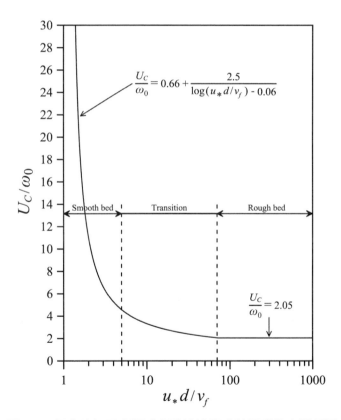

圖 8.4　**楊志達無因次泥沙起動流速和沙粒雷諾數之關係圖**

Lane 認為泥沙起動臨界剪應力和沙粒粒徑有關，他依據大量的現場觀測資料得到不同泥沙的起動臨界剪應力，並點繪在同一張圖上。Lane 資料

顯示在相似的條件之下，清水時的臨界剪應力明顯低於渾水時的臨界剪應力，此表在清水時河床較易被沖刷。Lane 的泥沙的起動臨界剪應力圖非常有利於穩定河床之設計。

習題

習題 8.1

已知五種泥沙粒徑分別為 $d = 0.01$ mm、0.1 mm、1 mm、10 mm 及 100 mm，泥沙比重為 2.65，水溫為 20℃，試估算各種泥沙粒徑對應之泥沙起動臨界剪應力 τ_c（kg/m^2）。

習題 8.2

已知有一矩形渠道，寬度 $B = 3$ m，底床坡度 $S = 0.001$，均勻床沙，床沙粒徑 $d = 4.5$ mm，曼寧係數 $n = 0.025$，設計流量 $Q = 2.0$ cms，水溫為 20℃，試評估在此設計流量下床沙是否會被水流起動？

名人介紹

甘迺迪　教授

　　國際知名水利工程學教授約翰・甘迺迪教授（John F. Kennedy），和美國第 35 任總統同名，1933 年出生於美國新墨西哥州，1955 年畢業於美國印度安納州聖母大學（University of Notre Dame），1960 年在加州理工學院取得博士學位後，1961 年到麻省工學院任教，1966 年接替 Hunter Rouse 擔任愛荷華大學水工試驗室主任（Iowa Institute of Hydraulic Research）。除了傑出的學術研究之外，他更是一位傑出的領導者，長期領導愛荷華大學水工試驗室直到他過世為止，時間長達二十五年。他積極推動水利工程研究與實務應用之整合，擁有跌水豎井（Drop shaft）設計及沉沒式導流片（Submerged vane）兩項著名的專利。甘迺迪教授也積極參加國際水理協會（IAHR）的學術活動，曾經擔任該協會理事長（1981～1985），致力於國際學術研究與實務應用之交流，充分展現他的組織能力、遠見、溝通技巧及領導能力。可惜，他於 1991 年癌症去世，英年早逝，享年五十七歲。他即使生病也沒有減少工作量，甚至更辛勤的工作；他常引用著名女詩人埃德娜・聖文森特・米萊（Edna St. Vincent Millay）的一首詩《第一顆無花果》（First Fig）：我的蠟燭兩頭燃燒，天亮之前就要熄滅；可是呵，我的敵人，我的朋友——燭光閃爍多麼可愛！（My candle burns at both ends; It will not last the night; But ah, my foes, and oh, my friends--It gives a lovely light!）他熱愛河道泥沙運移之研究，最著名的代表作是《沖積河床沙丘形成之機制》（The mechanics of dunes and antidunes in erodible-bed channels, *Journal of Fluid Mechanics*, 1963; The formation of sediment ripples, dunes and antidunes, *Annual Review of Fluid mechanics*, 1969）。

參考文獻及延伸閱讀

1. 吳健民（1991）：泥沙運移學，中國土木水利工程學會。

2. 錢寧、萬兆惠（1991）：泥沙運動力學，科學出版社。

3. Beheshti A.A. and Ataie-Ashtiani B. (2008): Analysis of threshold and incipient conditions for sediment movement. Coastal Engineering, Vol. 55, 423-430.

4. Dey, S. (1999): Sediment threshold. Applied Mathematical Modelling, Vol.23, 399-417.

5. Garde, R. J. and Ranga Raju, K. G. (1985): Mechanics of Sediment Transportation and Alluvial Stream Problems. John Wiley & Sons, New York.

6. Iwagaki, Y. (1956): Fundamental Study on Critical Tractive Force. Transactions of the Japan Society of Civil Engineer, Vol.41, 1-21 (in Japanese).

7. Julien, P.Y. (1998): Erosion and Sedimentation. Cambridge University Press.

8. Misri, R.L., Garde, R.J. and Ranga Raju, K.G. (1984): Bed load transport of coarse non-uniform sediment. Journal of Hydraulic Engineering, ASCE, Vol. 110, 312-328.

9. Neill, C.R. (1968): Note on initial movement of coarse uniform material. Journal of Hudraulic Research, Vol. 6(2), 173-176.

10. Wu, F.C.（吳富春）and Chou, Y.J. (2003): Rolling and lifting probabilities for sediment entrainment. *Journal of Hydraulic Engineering*, ASCE, 129(2):110-119.

11. Wu, W.M.（吳偉明）, Wang, S.Y. and Jia, Y. (2000): Nonuniform sediment transport in alluvial rivers. Journal of Hydraulic Research, Vol. 38(6), 427-434.

12. Yang, C.T.（楊志達）(1977): The movement of sediment in rivers. Geophysical Surveys, Vol. 3, 39-68.

Chapter *9*

推移載分析

推移載，又稱河床載（Bed load），是指在河床面上的泥沙以滾動（Rolling）、滑動（Sliding）或跳躍（Saltation）方式運動的輸沙量。早在十九世紀末期，1879 年，法國科學家 DuBoys 首先以拖曳力建立推移質泥沙輸沙公式，自此以後，有相當多的類似公式產生，但他們的理論基礎有些不盡相同。主要的推移載泥沙輸沙公式大致上有下列幾種：(1) 以大量的實驗資料為基礎而建立起來的推移載公式，例如：Meyer-Peter 公式、Schoklitsch 公式；(2) 根據普通物理學的基本概念，透過力學分析而建立之推移質輸沙公式，例如 Bagnold 公式；(3) 採用機率論及力學分析的結合而建立起來的推移質輸沙理論，例如 Einstein 公式；(4) 以 Einstein 或 Bagnold 的某些概念為基礎，輔以因次分析及實測資料而推得之推移質輸沙理論，例如 Engelund 公式、Yalin 公式、AcKers-White 公式。本章將簡要說明一些重要的公式。

9.1 DuBoys 輸沙公式

錢寧 & 萬兆惠（1991）泥沙專業教科書所述，1879 年 DuBoys 提出計算推移載輸沙公式，他考量水流作用下，當流速大於臨界條件時，泥沙以推移載方式運動，可運動的泥沙厚度為 h_s。他將床面上可運動的泥沙分為 n 層，每一層的高度為 $\Delta h_s = h_s/n$，層與層之間的摩擦係數為 C_f，水流作用在床面上單位面積的拖曳力以剪應力表示為 τ_0，如圖 9.1 所示。

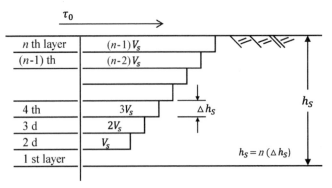

圖 9.1　DuBoys 推移載輸沙模式示意圖

在平衡狀態，水流在床面上的拖曳力與可運動泥沙土層的摩擦力相平衡，即

$$\tau_0 = C_f n (\Delta h_s)(\gamma_s - \gamma) \tag{9.1}$$

將泥沙起動條件 $\tau = \tau_c$ 定為只有一層泥沙土層會移動，即取 $n = 1$，

$$\tau_c = C_f (\Delta h_s)(\gamma_s - \gamma) \tag{9.2}$$

因此

$$\tau_0 = n\tau_c \tag{9.3}$$

即當 $\tau_0 > \tau_c$ 時，河床上泥沙可移動的層數為 $n = \tau_0/\tau_c$，n 取整數。DuBoys 假設每層的泥沙運動速度成線性遞減，如圖 9.1 所示，並假設單位寬度推移載輸沙量 q_{bv} 等於各層單位寬度推移載輸沙量的總和，即

$$
\begin{aligned}
q_{bv} &= \Delta h_s \left[V_s + 2V_s + 3V_s + \ldots\ldots + (n-1)V_s \right] \\
&= \Delta h_s V_s \cdot \frac{n(n-1)}{2} = \underbrace{(n\Delta h_s)}_{\text{泥沙可移動厚度}} \cdot \underbrace{\frac{(n-1)V_s}{2}}_{\text{平均泥沙移動速度}}
\end{aligned}
\tag{9.4}
$$

又如前所述，$n = \tau_0/\tau_c$，代入上式可得

$$q_{bv} = \frac{\Delta h_s V_s}{2\tau_c^2} \tau_0 (\tau_0 - \tau_c) = K_D \tau_0 (\tau_0 - \tau_c) \tag{9.5}$$

此即為著名的 DuBoys 推移載輸沙公式，其中 DuBoys 輸沙係數 K_D 為

$$K_D = \frac{\Delta h_s V_s}{2\tau_c^2} \tag{9.6}$$

依據前人的室內小型水槽實驗所得到的資料，1935 年 Straub 提出

DuBoys 輸沙係數 K_D 與臨界剪應力 τ_c 及泥沙粒徑 d 之關係，如表 9.1 或圖 9.2 所示。輸沙係數 K_D 與粒徑 d 成反比，粒徑愈大，K_D 愈小；它們的迴歸關係式為

$$K_D = \begin{cases} \dfrac{0.173}{d^{3/4}} & (K_D \text{ in ft}^6/\text{lb}^2\text{-s}, d \text{ in mm}) \\[2mm] \dfrac{6.74 \times 10^{-4}}{d^{3/4}} & (K_D \text{ in m}^6/\text{kg}^2\text{-s}, d \text{ in mm}) \\[2mm] \dfrac{7.01 \times 10^{-6}}{d^{3/4}} & (K_D \text{ in m}^6/\text{N}^2\text{-s}, d \text{ in mm}) \end{cases} \qquad (9.7)$$

表 9.1 顯示臨界剪應力 τ_c 與粒徑 d 成正比，粒徑愈大，τ_c 愈大。如果將泥沙起動剪應力以無因次表示為 $\tau_{*c} = \tau_c/[(\gamma_s - \gamma_f)d]$，即以 Shields 參數表示，表 9.1 中也顯示 τ_{*c} 與粒徑 d 成反比，粒徑愈大，τ_{*c} 愈小。粒徑 $d = 0.125 \sim 4.0$ mm 所對應之 $\tau_{*c} = 0.378 \sim 0.067$，比一般的無因次泥沙起動剪應力高出許多。

表 9.1　DuBoys 係數 K_D 與剪應力 τ_c 及泥沙粒徑 d 之關係

粒徑 d (mm)	1/8	1/4	1/2	1	2	4
K_D (ft^6/lb^2-s)	0.823	0.489	0.291	0.173	0.103	0.061
$K_D \times 10^4$ (m^6/kg^2-s)	32.06	19.06	11.34	6.74	4.01	2.38
$K_D \times 10^6$ (m^6/N^2-s)	33.35	19.83	11.79	7.01	4.17	2.48
τ_c (lb/ft^2)	0.016	0.017	0.022	0.032	0.051	0.090
τ_c (kg/m^2) (τ_{*c})	0.078 (0.378)	0.083 (0.201)	0.107 (0.130)	0.156 (0.095)	0.249 (0.075)	0.439 (0.067)
τ_c (N/m^2)	0.765	0.814	1.050	1.530	2.443	4.307

單位換算：1 ft = 0.3048 m；1 lb = 0.4536 kg；1 kg = 9.81 N。
無因次泥沙起動剪應力 $\tau_{*c} = \tau_c/[(\gamma_s - \gamma_f)d] = \tau_c/(1.65d)$（$\tau_c$：kg/m^2；$d$：mm）。

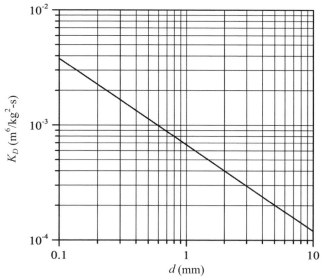

圖 9.2　DuBoys 輸沙係數 K_D 與泥沙粒徑 d 之關係

　　DuBoys 公式說明當 $\tau_0 > \tau_c$ 時，輸沙量 q_{bv} 和（$\tau_0 - \tau_c$）成正比。Scholitsch 在 1914 年由實驗觀察資料指出，雖然 DuBoys 推移載滑動層的概念是有問題的，但是他的輸沙公式與實驗觀察資料有相當吻合程度。後來學者將下列形式的公式統稱為 DuBoys 形式（DuBoys-type）的輸沙公式

$$q_{bv} = K_{D*}\left(\tau_0 - \tau_c\right)^{m_*} \tag{9.8}$$

其中係數 K_{D*} 及指數 m_* 與泥沙粒徑有關。

9.2　Shields 推移載輸沙公式

　　1936 年 Shields 依據他自己的室內水槽實驗資料，實驗在寬度為 40 cm 及 80 cm 的水槽內進行，實驗用來模擬泥沙的粒狀材料比重 G 介於 1.06～4.25 之間，粒徑範圍在 1.56～2.47 mm 之間，除了透過實驗觀察說明渠床泥沙運動情形及沙床形態之外，也依據實驗結果建立一條推移載輸沙公式。

$$\frac{\gamma_s q_{bv}}{\gamma_f qS} = 10\frac{\tau_0 - \tau_c}{(\gamma_s - \gamma_f)d} \qquad (9.9)$$

其中 q 為單位寬度流量。在形式上 Shields 推移載輸沙公式與 Duboys-type 輸沙公式相似。Shields 輸沙公式好處之一是在方程式左右兩邊的單位一致，而且是無因次單位。

例題 9.1

已知一矩形寬渠，底部寬度 $B = 10$ m，底床坡度 $S = 0.0004$，水深 $h = 1.0$ m，平均流速 $U = 0.8$ m/s，渠床泥沙 $d_{50} = 0.5$ mm，$d_{90} = 1.0$ mm，試用 Duboys 公式及 Shields 公式推估河床載輸沙量。

答：

$K_D = 6.74 \times 10^{-4} / d^{3/4} = 6.74 \times 10^{-4} / 0.5^{3/4} = 1.134 \times 10^{-3}$ m⁶/kg²-s

$\tau_c = 0.047(\gamma_s - \gamma_f)d = 0.047 \times 1,650 \times 0.0005 = 0.039$ kg/m² ；

$\tau_0 = \gamma_f RS = 1,000 \times 0.833 \times 0.0004 = 0.332$ kg/m² ；

$(\tau_0 - \tau_c) = 0.293$ kg/m²。流量 $q = Uh = 0.8 \times 1 = 0.8$ m²/s。

(1) 用 Duboys 公式：$q_{bw} = \gamma_s K_D \tau_0 (\tau_0 - \tau_c)$

$q_{bw} = 2,650 \times 1.134 \times 10^{-3} \times 0.332 \times 0.293 = 0.2923$ kg/m-s

(2) 用 Shields 公式：$q_{bw} = 10[\gamma_s/(\gamma_s - \gamma_f)][qS(\tau_0 - \tau_c)]/d$

$q_{bw} = (10/1.65)(0.8 \times 0.0004 \times 0.293)/0.0005 = 1.136$ kg/m-s

就本題而言，Shields 公式所得輸沙量約 3.9 倍大於用 Duboys 公式之計算結果。因此要注意，不同輸沙公式的計算結果可能會有很大之差異。

9.3 Meyer-Peter 推移載輸沙公式

⧗ 9.3.1 1934 年推移載公式

以大量的實驗資料為基礎，Meyer-Peter 的研究團隊從相似律的觀點

出發，建立起推移質運動的輸沙經驗公式，然後再逐次取得更多的實驗資料，修正得到較為完善之推移載輸沙經驗公式。早在 1934 年 Meyer-Peter 他們就依據均勻粗沙（粒徑大於 3 mm，小於 28 mm，比重約 2.65）的實驗結果提出推移載的輸沙經驗公式

$$\frac{\left(\gamma_f q\right)^{2/3} S}{d} = a_1 + b_1 \frac{q_{bw*}^{2/3}}{d} \tag{9.10}$$

其中 q 為單位寬度之流量，$q = UR_b$；R_b 為與河床阻力有關的水力半徑，即分離邊壁水力半徑後所對應之河床水力半徑；對寬渠而言，可取 $q = Uh$；S 為渠槽坡度；q_{bw*} 為推移載質單位寬度之輸沙率（以水下重量計）。上式中泥沙粒徑 d 的單位為 m；單位寬度水流量 q 的單位為 m^2/s；經驗常數 a_1 及 b_1 在公制單位（公斤—公尺—秒）時，分別為 $a_1 = 17$，$b_1 = 0.5485$。因此在 SI 公制時，上式可以寫成

$$q_{bw} = \left(250 q^{2/3} S - 42.5 d\right)^{3/2} \tag{9.11}$$
$$(q_{bw} \text{ in kg/m-s}, q \text{ in } m^2/s, d \text{ in m})$$

上式中 q_{bw} 為乾重推移質輸沙量（kg/m-s），它和水中重推移質輸沙量 q_{bw*} 之關係為 $q_{bw*} = (1 - \gamma_f/\gamma_s)q_{bw} \approx 0.623 q_{bw}$。由（9.10）式可知泥沙起動條件為

$$\left.\frac{\left(\gamma_f q\right)^{2/3} S}{d}\right|_c = 17 \tag{9.12}$$

因此在已知 $\gamma_f = 1,000 \text{ kg/m}^3$ 及泥沙粒徑與渠床坡度時，泥沙起動臨界單位寬度的流量為 $q_c = 0.07(d/S)^{3/2}$（單元 q_c：m^2/s；d：m）；或在已知水流條件下，避免河床沖刷，泥沙粒徑必須大於臨界起動泥沙粒徑 $d_c = 5.882 q^{2/3} S$（單位 q：m^2/s；d_c：m）。另外，要注意，Meyer-Peter 1934 年公式較適用於河床比較陡而且具有較粗的泥沙，因為它是依據泥沙粒徑 3～28 mm 的試驗結果而建立的；坡度較緩時，使用 Meyer-Peter 1934 年公式計算結果會有偏小現象。

例題 9.2

已知一條矩形渠道水槽，底部寬度 $B = 7.5$ m，底床坡度 $S = 0.008$，試回答下列問題：

(1) 假如水深 $h = 0.6$ m，平均流速 $U = 1.8$ m/s，渠床泥沙 $d_{50} = 0.022$ m，用 Meyer-Peter 1934 年公式推估河床載輸沙量及泥沙起動臨界流量 q_c；

(2) 按前述條件，試分別用 Duboys 及 Shields 公式推估河床載輸沙量。

(3) 假如單位寬度流量 $q = 2.0$ m²/s，用 Meyer-Peter 1934 年公式推估臨界起動泥沙粒徑 d_c。

答：

(1) 單位寬度流量 $q = Uh = 1.8 \times 0.6 = 1.08$ m²/s；

· 用 Meyer-Peter 1934 年公式：$q_{bw} = (250q^{2/3}S - 42.5d)^{3/2}$

　$q_{bw} = (250 \times 1.08^{2/3} \times 0.08 - 42.5 \times 0.022)^{3/2} = 1.266$ kg/m-s

　輸沙量 $Q_{bw} = q_{bw}B = 1.266 \times 7.5 = 9.56$ kg/s。

　泥沙起動臨界單位寬度的流量為

　$q_c = 0.07 \times (0.022/0.008)^{3/2} = 0.319$ m²/s；$Q_c = Bq_c = 3.19$ cms。

(2) 試用 Duboys 公式及 Shields 公式推估河床載輸沙量：

　$K_D = 6.74 \times 10^{-4}/22^{3/4} = 6.74 \times 10^{-4}/22^{3/4} = 6.635 \times 10^{-5}$ m⁶/kg²-s

　$\tau_c = 0.047(\gamma_s - \gamma_f)d = 0.047 \times 1{,}650 \times 0.022 = 1.706$ kg/m²；

　$\tau_0 = \gamma_f RS = 1{,}000 \times (7.5 \times 0.6)/8.7 \times 0.008 = 4.138$ kg/m²

· 用 Duboys 公式：$q_{bw} = \gamma_s K_D \tau_0(\tau_0 - \tau_c)$；

　$(\tau_0 - \tau_c) = 2.432$ kg/m²

　$q_{bw} = 2{,}650 \times 6.635 \times 10^{-5} \times 4.138 \times 2.432 = 1.769$ kg/m-s

　輸沙量 $Q_{bw} = q_{bw}B = 1.769 \times 7.5 = 13.27$ kg/s

· 用 Shields 公式：$q_{bw} = 10[\gamma_s/(\gamma_s - \gamma_f)][qS(\tau_0 - \tau_c)]/d$

　$q_{bw} = (10/1.65)(1.08 \times 0.008 \times 2.432)/0.022 = 5.79$ kg/m-s

　$Q_{bw} = q_{bw}B = 5.79 \times 7.5 = 43.43$ kg/s

就本題而言，Shields 公式所得輸沙量最大，約 3.3 倍大於 Duboys 公式計算結果，4.5 倍大於 Meyer-Peter 1934 年公式計算結果。

(3) 臨界起動泥沙粒徑：

$$d_c = 5.882q^{2/3}S = 5.882 \times 22/3 \times 0.008 = 0.075 \text{ m} 。$$

9.3.2　1948 年推移載公式

幾年後 Meyer-Peter & Müller（1948）他們後來又進行更多的試驗，增大泥沙粒徑範圍、坡度條件、試驗泥沙比重等等，他們發現泥沙起動條件中的常數 a_1 會隨坡度 S 而變化。後來又發現，試驗泥沙粒徑較小時，會有沙波出現。當渠床面出現沙波時，原先的輸沙公式計算出的輸沙量普遍偏大了一些，這反映對泥沙運動起作用的不是全部的拖曳力，需要扣除形狀阻力對輸沙量計算的影響。1948 年他們提出修訂公式（簡稱 Meyer-Peter & Müller 或 Meyer-Peter 1948 年公式）為

$$\left(\frac{n_{bs}}{n_b}\right)^{3/2} \frac{\gamma_f R_b S}{(\gamma_s - \gamma_f)d} = 0.047 + 0.25\left(\frac{\gamma_f}{g}\right)^{1/3}\left(\frac{q_{bw}}{\gamma_s}\right)^{2/3}\frac{1}{(\gamma_s - \gamma_f)^{1/3}d} \quad （9.13(a)）$$

其中 n_{bs} 為對應於河床泥沙顆粒表面阻力之曼寧係數（Grain roughness），n_b 為對應於河床總阻力之曼寧係數（Total roughness）；q_{bw} 為乾重推移質輸沙量，它和水中重的推移質輸沙量 q_{bw*} 之關係為 $q_{bw*} = [(\gamma_s - \gamma_f)/\gamma_s]q_{bw}$，所以上式也可以改寫成

$$\left(\frac{n_{bs}}{n_b}\right)^{3/2} \frac{\gamma_f R_b S}{(\gamma_s - \gamma_f)d} = 0.047 + 0.25\left(\frac{\gamma_f}{g}\right)^{1/3}\frac{q_{bw*}^{2/3}}{(\gamma_s - \gamma_f)d} \quad （9.13(b)）$$

假如泥沙比重 $G = 2.65$，$\gamma_s = 2,650 \text{ kg/m}^3$，$\gamma_f = 1,000 \text{ kg/m}^3$，則

$$\left(\frac{n_{bs}}{n_b}\right)^{3/2} \frac{R_b S}{1.65 \times d} = 0.047 + \left(\frac{5.161 \times 10^{-4}}{d}\right)q_{bw}^{2/3} \quad （9.14(a)）$$

$$\left(\frac{n_{bs}}{n_b}\right)^{3/2} \frac{R_b S}{1.65 \times d} = 0.047 + \left(\frac{7.078 \times 10^{-4}}{d}\right) q_{bw*}^{2/3} \qquad (9.14(b))$$

其中 n_{bs} 可由 Manning-Strickler 公式來計算，例如：

$$n_{bs} = \frac{d_{90}^{1/6}}{26} \quad (d_{90} \text{ in m}) \quad 或 \quad n_{bs} = 0.0122 d_{90}^{1/6} \ (d_{90} \text{ in mm}) \qquad (9.15(a))$$

$$n_{bs} = \frac{d_{50}^{1/6}}{21.1} \quad (d_{50} \text{ in m}) \quad 或 \quad n_{bs} = 0.0150 d_{50}^{1/6} \ (d_{50} \text{ in mm}) \qquad (9.15(b))$$

可由專業判斷或曼寧公式反推算求出對應於河床總阻力之曼寧係數 n_b，即

$$n_b = \frac{R_b^{2/3} S^{1/2}}{U} \qquad (9.16)$$

或是由已知全斷面曼寧係數 n 及河岸曼寧係數 n_w，再透過公式計算出對應於河床總阻力之曼寧係數 n_b，例如梯形渠道

$$n_b = n\left(1 + \frac{2h\sqrt{1+z^2}}{B}\left(1 - \left(\frac{n_w}{n}\right)^{3/2}\right)\right)^{3/2} \qquad (9.17)$$

（渠寬 B，水深 h，岸坡 z）

上式渠道岸坡參數（水平垂直比）$z = 0$ 時，恰為矩形斷面渠道。

由水流作用在渠床上的剪應力 $\tau_0 = \gamma_f R_b S$，以及引入下列 2 個無因次參數到公式（9.13）中，

$$\tau_* = \frac{\gamma_f R_b S}{(\gamma_s - \gamma_f)d} = \frac{\tau_0}{(\gamma_s - \gamma_f)d} \qquad (9.18)$$

$$\phi = \left(\frac{\rho_f^{1/3} q_{bw*}^{2/3}}{(\gamma_s - \gamma_f)d}\right)^{3/2} = \frac{\rho_f^{1/2} q_{bw*}}{[(\gamma_s - \gamma_f)d]^{3/2}} = \frac{q_{bw}}{\gamma_s}\sqrt{\frac{\gamma_f}{\gamma_s - \gamma_f} \cdot \frac{1}{gd^3}} \qquad (9.19)$$

可將原先的（9.13）式簡潔的表示成

$$\left(\frac{n_{bs}}{n_b}\right)^{3/2}\tau_* = 0.047 + 0.25\phi^{2/3} \qquad (9.20(a))$$

或寫成

$$\tau'_* = 0.047 + 0.25\phi^{2/3} \qquad (9.20(b))$$

其中 $\tau'_* = (n_{bs}/n_b)^{2/3}\tau_* = $ 無因次有效剪應力。

$$\phi = 8\left[\left(\frac{n_{bs}}{n_b}\right)^{3/2}\tau_* - 0.047\right]^{3/2} \qquad (9.21(a))$$

或簡潔寫成

$$\phi = 8[\tau'_* - \tau'_{*c}]^{3/2} \qquad (9.21(b))$$

其中 $\tau'_{*c} = [(n_{bs}/n_b)^{3/2}\tau_c]/[(\gamma_s - \gamma_f)gd] = 0.047 = $ 無因次臨界有效剪應力。

$$q_{bw*} = \frac{8(n_{bs}/n_b)}{\sqrt{\gamma_f/g}}\left(\tau_0 - \tau_c\right)^{3/2} \qquad (9.22(a))$$

上式之輸沙量 q_{bw*} 是以水中的重量計算，其單位為 kg/m-s。若改以體積計算時，

$$q_{bv} = \frac{8(n_{bs}/n_b)}{\sqrt{\gamma_f/g}(\gamma_s - \gamma_f)}\left(\tau_0 - \tau_c\right)^{3/2} \qquad (9.22(b))$$

以無因次表示時，

$$\frac{q_{bv}}{\sqrt{(G-1)gd^3}} = 8(\frac{n_{bs}}{n_b})\left(\tau_* - \tau_{*c}\right)^{3/2} \qquad (9.22(c))$$

其中，$q_{bv} = q_{bw}/\gamma_s = q_{bw*}/(\gamma_s - \gamma_f)$ = 以體積計算之單位寬度推移質輸沙量。輸沙量 q_{bv} 的單位為 m^2/s。泥沙起動臨界剪應力 τ_c 為

$$\tau_c = 0.047[(\gamma_s - \gamma_f)d](n_b/n_{bs})^{3/2} \qquad (9.23)$$

一般情況，曼寧係數比值 n_{bs}/n_b 介於 0.5～1.0 之間。如果沒有特別去區隔曼寧係數 n_b 和 n_{bs} 之差異的話，有時為了簡便，如果直接假設 $n_{bs} = n_b$，則

$$\tau_c = 0.047 + 0.25\phi^{2/3} \qquad (9.24)$$

或

$$\phi = 8[\tau_* - 0.047]^{3/2} \qquad (9.25)$$

或

$$q_{bw*} = \frac{8}{\sqrt{\gamma_f / g}}(\tau_0 - \tau_c)^{3/2} \qquad (9.26(a))$$

若泥沙比重 $G = 2.65$，以體積計算之單位寬度推移質輸沙量為

$$q_{bv} = \frac{q_{bw*}}{\gamma_s(1-1/G)} = \frac{12.85}{\gamma_s\sqrt{\gamma_f / g}}(\tau_0 - \tau_c)^{3/2} \qquad (9.26(b))$$

及

$$\tau_c = 0.047[(\gamma_s - \gamma_f)d] \quad \text{or} \quad \tau_{*c} = 0.047 \qquad (9.27)$$

上式就是 Meyer-Peter 的泥沙起動臨界剪應力與粒徑大小之關係式。圖 9.3 說明曼寧係數比值 n_{bs}/n_b 對 Meyer-Peter 輸沙公式有非常顯著的影響。圖中水流參數 ψ 為 shields 參數的倒數。要特別注意，當假設 $n_{bs}/n_b = 1$ 時，計

算結果可能會過度高估底床載輸沙量。因此使用 Meyer-Peter 1948 年公式時需要先慎重評估曼寧係數比值 n_{bs}/n_b。

Meyer-Peter 公式在歐洲曾經廣泛應用於評估河道的底床載輸沙量。Meyer-Peter 1934 年公式比較適用於河床比較陡而且具有較粗的泥沙,因為它是依據粒徑 3～28 mm 泥沙的試驗結果而建立的;坡度較緩時,使用 Meyer-Peter 1934 年公式計算結果會有偏小現象。Meyer-Peter 1948 年公式的建立過程是建立在大量試驗資料的基礎上完成的,試驗資料的範圍如下:槽寬 0.15～2 m,水深 0.01～1.2 m,坡降 0.4～2%,沙粒比重 1.25～4,沙粒粒徑 0.40～30 mm。就水槽試驗來說,Meyer-Peter 的實驗資料範圍相當大,包括粒徑達 30 mm 的卵石試驗數據,對於應用到粗沙及卵石河流上時,要比其他公式好一些。一般來說,Meyer-Peter 公式的計算結果大致令人滿意。此外,Meyer-Peter 公式是以均粒徑之泥沙試驗為依據而建立的經驗公式。對於非均勻粒徑之泥沙,如果有護甲層(Armoring layer)存在時,Meyer-Peter 公式計算結果可能會有高估現象。此外,Meyer-Peter & Müller 公式中曼寧係數 n_{bs}/n_b 比值對於計算結果影響很大,因此要特別注意,妥善分析合適之比值。

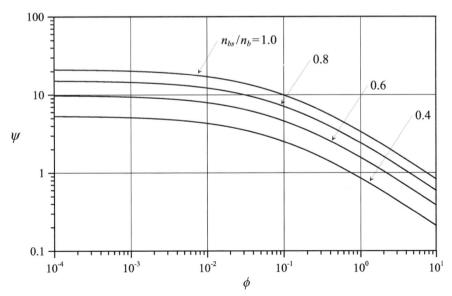

圖 9.3 曼寧係數比值 n_{bs}/n_b 對 Meyer-Peter & Müller 輸沙公式的影響

例題 9.3

已知一條矩形渠道水槽，底部寬度 $B = 1.0$ m，底床坡度 $S = 0.0005$，水深 $h = 0.5$ m，水流流量 $Q = 0.25$ cms，渠床泥沙粒徑 $d_{90} = 11$ mm $= 0.011$ m，平均粒徑 $d_m = 4.6$ mm $= 0.0046$ m，渠槽岸壁為透明光滑玻璃，試用 Meyer-Peter 1948 年公式推估河床載輸沙量，並討論如果渠床泥沙粒徑改為 $d_{90} = 1.1$ mm $= 0.0011$ m，平均粒徑 $d_m = 0.46$ mm $= 0.00046$ m，對於河床載輸沙量的影響。

答：

通水面積 $A = 1.0 \times 0.5 = 0.5$ m^2；水力半徑 $R = 0.5/2 = 0.25$ m；假設 $R_b = R = 0.25$ m；平均流速 $U = 0.25/0.5 = 0.5$ m/s；河道曼寧係數 $n \approx \dfrac{0.25^{2/3} \times 0.0005^{1/2}}{0.5} \approx 0.0177$；對應於河床泥沙顆粒阻力之曼寧係數 $n_{bs} \approx 0.011^{1/6}/26 = 0.0181$，對應於河床總阻力之曼寧係數

$$n_b = n \left(1 + \frac{2h}{B} \left(1 - \left(\frac{n_w}{n} \right)^{3/2} \right) \right)^{2/3}$$

$$= 0.0177 \left(1 + \left(1 - \left(\frac{0.01}{0.0177} \right)^{3/2} \right) \right)^{2/3} = 0.0240$$

代入 Meyer-Peter 公式

$$\left(\frac{n_{bs}}{n_b} \right)^{3/2} \frac{\gamma_f R_b S}{(\gamma_s - \gamma_f)d} = 0.047 + 0.25 \left(\frac{\gamma_f}{g} \right)^{1/3} \left(\frac{q_{bw}}{\gamma_s} \right)^{2/3} \frac{1}{(\gamma_s - \gamma_f)^{1/3}d}$$

$$\rightarrow \left(\frac{0.0181}{0.0240} \right)^{3/2} \frac{0.25 \times 0.0005}{1.65 \times 0.0046} = 0.011 < 0.047$$

因為泥沙顆粒較粗，水流所提供之拖曳力小於泥沙起動條件，因此沒有泥沙輸送，即輸沙量 $q_{bw} = 0$。

討論：

當河床泥沙變細時所對應之河床載輸沙量，如果河床泥沙粒徑是原來的 1/10，$d_{90} = 0.0011$ m，粒徑 $d_m = 0.00046$ m，則

$$n_{bs} \approx \frac{0.0011^{1/6}}{26} = 0.0124。$$

$$\left(\frac{0.0124}{0.0240}\right)^{3/2}\frac{0.25\times0.0005}{1.65\times0.00046}=0.047$$

$$+0.25\left(\frac{1,000}{9.81}\right)^{1/3}\left(\frac{q_{bw}}{2,650}\right)^{2/3}\frac{1}{1,650^{1/3}\times0.00046}$$

$$0.0612=0.047+1.121q_{bw}^{2/3}\quad\rightarrow\quad q_{bw}=0.00142\text{ k/m-s}$$

$$Q_{bw}\approx Bq_{bw}=1.0\times0.00142=0.00142\text{ kg/s}\text{。}$$

在相同的水流條件下，當河床泥沙愈細時，河床泥沙愈容易被沖刷，因此輸沙量愈大。

例題 9.4

已知有一條河道，其斷面接近梯形，底部寬度 $B=100$ m，兩岸側邊坡水平垂直比 $z=0.5$，河道坡度 $S=0.0005$，水深 $h=3.0$ m，水流流量 $Q=500$ cms，河床泥沙粒徑 $d_{90}=0.011$ m，平均粒徑 $d_m=0.0046$ m，試用 Meyer-Peter 1948 年公式推估河床載（推移載）輸沙量。

答：

通水面積 $A=(100+1.5)\times3=304.5$ m^2；水力半徑 $R=304.5/106$ $=2.87$ m；因河道非常寬，假設 $R_b=R$；平均流速 $U=500/304.5$ $=1.64$ m/s；曼寧係數 $n_b\approx\dfrac{2.87^{2/3}\times0.0005^{1/2}}{1.64}=0.0275$；曼寧係數

$n_{bs}\approx\dfrac{0.011^{1/6}}{26}=0.0181$，代入 Meyer-Peter 公式

$$\left(\frac{n_{bs}}{n_b}\right)^{3/2}\frac{\gamma_f R_b S}{(\gamma_s-\gamma_f)d}=0.047+0.25\left(\frac{\gamma_f}{g}\right)^{1/3}\left(\frac{q_{bw}}{\gamma_s}\right)^{2/3}\frac{1}{(\gamma_s-\gamma_f)^{1/3}d}$$

$$\left(\frac{n_{bs}}{n_b}\right)^{3/2}\frac{R_b S}{1.65\times d}=0.047+0.25\left(\frac{1,000}{9.81}\right)^{1/3}\left(\frac{q_{bw}}{2,560}\right)^{2/3}\frac{1}{1,650^{1/3}\times d}$$

$$\rightarrow\left(\frac{0.0181}{0.0275}\right)^{3/2}\frac{2.87\times0.0005}{1.65\times0.0046}=0.047+\left(\frac{5.161\times10^{-4}}{0.0046}\right)q_{bw}^{2/3}$$

$$\rightarrow0.1010=0.047+0.1121q_{bw}^{2/3}\rightarrow q_{bw}=0.334\text{ kg/m-s}$$

→ $Q_{bw} \approx Bq_{bw} = 100 \times 0.334 = 33.4$ kg/s 。

$(Q_{bw})_A = 33.4$ kg/s 。

討論：

有時為了簡化，直接假設 $n_b = n_{bs}$，即

$$\frac{\gamma_f R_b S}{(\gamma_s - \gamma_f)d} = 0.047 + 0.25\left(\frac{\gamma_f}{g}\right)^{1/3}\left(\frac{q_{bw}}{\gamma_s}\right)^{2/3}\frac{1}{(\gamma_s - \gamma_f)^{1/3}d}$$

$$\frac{2.87 \times 0.0005}{1.65 \times 0.0046} = 0.047 + 0.25\left(\frac{1,000}{9.81}\right)^{1/3}\left(\frac{q_{bw}}{2,650}\right)^{2/3}\frac{1}{1,650^{1/3} \times 0.0046}$$

→ $0.1891 = 0.047 + 0.1121 q_{bw}^{2/3}$ → $q_{bw} = 1.427$ kg/m-s

→ $Q_{bw} \approx Bq_{bw} = 100 \times 1.427 = 142.7$ kg/s 。

$(Q_{bw})_B = 142.7$ kg/s 。

當直接假設 $n_b = n_{bs}$ 時，計算結果將高估 $(Q_{bw})_B/(Q_{bw})_A \approx 4.3$ 倍，要特別注意。

9.4 Schoklitsch 推移載輸沙公式

如前所述，1914 年 Scholitsch 就曾經依據他的實驗觀察資料指出，雖然 DuBoy 推移載滑動層的概念是有問題的，但是他的輸沙公式與 Scholitsch 自己的實驗觀察資料有不錯的吻合程度。1934 年 Scholitsch 依據實驗觀察資料建立輸沙量與水流流量之關係式為

$$q_{bw} = \frac{7,000 S^{3/2}}{d^{1/2}}(q - q_c) \tag{9.28}$$

(q_{bw} in kg/m-s, q in m^2/s, d in mm)

其中 q_c 為起動河床泥沙所需之臨界水流之單位寬度流量。

$$q_c = \frac{1.944 \times 10^{-5} d}{S^{4/3}} \qquad (q_c \text{ in m}^2/\text{s}, d \text{ in mm}) \tag{9.29}$$

上式顯示 q_c 與泥沙粒徑大小成正比，與渠床坡度成反比。也就是說，泥沙粒徑大或是渠床坡度小時，需要大一些的起動臨界流量 q_c。Scholitsch 的輸沙公式是依據 Gilbert 試驗資料而建立的，試驗條件為 (1) 均勻泥沙粒徑、(2) 泥沙粒徑 d 介於 0.31～7.02 mm、(3) 試驗渠道坡度 S 介於 0.004～0.030。在應用時，若泥沙為非均勻粒徑，則泥沙粒徑 d 可以 d_{50} 代表之。

為了簡化計算及增加實驗資料後，1950 年 Scholitsch 提出新的輸沙量計算經驗公式如下：

$$q_{bw} = 2,500 S^{3/2} \left(q - q_c \right)$$
$$(q_{bw} \text{ in kg/m-s}, \ q \text{ in m}^2/\text{s}) \tag{9.30}$$

$$q_c = 0.26 \left(G - 1 \right)^{5/3} \frac{d^{3/2}}{S^{7/6}} \quad (q_c \text{ in m}^2/\text{s}, \ d \text{ in m}) \tag{9.31(a)}$$

其中泥沙比重 $G = \gamma_s/\gamma_f$。如果取 $G = 2.65$，則

$$q_c = 0.60 \frac{d^{3/2}}{S^{7/6}} \quad (q_c \text{ in m}^2/\text{s}, \ d \text{ in m}, \ G = 2.65) \tag{9.31(b)}$$

另外，注意 Scholitsch 提出的（9.30）式係數包含坡度影響，係數和坡度的 1.5 次方成正比，因此坡度對於輸沙量的計算結果影響很大。當坡度為緩坡時，使用 Scholitsch 公式的計算結果可能會有偏小現象。

例題 9.5

已知有一條河道，其斷面接近矩形，底部寬度 $B = 46$ m，河道坡度 $S = 0.0006$，水深 $h = 5$ m，平均流速 $U = 2.0$ m/s，河床泥沙粒徑 $d_{90} = 0.05$ m，$d_{50} = 0.012$ m，試用 (1) Scholitsch 1934 年公式及 1950 年公式推估河床載（推移載）輸沙量，並與 (2) Meyer-Peter 1934 年公式及 1948 年公式計算結果相比較。

答：

$q = hU = 5 \times 2 = 10 \text{ m}^2/\text{s}$；$d = 0.012 \text{ m} = 12 \text{ mm}$。

(1)

- 依據 Scholitsch 1934 年公式：

$$q_c = \frac{1.944 \times 10^{-5} d}{S^{4/3}} = \frac{1.944 \times 10^{-5} \times 12}{0.0006^{4/3}} = 4.61 \ \text{m}^2/\text{s} \ (d \text{ in mm})$$

$$q_{bw} = \frac{7,000 S^{3/2}(q - q_c)}{d^{1/2}} = \frac{7,000 \times 0.0006^{3/2}(10 - 4.61)}{12^{1/2}} = 0.160 \ \text{kg/m-s}$$

$$Q_{bw} \approx B q_{bw} = 46 \times 0.160 = 7.36 \ \text{kg/s}$$

- 依據 Scholitsch 1950 年公式：

$$q_c = 0.6 \frac{d^{3/2}}{S^{7/6}} = 0.6 \frac{0.012^{3/2}}{0.0006^{7/6}} = 4.53 \ \text{m}^2/\text{s}$$

$$q_{bw} = 2,500 S^{3/2}(q - q_c)$$
$$= 2,500 \times 0.0006^{3/2}(10 - 4.53) = 0.201 \ \text{kg/m-s}$$

$$Q_{bw} \approx B q_{bw} = 46 \times 0.201 = 9.25 \ \text{kg/s}$$

(2)

- Meyer-Peter 1934 年公式：

$$q_{bw} = (250 q^{2/3} S - 42.5 d)^{3/2}$$

$$q_{bw} = (250 \times 10^{2/3} \times 0.0006 - 42.5 \times 0.012)^{3/2} = 0.0804 \ \text{kg/m-s}$$

$$Q_{bw} \approx B q_{bw} = 46 \times 0.0804 = 3.70 \ \text{kg/s}$$

- Meyer-Peter 1948 年公式：

$R = A/P = 46 \times 5/56 = 4.11$ m；因為是寬渠，假設 $R_b = R$；曼寧

$n_b \approx (4.11^{2/3} \times 0.0006^{1/2})/2.0 = 0.0314$；$n_{bs} \approx 0.05^{1/6}/26 = 0.0233$；

$$\left(\frac{n_{bs}}{n_b}\right)^{3/2} \frac{\gamma_f R_b S}{(\gamma_s - \gamma_f)d} = 0.047 + 0.25 \left(\frac{\gamma_f}{g}\right)^{1/3} \left(\frac{q_{bw}}{\gamma_s}\right)^{2/3} \frac{1}{(\gamma_s - \gamma_f)^{1/3} d}$$

$$\rightarrow \left(\frac{0.0233}{0.0314}\right)^{3/2} \frac{4.11 \times 0.0006}{1.65 \times 0.012} = 0.047 + \left(\frac{5.161 \times 10^{-4}}{0.012}\right) q_{bw}^{2/3}$$

$$\rightarrow 0.0796 = 0.047 + 0.043 q_{bw}^{2/3} \rightarrow q_{bw} = 0.660 \ \text{kg/m-s}。$$

$$Q_{bw} \approx B q_{bw} = 30.36 \ \text{kg/s}。$$

就本題而言，Meyer-Peter 1948 年公式計算結果最大，約為前述其他方法的 3.3～8.2 倍。

9.5　Bagnold 推移載輸沙公式

　　根據普通物理學的基本概念，1966 年 Bagnold 透過力學分析而建立推移質輸沙公式。Bagnold 認為推移質運動應該遵循一些最基本的物理規律。挾沙水流是一種剪切運動，包括各層顆粒間的剪切運動及泥沙顆粒周圍液體的剪切運動。為了維持剪切運動，沿著運動方向必須有一推力。這個推力就是重力沿運動方向之分量。

　　泥沙顆粒比水重，因此泥沙要保持運動必須有一個向上的力支持它的重量。這個支持力應該來自剪切過程。對於推移質來說，這個支持力來自顆粒與顆粒間相互碰撞以後所產生垂直方向的動量交換所衍生之顆粒間的離散力。對於懸移質來說，這個支持力來自於漩渦運動所產生的垂直方向的動量交換。

　　挾沙水流的剪切力 τ 可分成兩部分：(1) 泥沙顆粒間相互摩擦與碰撞後所產生的顆粒剪切力 τ_{solid} 及 (2) 顆粒周圍的液體發生變形後所產生的流體剪切力 τ_{fluid}，即 $\tau = \tau_{solid} + \tau_{fluid}$。隨著推移質運動強度的加大，$\tau_{solid}$ 占的比例愈來愈大，而 τ_{fluid} 占的比例愈來愈小。當含沙濃度 $C_v > 50\%$ 時，$\tau_{solid} > 100\tau_{fluid}$，渾水進入層流流態，剪切力以 τ_{solid} 為主。

　　當兩個固體在垂直壓力 P 的作用下，相互接觸的固體發生相對運動時，必須有一個夠大的切線方向的剪切力 τ 方能維持物體的相對運動。

$$\tau = P \tan \alpha \qquad (9.32)$$

其中 $\tan \alpha$ 為比例係數，α 為顆粒間運動的摩擦角，它與接觸面的材料性質有關。對於非黏性泥沙 $\tan \alpha \approx 0.63$。對於渾水推移載而言，Bagnold 認為 $\tan \alpha$ 和 Shields 參數有關，即 $\tan \alpha = f(\tau_*)$，$\tan \alpha$ 大約介於 0.37～0.75 之間。Bagnold 在推移載分析，建議對於一般天然泥沙 $\tan \alpha$ 可取 0.63，相當於 $\alpha \approx 33°$。

　　任何物體連續運動的速度決定於所能提供能量的速度，因為渾水中搬

運固體顆粒所消耗的能量等於水流所損失勢能乘上其效率。在單位面積單位時間內，水流所能提供給床面的勢能 E_p 為

$$E_p = \tau_0 U = \gamma_m R_b S U \tag{9.33}$$

其中 $\gamma_m = \rho_m g$ = 渾水單位體積之重量，ρ_m = 渾水密度；τ_0 = 挾沙水流作用在床面上的剪切力；U = 渾水流平均流速。令 W_{b*} = 在單位寬度單位面積上推移載水下重量，$W_{b*} = (\gamma_s - \gamma_f) C_{va} \delta_b$，其中 δ_b = 推移載厚度，C_{va} = 推移載平均含沙濃度。U_b = 推移質平均運動速度，則單位寬度的推移質輸沙率為

$$q_{bw*} = W_{b*} U_b \tag{9.34}$$

維持泥沙運動需要的力 $\tau = P \tan \alpha = W_{b*} \tan \alpha$；搬運泥沙所需要作的功 E_s 為

$$E_s = (W_{b*} \tan \alpha) U_b \tag{9.35}$$

因此由水流所能提供的勢能 E_p 與實際上作為搬運泥沙所需要作的功 E_s 之間存在一個小於 1 的比例係數 e_b，它為水流搬運泥沙之效率，即

$$e_b = \frac{E_s}{E_p} = \frac{W_{b*} U_b \tan \alpha}{\tau_0 U} = \frac{q_{bw*} \tan \alpha}{\tau_0 U} \tag{9.36}$$

Bagnold 曾經從平均流速 $U = 0.3 \sim 3.0$ m/s 及泥沙粒徑 $d = 0.03 \sim 3.0$ mm 範圍內的實驗資料分析出 e_b 值介於 $0.11 \sim 0.15$ 之間，平均約為 0.13；平均流速 U 或粒徑 d 愈大，水流搬運泥沙之效率 e_b 愈小。1973 年 Bagnold 提出推求水流搬運泥沙之效率 e_b 為

$$e_b = \frac{(u_* - u_{*c})}{u_*} \left[1 - \frac{5.75 u_* \log\left(\dfrac{0.4h}{m_* d}\right) + w_0}{U} \right] \tag{9.37}$$

其中 U 為水流平均流速，u_* 為剪力速度，u_{*c} 為泥沙起動臨界剪力速度，h 為水流深度；m_*d 代表推移質運動的平均高度（$\delta_b = m_*d$），ω_0 為泥沙沉降速度。係數 m_* 與水流強度有關，$m_* = K_e(u_*/u_{*c})^{0.6}$，對於均勻細沙 $K_e \approx 1.4$；對於粗細不一的非均勻河道泥沙，K_e 值約為 2.8；對於卵石河道，K_e 值可高達 7.3～9.1。當水流搬運泥沙效率 e_b 已知時，推移質輸沙率 q_{bw*} 為

$$q_{bw*} = \frac{\tau_0 U}{\tan \alpha} e_b \qquad (9.38(a))$$

上式推移載以水中重量計，若以乾重量表示則寫成

$$q_{bw} = \left(\frac{\gamma_s}{\gamma_s - \gamma_f} \right) \frac{\tau_0 U}{\tan \alpha} e_b \qquad (9.38(b))$$

例題 9.6

已知有一條矩形渠道，底部寬度 $B = 10$ m，河道坡度 $S = 0.001$，水深 $h = 1.0$ m，平均流速 $U = 1.5$ m/s，渠床泥沙粒徑 $d_{50} = 0.003$ m，試用 Bagnold 公式推估推移載輸沙量。

答：

水力半徑 $R = A/P = 10/12 = 0.833$ m；假設 $R_b = R$；取 $\tan\alpha = 0.63$；

$\tau_0 = \gamma_f R_b S = 1,000 \times 0.833 \times 0.001 = 0.833$ kg/m^2；

$\tau_c = 0.047(\gamma_s - \gamma_f)d = 0.047 \times 1,650 \times 0.003 = 0.233$ kg/m^2；

$u_* = \sqrt{gR_b S} = \sqrt{9.81 \times 0.833 \times 0.001} = 0.0904$ m/s

$u_{*c} = \sqrt{\tau_c / \rho_f} = \sqrt{\tau_c g / \gamma_f} = \sqrt{0.233 \times 9.81 / 1,000} = 0.0478$ m/s

取 $K_e = 2.8$；

$m_* = K_e(u_*/u_{*c})^{0.6} = 2.8(0.0904/0.0478)^{0.6} = 4.1$；

$d_{50} = 0.003$ m > 0.00275 m，

粗沙→ $\omega_0 = 6.92\sqrt{d} = 6.92\sqrt{0.003} = 0.379$ m/s

$$e_b = \underbrace{\frac{(u_* - u_{*c})}{u_* U}}_{0.314} \underbrace{\left[U - 5.75 u_* \log\left(\frac{0.4h}{m_* d}\right) - w_0 \right]}_{0.335} = 0.105$$

$$q_{bw*} = \frac{\tau_0 U}{\tan\alpha} e_b \rightarrow q_{bw*} = \frac{0.833 \times 1.5}{\underbrace{0.63}_{1.983}} \times 0.105 = 0.208 \text{ kg/m-s}$$

$q_{bw} = (2.65/1.65) q_{bw*} = 1.606 \times 0.219 = 0.351 \text{ kg/m-s}$；

$Q_{bw} \approx B q_{bw} = 3.51 \text{ kg/s}$。

討論：

(1) 若用 1934 年 Meyer-Peter 公式：$q_{bw} = (250 q^{2/3} S - 42.5 d)^{3/2}$ 計
算 $q_{bw} = (250 \times 1.5^{2/3} \times 0.01 - 42.5 \times 0.003)^{3/2} = 0.09 \text{ kg/m-s}$

(2) 若用 1934 年 Schoklitsch 式：

$q_{bw} = 7,000 S^{3/2} (q - q_c)/d^{1/2}$，$q_c = 1.944 \times 10^{-5} d/S^{4/3}$，泥沙粒徑
d 之單位用 mm；

$q_{bw} = 7,000 \times 0.001^{3/2} (1.5 - 0.5832)/3^{1/2} = 0.117 \text{ kg/m-s}$

上述說明，不同公式計算結果差異很大。就本題而言，Meyer-
Peter 公式及 Schoklitsch 公式計算結果較接近，而 Bagnold 公式
計算結果約為前述兩方法計算結果的 3 倍大。

9.6　愛因斯坦推移載輸沙公式

⧗ 9.6.1　愛因斯坦的泥沙運動基本理論

1. 河床表面的靜止泥沙及運動中的推移質組成了不可分的一個單元，
它們之間存在著不斷的交換。床面上泥沙運動－靜止－再運動的交換過
程，說明了床面泥沙靜止與運動的全部歷史，推移質輸沙率實質上決定於
泥沙在床面停留時間的久暫。

2. 從泥沙運動的性質出發，應該用統計的觀點來討論大量泥沙顆粒在
一定水流條件下的運動過程，而不是去研究某一顆或某幾顆泥沙顆粒的運

動。

3. 任何泥沙顆粒自床面被水流帶起的或然率決定於泥沙的性質及床面附近的流態，與泥沙顆粒過去的歷史無關。使泥沙運動的作用力主要是上舉力，當瞬時上舉力大於泥沙顆粒在水下的重量時，床面泥沙就進入運動狀態。

4. 泥沙顆粒從床面上被起動，在走完一段距離以後，就要進行一次選擇，究竟是繼續保持運動狀態，還是沉落在河床上。這個距離稱為單步距離。單步距離的長短取決於泥沙的大小及形狀，與水流條件、床沙組成及推移質輸沙率無關。對於具有一般球度的泥沙來說，單步距離和泥沙粒徑成正比，大約相當於泥沙粒徑的一百倍。

5. 在完成一個單步距離以後，如遇當地的水流條件不足以使之立刻再移動時，泥沙顆粒就會在那裡沉澱下來，泥沙落淤的或然率在床面各處都是一樣的。

⧗ 9.6.2　推移載輸沙公式推導概要

在一定的水流條件下，愛因斯坦（Einstein）認為推移載是指床面上的泥沙與推移區內的泥沙交換達到平衡時的輸沙率。因此在平衡狀態的推移載情況下，單位時間內自床面上單位面積內被沖刷外移的泥沙數量正好與沉積下來的泥沙數量保持相等。以下將依據 1950 年愛因斯坦交給美國農業部的技術報告的內容，簡要介紹愛因斯坦推移載輸沙公式推導概要。該報告題目為〈The bed-load function for sediment transportation in open channel flows〉（渠道水流中推移載輸沙函數）。

1. 泥沙的沖刷率

首先討論單位面積上泥沙的沖刷率（The rate of erosion per unit area）。考量水流流經可沖蝕河床（圖 9.4）示，當水流作用大於臨界起動條件時，泥沙顆粒自床面上被水流沖刷外移的數量，取決於兩個條件：(1) 有多少顆泥沙暴露在水面下，以及 (2) 使泥沙上舉離開床面的機率有多大。考慮單一顆粒在床面上的投影面積為 $A_1 d^2$，則單位面積上泥沙顆粒的數目

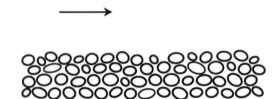

圖 9.4　可沖蝕河床示意圖。自床面上被水流沖刷外移的泥沙顆粒數量，取決於有多少顆泥沙暴露在水面下以及泥沙被舉離床面的機率有多大

為 $1/(A_1 d^2)$。在水流作用下，假如這些顆粒被舉離床面的機率為 p，則單位時間內被舉離之機率為 p/t，其中 t 為推移質與底床質每交換一次所需之時間。因此單位時間、單位面積床面上被水流沖刷舉離之泥沙顆粒數目 N_e 為

$$N_e = \frac{1}{A_1 d^2} \cdot \frac{p}{t} \tag{9.39}$$

　　愛因斯坦假設推移質與床面底床質每交換一次所需之時間 t 正比於泥沙粒徑 d 與其沉降速度 ω_0 之比值，即

$$t = \alpha_1 \frac{d}{\omega_0} = \alpha_1 \sqrt{\frac{3C_D}{4} \frac{d}{g} \frac{\gamma_f}{\gamma_s - \gamma_f}} = A_3 \sqrt{\frac{d}{g} \cdot \frac{\gamma_f}{\gamma_s - \gamma_f}} \tag{9.40}$$

其中 $A_3 = \alpha_1 \sqrt{3C_D/4}$。因此，單位面積、單位時間泥沙顆粒被舉離床面的數量 N_e，即單位面積上泥沙的沖刷率（以顆粒數量計算）為

$$N_e = \frac{1}{A_1 A_3} \cdot \frac{p}{d^2} \cdot \sqrt{\frac{g\left(\gamma_s - \gamma_f\right)}{\gamma_f d}} \tag{9.41}$$

又每顆泥沙的重量為 $\gamma_s A_2 d^3$，因此單位面積、單位時間泥沙顆粒被舉離床面的重量（單位面積上泥沙沖刷率，以重量計）N_{ew} 為

$$N_{ew} = N_e A_2 \gamma_s d^3 = \frac{A_2}{A_1 A_3} p \gamma_s \sqrt{gd} \sqrt{\frac{\gamma_s - \gamma_f}{\gamma_f}} \tag{9.42}$$

2. 泥沙的沉積率

在水流作用下，泥沙從河床上某一點被舉離床面開始運動，在重力作用下又會落回床面上的另外一點；泥沙從開始運動那一點到淤落床面前的另外一點稱為「泥沙走了一步」；泥沙每走一步的距離稱為「單步距離」，其大小約為泥沙粒徑 d 的 λ 倍（$\lambda \approx 100$），即 λd，如圖 9.5 所示。近年，臺灣大學李鴻源教授研究團隊利用高速攝影機詳細觀察泥沙顆粒的躍移過程（Saltation process），他們獲得不少新的成果，建議有興趣的讀者可參考他們已經發表的論文（Lee et al., 1994; 2000）。

在一定的水流強度下，當河床表面有一部分地區的水流其上舉力大於泥沙顆粒在水下的重量，將泥沙舉離床面開始運動。當泥沙走完一步距離後，如果恰好落在上舉力大於泥沙重量之地區，泥沙不會淤落下來，而是再次被舉起進行第二個行程，如圖 9.6 所示。當泥沙走完第二步距離後，如果又恰好落在上舉力大於泥沙重量之地區，泥沙不會淤落下來，而是再次被舉起進行第三個行程，依此類推。如令 p 為上舉力大於泥沙重量之機率，則床面上泥沙被舉起後

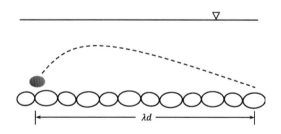

圖 9.5　河床上泥沙顆粒被舉離床面躍移單步距離示意圖

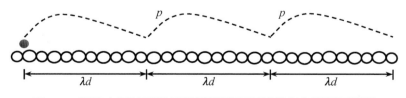

圖 9.6　河床上泥沙顆粒被連續舉離床面躍移多步距離示意圖

(1) 走 1 步就停下來之機率為 $(1 - p)$，行程為 λd；

(2) 走 2 步就停下來之機率為 $p(1 - p)$，行程為 $2\lambda d$；

(3) 走 3 步就停下來之機率為 $p^2(1 - p)$，行程為 $3\lambda d$；

(4) 依此類推走 $(n + 1)$ 步就停下來之機率為 $p^n(1 - p)$，行程為 $(n + 1)\lambda d$。

因此泥沙顆粒被舉離床面開始運動所行走的平均行程（Average travel distance）L_0 為

$$L_0 = \sum_{n=0}^{\infty} (1 - p) p^n (n + 1) \lambda d = \frac{\lambda}{1 - p} d = A_L d \qquad (9.43)$$

其中係數 $A_L = \lambda/(1 - p)$。上式說明泥沙被舉離床面的機率 p 愈大，其平均所走的行程 L_0 愈大。

　　單位寬度平均沙粒躍移長度可沖蝕河床示意俯視圖，如圖 9.7 所示，設取起始斷面 0-0，並令 q_{bw} 為推移質單寬輸沙率（以重量計），則在單位時間內，上游被舉離床面運動通過斷面 0-0 的泥沙，都將在長度為 L_0 的範圍內沉澱下來；因此單位面積上泥沙的沉積率（以重量計）為

$$N_{dw} = \frac{q_{bw}}{1 \times L_0} = \frac{(1 - p) q_{bw}}{\lambda d} \qquad (9.44)$$

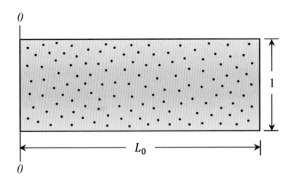

圖 9.7　單位寬度平均沙粒躍移長度可沖蝕河床示意俯視圖

3. 輸沙平衡概念

當推移質運動達到平衡時，自河床表面沖刷起來的泥沙應該和推移質中落淤的泥沙保持相等。由前述泥沙的沖刷率 N_{ew} 等於泥沙的沉積率 N_{dw} 可得

$$\frac{q_{bw}(1-p)}{\lambda d} = \frac{A_2}{A_1 A_3} p \gamma_s \sqrt{gd} \sqrt{\frac{\gamma_s - \gamma_f}{\gamma_f}} \qquad (9.45)$$

整理後得

$$\frac{p}{1-p} = \frac{A_1 A_3}{\lambda A_2} \frac{q_{bw}}{\gamma_s} \left(\frac{\gamma_f}{\gamma_s - \gamma_f}\right)^{1/2} \left(\frac{1}{gd^3}\right)^{1/2} \qquad (9.46)$$

令 $A_* = A_1 A_3/(\lambda A_2)$ 及推移質輸沙強度 ϕ 為

$$\phi = \frac{q_{bw}}{\gamma_s} \left(\frac{\gamma_f}{\gamma_s - \gamma_f}\right)^{1/2} \left(\frac{1}{gd^3}\right)^{1/2} \qquad (9.47)$$

由此可知泥沙被舉離機率 p 與無因次推移質輸沙強度 ϕ 間之關係為

$$\phi = \frac{p}{A_*(1-p)} \qquad (9.48)$$

或寫成

$$p = \frac{A_* \phi}{1 + A_* \phi} \qquad (9.49)$$

由此可知，機率 p 愈大，則輸沙強度 ϕ 愈大。若能掌握泥沙的特性及其被水流舉離床面之機率 p 即可推算出推移載輸沙量。接下來的問題是如何由水流特性推算泥沙被水流舉離床面之機率。

4. 泥沙被舉離床面之機率

愛因斯坦將泥沙被水流舉離床面之機率定義為：水流作用在泥沙顆

粒的上舉力 F_L 大於水中泥沙重量的機率。單顆泥沙在水中的重量為 $W_* = (\gamma_s - \gamma_f)A_2d^3$；水流作用在單顆泥沙顆粒的上舉力為

$$F_L = C_L A_1 d^2 \frac{\rho_f u_b^2}{2} \tag{9.50}$$

其中 u_b 為在床面上接近驅使泥沙運動的代表流速。愛因斯坦採用對數流速分布，並取床面上 $z = 0.35d_0$ 處的流速為驅使泥沙運動的代表流速 u_b，即

$$u_b = 5.75u_* \log\left(\frac{30.2 \times 0.35d_0}{\Delta}\right) \tag{9.51}$$

上式中 $\Delta = k_s/\chi = d_{65}/\chi$；當 $\Delta/\delta \leq 1.80$，取 $d_0 = 1.39\delta$；當 $\Delta/\delta > 1.80$，取 $d_0 = 0.77\Delta$，其中 δ 為邊界層流次層厚度。上舉力係數不容易確定，一般取 $C_L = 0.178$。

考慮水流的脈動現象，假設上舉力的脈動分布遵循正常分布（Normal distribution），並將前述上舉力 F_L 直接增加上舉力脈動函數，寫成

$$F_L = 0.178 A_1 d^2 \frac{\rho_f}{2}(5.75)^2 u_*^2 \log^2\left(10.6\frac{d_0}{\Delta}\right)(1+\eta) \tag{9.52}$$

式中 $\eta = f(t)$，代表加諸於時間平均上舉力上的上舉力脈動函數。然後用上舉力脈動函數的標準偏差 η_0 將上舉力脈動函數無因次化，$\eta_* = \eta/\eta_0$，即 $\eta = \eta_0\eta_*$，並令 $\beta_0 = \log(10.6d_0/\Delta)$，可得

$$F_L = 2.943 A_1 d^2 \rho_f u_*^2 \beta_0^2 (1 + \eta_0\eta_*) \tag{9.53}$$

如前所述，愛因斯坦將泥沙被水流舉離床面之機率 p 定義為水流作用在泥沙顆粒的上舉力 F_L 大於水中泥沙重量的機率，即 $W_*/F_L < 1$ 的機率。

$$\frac{W_*}{F_L} = \left(\frac{1}{1+\eta_*\eta_0}\right)\left(\frac{\gamma_s - \gamma_f}{\gamma_f}\frac{gd}{u_*^2}\right)\left(\frac{A_2}{2.943A_1}\right)\frac{1}{\beta_0^2} \tag{9.54}$$

令無因次水流參數 ψ 為

$$\psi = \frac{\gamma_s - \gamma_f}{\gamma_f} \frac{gd}{u_*^2} = \frac{(\gamma_s - \gamma_f)gd}{\tau_0} \tag{9.55}$$

上式說明 ψ 恰為 Shields 參數的倒數。再令

$$B = \frac{A_2}{2.943 A_1 \beta_0^2} \tag{9.56}$$

則由（9.54）式可得 $W_*/F_L < 1$ 之關係可簡化表示為

$$\frac{B\psi}{1 + \eta_* \eta_0} < 1 \tag{9.57}$$

或寫成

$$1 + \eta_* \eta_0 > B\psi \tag{9.58}$$

　　因此泥沙被水流舉離床面之機率 p 為水流條件符合上述條件之機率。愛因斯坦認為上舉力脈動函數 η（$= \eta_* \eta_0$）有可能是正值或者是負值，但是上舉力都應該是正值（η may be positive or negative but the lift is always positive）。因此愛因斯坦又在此附上額外條件，將（$1 + \eta_* \eta_0$）取絕對值，$|1 + \eta_* \eta_0|$，即泥沙被水流舉離床面之機率 p 調整為水流條件符合下列條件之機率。（註：這一部分的額外附加條件有些奇怪，建議讀者閱讀臺灣大學吳富春教授新的處理方式（Wu and Lin, 2002））

$$|1 + \eta_* \eta_0| > B\psi \tag{9.59}$$

或寫成

$$|\eta_* + 1/\eta_0| > B_* \psi \tag{9.60}$$

其中 $B_* = B/\eta_0$。因此泥沙顆粒恰好被舉離開床面的極限狀態為

$$\eta_* = \pm B_* \psi - \frac{1}{\eta_0} \qquad (9.61)$$

在 $(-B_*\psi - 1/\eta_0) < \eta_* < (B_*\psi - 1/\eta_0)$ 範圍內，不會有推移質運動。接著，愛因斯坦假設無因次上舉力脈動函數 η_* 符合常態高斯函數分布（Normal Gaussian distribution）如圖 9.8 所示，因此泥沙被水流舉離床面之機率 p 為

$$p = 1 - \frac{1}{\sqrt{\pi}} \int_{-B_*\psi - \frac{1}{\eta_0}}^{B_*\psi - \frac{1}{\eta_0}} e^{-t^2} dt \qquad (9.62)$$

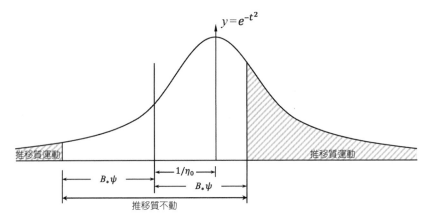

圖 9.8　愛因斯坦假設無因次上舉力脈動符合常態高斯函數分布

5. 推移載輸沙公式

將（9.62）式代入（9.49）式可得愛因斯坦推移載公式

$$p = 1 - \frac{1}{\sqrt{\pi}} \int_{-B_*\psi - \frac{1}{\eta_0}}^{B_*\psi - \frac{1}{\eta_0}} e^{-t^2} dt = \frac{A_*\phi}{1 + A_*\phi} \qquad (9.63)$$

其中參數 A_*、B_* 及 η_0 是待定常數，它們需要實驗資料來確定。愛因斯坦依據實驗資料提出 $A_* = 1/0.023 \approx 43.5$，$B_* = 1/7 \approx 0.143$，$\eta_0 = 0.5$，即

$$1 - \frac{1}{\sqrt{\pi}} \int_{-0.143\psi-2.0}^{0.143\psi-2.0} e^{-t^2} dt = \frac{43.5\phi}{1+43.5\phi} \qquad (9.64)$$

就方程式的形式而言，愛因斯坦推移載輸沙公式有點複雜，因為它包含積分函數。但只要先建立起推移質輸沙強度 ϕ 和水流參數 ψ（Shields 參數的倒數）之關係曲線，在應用方面就非常容易，可直接由已知水流參數 ψ，配合 ϕ-ψ 關係曲線，如圖 9.9 所示，推求出所對應的推移質輸沙強度 ϕ，然後計算得知推移載輸沙量 q_{bw}，表 9.2 列出十一組已知 ϕ 值對應之 ψ 值。顯然的，前述愛因斯坦推移載輸沙公式沒有包含泥沙起動臨界條件的概念。

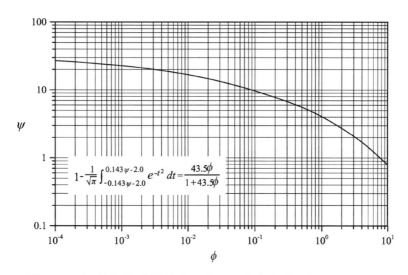

圖 9.9　愛因斯坦推移質輸沙強度 ϕ 和水流條件參數之關係曲線

表 9.2　愛因斯坦推移質輸沙強度與水流參數之關係

已知 ϕ	0.0001	0.0005	0.001	0.005	0.01	0.05
對應 ψ	27.0	24.0	22.4	18.4	16.4	11.5
已知 ϕ	0.1	0.5	1.0	5.0	10.0	--
對應 ψ	9.5	5.5	4.1	1.4	0.7	--

增加考量黏滯度對輸沙的影響，1950 年 Brown 提出修正 Einstein 推移載輸沙強度 Φ 與 ψ 之經驗關係式（簡稱 Einstein-Brown 公式）為

$$\Phi = 40\left(\frac{1}{\psi}\right)^3 \quad \text{for } \frac{1}{\psi} > 0.09 \tag{9.65}$$

其中 $\Phi = \phi/K_*$，即 K_* 為修正因子，

$$\Phi = \frac{\phi}{K_*} = \frac{q_{bw}}{\gamma_s K_*}\left(\frac{\gamma_f}{\gamma_s - \gamma_f}\right)^{1/2}\left(\frac{1}{gd^3}\right)^{1/2} \tag{9.66}$$

$$K_* = \sqrt{\frac{2}{3} + \frac{36\nu_f^2}{gd^3}\cdot\frac{\gamma_f}{\gamma_s - \gamma_f}} - \sqrt{\frac{36\nu_f^2}{gd^3}\cdot\frac{\gamma_f}{\gamma_s - \gamma_f}} \tag{9.67}$$

重新檢視 Brown 提出的愛因斯坦推移質輸沙強度修正係數，考量泥沙比重為 2.65，並引進顆粒雷諾數 Re_*，則修正係數 K_* 可以表示為

$$K_* = \sqrt{\frac{2}{3} + \frac{21.82}{Re_*^2}} - \sqrt{\frac{21.82}{Re_*^2}} \quad \text{with } Re_* = \frac{\sqrt{gd}\,d}{\nu_f} \tag{9.68}$$

當 $Re_* > 100$，修正係數 K_* 趨近於 $\sqrt{2/3} \approx 0.816$，如圖 9.10 所示；反之，當 $Re_* < 100$，K_* 受到顆粒雷諾數 Re_* 影響愈趨顯著，當 $Re_* \to 1$，$K_* \to$

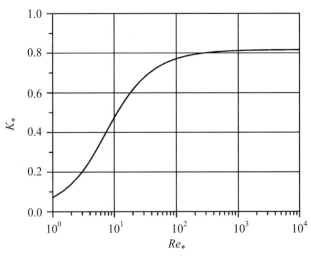

圖 9.10　推移質輸沙修正係數與顆粒雷諾數之關係

0.071。如果水的運動黏滯度取 $v_f \approx 10^{-6}$ m²/s，當 Re_* > 100，即表示泥沙粒徑 d > 1.0 mm；而 d = 0.1 mm，所對應之顆粒雷諾數 Re_* 約為 3.16。圖 9.11 呈現 K_* 與粒徑及黏滯度之關係。

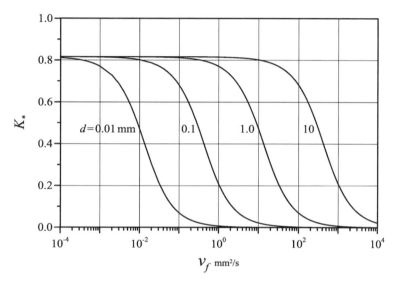

圖 9.11 推移質輸沙修正係數與粒徑及黏滯度之關係

Brown 提出的推移載輸沙強度 Φ 與 ψ 之經驗關係式適用於 ψ < 11.11，即（9.65）式適用於水流具有高剪切力時，或高輸沙量時；反之，當 ψ ≥ 11.11 時，Φ 與 ψ 之經驗關係需要調整為指數衰減形式，如下式及圖 9.12 所示。

$$\Phi = \begin{cases} 40\left(1/\psi\right)^3 & \text{for } \psi < 11.11 \\ 2.15e^{-0.391\psi} & \text{for } \psi \geq 11.11 \end{cases} \qquad (9.69)$$

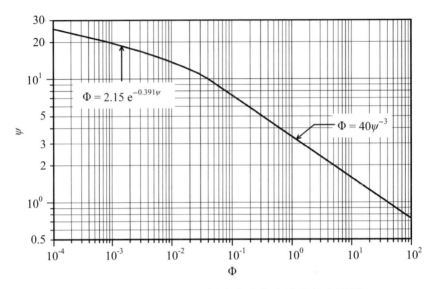

圖 9.12　Einstein-Brown 輸沙強度與水流參數之關係

9.7 愛因斯坦公式與 Meyer-Peter 公式之比較

當 Meyer-Peter 輸沙公式中的曼寧係數比 $n_{bs}/n_b \approx 1.0$ 時，重新整理 Meyer-Peter 輸沙公式改以 ϕ 與 ψ 兩個無因次參數表示時，可得

$$\frac{\gamma_f R_b S}{(\gamma_s - \gamma_f)d} = a_4 + b_4 \left[\frac{q_{bw}}{\gamma_s} \left(\frac{\gamma_f}{\gamma_s - \gamma_f} \right)^{1/2} \left(\frac{1}{gd^3} \right)^{1/2} \right]^{2/3} \tag{9.70}$$

$$\rightarrow \frac{1}{\psi} = a_4 + b_4 \phi^{2/3} \quad \rightarrow \quad \phi = \left[\left(\frac{1}{\psi} - a_4 \right) / b_4 \right]^{3/2}$$

其中 $a_4 = 0.047$ 及 $b_4 = 1/4 \rightarrow$

$$\phi = \left(\frac{4}{\psi} - 0.188 \right)^{3/2} = 8 \left(\frac{1}{\psi} - 0.047 \right)^{3/2} \quad \text{for} \quad \frac{1}{\psi} > 0.047 \tag{9.71}$$

如先前 9.3.2 節所述，一般情況曼寧係數比 $n_{bs}/n_b \approx 0.5 \sim 1.0$，將原 Meyer-

Peter 推移載輸沙公式改以 ϕ 與 ψ 兩個無因次參數表示時，可得

$$\left(\frac{n_{bs}}{n_b}\right)^{3/2}\frac{\gamma_f R_b S}{(\gamma_s-\gamma_f)d}=0.047+0.25\left[\frac{q_{bw}}{\gamma_s}\left(\frac{\gamma_f}{\gamma_s-\gamma_f}\right)^{1/2}\left(\frac{1}{gd^3}\right)^{1/2}\right]^{2/3}$$

$$\rightarrow\left(\frac{n_{bs}}{n_b}\right)^{3/2}\frac{1}{\psi}=0.047+0.25\phi^{2/3} \tag{9.72}$$

即

$$\phi=\left(\left(\frac{n_{bs}}{n_b}\right)^{3/2}\frac{4}{\psi}-0.188\right)^{3/2}\quad\text{for}\quad\frac{4}{\psi}>0.188\left(\frac{n_b}{n_{bs}}\right)^{3/2} \tag{9.73}$$

在方程式的形式上，與愛因斯坦輸沙公式比起來，Meyer-Peter 輸沙公式有臨界條件的概念，但是愛因斯坦的輸沙公式沒有臨界條件的概念。此外，如圖 9.13 所示，Meyer-Peter 輸沙公式只有在 $n_{bs}/n_b\approx1.0$ 條件下，計算結果會與愛因斯坦輸沙公式計算結果相接近。

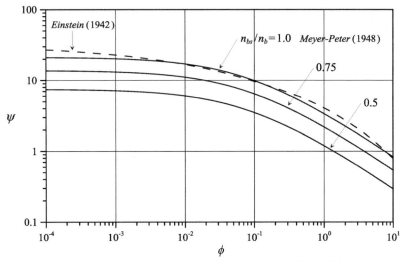

圖 9.13　愛因斯坦與 Meyer-Peter 輸沙公式之比較

例題 9.7

已知一河道，其斷面接近矩形，底部寬度 $B = 50$ m，河道平均坡度 $S = 0.0065$，水深 $h = 2.0$ m，水流流速 $U = 3.6$ m/s，河床泥沙粒徑 $d_{90} = 0.059$ m，平均粒徑 $d_m = 0.012$ m，試用 Einstein-Brown 公式及用 Meyer-Peter 1948 年公式推估河床載輸沙量。

答：

(1) 用 Einstein-Brown 公式：

$$K_* = \sqrt{\frac{2}{3} + \frac{36\nu_f^2}{gd^3} \cdot \frac{\gamma_f}{\gamma_s - \gamma_f}} - \sqrt{\frac{36\nu_f^2}{gd^3} \cdot \frac{\gamma_f}{\gamma_s - \gamma_f}}$$

$$K_* = \sqrt{\frac{2}{3} + \frac{36 \times 10^{-12}}{9.81 \times 0.012^3 \times 1.65}} - \sqrt{\frac{36 \times 10^{-12}}{9.81 \times 0.012^3 \times 1.65}} \approx \sqrt{\frac{2}{3}} = 0.8165$$

$$\Phi = \frac{q_{bw}}{\gamma_s K_*} \left(\frac{\gamma_f}{\gamma_s - \gamma_f}\right)^{1/2} \left(\frac{1}{gd^3}\right)^{1/2}$$

$$= \frac{q_{bw}}{2,650 \times 0.8165 \times 1.65^{1/2}} \left(\frac{1}{9.81 \times 0.012^3}\right)^{1/2} = \frac{q_{bw}}{11.44}$$

$$\psi = \frac{(\gamma_s - \gamma_f)d}{\gamma_f R_b S}；R = 50 \times 2/54 = 1.85 \text{ m}；$$

$$\psi = \frac{1.65 \times 0.012}{1.85 \times 0.0065} = 1.647；$$

$$\Phi = 40\left(\frac{1}{\psi}\right)^3 \rightarrow \frac{q_{bw}}{11.44} = 40\left(\frac{1}{\psi}\right)^3 \rightarrow q_{bw} = 102.4 \text{ kg/m-s}；$$

$$Q_{bw} = B q_{bw} = 5,125 \text{ kg/s}$$

(2) Meyer-Peter 公式：

曼寧：$n_b \approx (1.85^{2/3} \times 0.0065^{1/2})/3.6 = 0.0337$；

$$n_{bs} \approx \frac{0.059^{1/6}}{26} = 0.0240；n_{bs}/n_b = 0.719$$

$$\left(\frac{n_{bs}}{n_b}\right)^{3/2} \frac{R_b S}{1.65 \times d} = 0.047 + \left(\frac{5.161 \times 10^{-4}}{d}\right) q_{bw}^{2/3}$$

$$\rightarrow \left(\frac{0.0240}{0.0337}\right)^{3/2} \frac{1.85 \times 0.0065}{1.65 \times 0.012} = 0.047 + \left(\frac{5.161 \times 10^{-4}}{0.012}\right) q_{bw}^{2/3}$$

$$\rightarrow 0.3650 = 0.047 + 0.043 q_{bw}^{2/3} \rightarrow q_{bw} = 20.11 \text{ kg/m-s} \rightarrow$$

$Q_{bw} \approx 1.006$ kg/s。若直接由

$$\phi = \left(\left(\frac{n_{bs}}{n_b}\right)^{3/2} \frac{4}{\psi} - 0.188\right)^{3/2} = \left(\left(\frac{0.0240}{0.0337}\right)^{3/2} \frac{4}{1.647} - 0.188\right)^{3/2} = 1.434$$

$$\phi = K_* \Phi = 0.8165 \times \frac{q_{bw}}{11.44} = 1.434 \rightarrow q_{bw} = 20.10 \text{ kg/m-s} \rightarrow$$

$Q_{bw} \approx 1.005$ kg/s，與前面所得結果一致。

就本題而言，渠床為陡坡且渠床泥沙顆粒非常粗，Einstein-Brown 公式和 Meyer-Peter 公式計算結果差異約有 5 倍大。

習題

習題 9.1

試推導 Einstein 非均勻粒徑河床質之推移載（Bed load）輸沙公式，並說明推導過程中的各項假設。

習題 9.2

詳細閱讀 Wu and Lin（2002）文章後，比較此文章推移載（Bed load）輸沙公式推導過程與 Einstein 推移載輸沙公式推導過程之差異。（Wu, F.C. and Y.C. Lin (2002): Pickup probability of sediment under log-normal velocity distribution. Journal of hydraulic engineering, ASCE, 128(4), 438-442）

習題 9.3

某泥沙研究實驗室有一矩形渠道，寬度 $B = 1.0$ m，底床坡度 $S =$

0.0005，渠床泥沙粒徑 $d_{90} = 11$ mm，平均粒徑 $d_m = 4.6$ mm，渠槽岸壁為透明光滑玻璃。當渠道內水流深度 $h = 0.5$ m，水流流量 $Q = 0.25$ cms 時，試分別用 Meyer-Peter 1934 年公式及 Meyer-Peter 1948 年公式推估河床載輸沙量，並比較其間差異。

習題 9.4

已知有一沖積河道，其通水斷面接近矩形，底部寬度 $B = 50$ m，河床平均坡度 $S = 0.0065$，水深 $h = 2.0$ m，水流平均流速 $U = 3.6$ m/s，河床泥沙粒徑 $d_{90} = 0.059$ m，平均粒徑 $d_m = 0.012$ m，試分別用 Einstein-Brown 1950 年公式及用 Meyer-Peter 1948 年公式推估河床載輸沙量，並比較其間差異。

習題 9.5

某沖積河道，河寬 $B = 50$ m，河床平均坡度 $S = 0.0015$，河床泥沙粒徑相當均勻，中值粒徑 $d_{50} = 0.28$ mm，水流深度 $h = 2.0$ m，平均流速 $U = 3.6$ m/s，水溫為 15℃，水流中床沙質含量平均濃度 $\bar{C}_m = 2,000$ ppm。試 (1) 按照直接量測資料估算輸沙量 q_m；(2) 用 Schoklitsch 公式計算底床載輸沙量 q_b，並求 q_b/q_m 比值；(3) 用 Meyer-Peter 1934 年公式計算底床載輸沙量 q_b，並求 q_b/q_m 比值。

習題 9.6

試詳細閱讀 Van Rijn（1984）一篇有關懸推移質輸沙量公式之論文，然後列出估算推移質輸沙量之計算步驟。（Van Rijn, L.C. (1984): Sediment Transport, Part I: Bed Load Transport. Journal of Hydraulic Engineering, ASCE, Vol. 110 (10), 1431-1456）

參考文獻及延伸閱讀

1. 吳健民（1991）：泥沙運移學，中國土木水利工程學會。

2. 錢寧、萬兆惠（1991）：泥沙運動力學，科學出版社，中國。

3. Bagnold, R.A. (1966): An approach to the sediment transport problem from general physics. Geological Survey Professional Paper 422-I, USA.

4. Brownlie, W.R. (1981): Prediction of flow depth and sediment discharge in open channels. Report No. KH-R-43A, W.M. Keck Laboratory of Hydraulies and Water Resources, California Institute of Technology, USA.

5. Einstein, H.A. (1942): Formulas for the transportation of bed load. Transactions, American Society of Civil Engineers, Vol. 107(1), 561-597.

6. Einstein, H.A. (1950): The bed-load function for sediment transportation in open channel flows. *Technical Report*, Vol. 1026, U.S., Dept. of Agriculture, Washington, DC.

7. Jan, C.D.（詹錢登）(2017): Discussion of "Formulas for the transportation of bed load" by Chong-Hung Zee and Raymond Zee, Journal of Hydraulic Engineering, ASCE. (Accested to be published).

8. Julien, P.Y. (1998): Erosion and Sedimentation. Cambridge University Press.

9. Lee, H.Y.（李鴻源）, Chen, Y.S., You, J.Y. and Lin, Y.T. (2000): Investigations of continuous bed load saltation process. Journal of Hydraulic Engineering, ASCE, Vol. 129(9), 691-700.

10. Lee H.Y.（李鴻源）and Hsu, I.S. (1994): Investigation of saltating particle motions. Journal of Hydraulic Engineering, ASCE, Vol. 120(7), 831-845.

11. Meyer-Peter, E. and Müller, R. (1948): Formulas for bed load transport. Proceedings of the 3rd Meeting of IAHR, Stockholm, 39-64.

12. Wang, X., Zheng, J., Li, Q. and Qu, Z. (2008): Modification of the Einstein bed-load formula. Journal of Hydraulic Engineering, ASCE, Vol. 134(9), 1363-1369. 04016101-1~11.

13. Wu, F.C.（吳富春）and Lin, Y.C. (2000): Pickup probability of sediment under log-normal velocity distribution. Journal of Hydraulic Engineering, ASCE, Vol. 128(4), 438-442.

14. Yang, C.T.（楊志達）(1977): The movement of sediment in rivers. Geophysical Surveys, Vol. 3, 39-68.

15. Zee, C.H. and Zee, R. (2016): Formulas for the transportation of bed load. Journal of Hydraulic Engineering, ASCE. 04016101-1~11.

16. Van Rijn, L.C. (1984): Sediment Transport, Part I: Bed Load Transport. Journal of Hydraulic Engineering, ASCE, Vol. 110 (10), 1431-1456.

Chapter *10*

懸移載分析

10.1 泥沙擴散方程式

　　紊動水流是驅使泥沙懸浮的最重要因子。紊動水流的擴散作用，不但促使各個流層之間的動量交換，也促使泥沙顆粒的運動。當運動中的泥沙顆粒其沉降速度小於水流的向上脈動流速時，泥沙就有可能以懸浮的方式運動。在質量守恆的原則下，控制體積內泥沙的增加量等於經由控制體積表面流入控制體積的泥沙淨流入量。本節將說明如何由質量守恆推導出泥沙擴散方程式（Sediment diffusion equation）。考量一個渾水流場，渾水中泥沙含量體積濃度為 C_v，泥沙濃度是時間及空間的函數，即 $C_v = C_v(t, x, y, z)$；在此渾水流場中考量一個控制體積，它的長、寬、高分別為 Δx、Δy、Δz，體積為 $\Delta x \Delta y \Delta z$，如圖 10.1 所示。

　　在某時間 $t = t_0$ 時，控制體積內的泥沙量為 $C_v \Delta x \Delta y \Delta z$；經過 Δt 時間後，濃度變量為 ΔC_v，因此在時間 $t = t_0 + \Delta t$ 時，控制體積內的泥沙量為 $(C_v + \Delta C_v)\Delta x \Delta y \Delta z$。單位時間控制體積內泥沙增加量為

$$\frac{\Delta C_v}{\Delta t} \Delta x \Delta y \Delta z \approx \frac{\partial C_v}{\partial t} \Delta x \Delta y \Delta z \qquad （10.1）$$

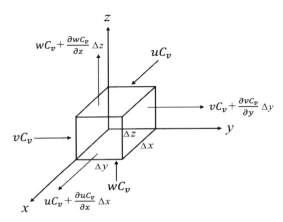

圖 10.1　渾水流場中的控制體積及泥沙傳輸示意圖

在 x 方向泥沙隨水流流入及流出控制體積邊界表面的淨流入量為

$$\left[uC_v - \left(uC_v + \frac{\partial uC_v}{\partial x} \Delta x \right) \right] \Delta y \Delta z = -\frac{\partial uC_v}{\partial x} \Delta x \Delta y \Delta z \qquad (10.2)$$

在 y 方向泥沙隨水流流入及流出控制體積邊界表面的淨流入量為

$$\left[vC_v - \left(vC_v + \frac{\partial vC_v}{\partial y} \Delta y \right) \right] \Delta x \Delta z = -\frac{\partial vC_v}{\partial y} \Delta x \Delta y \Delta z \qquad (10.3)$$

在 z 方向泥沙隨水流流入及流出控制體積邊界表面的淨流入量為

$$\left[wC_v - \left(wC_v + \frac{\partial wC_v}{\partial z} \Delta z \right) \right] \Delta x \Delta y = -\frac{\partial wC_v}{\partial z} \Delta x \Delta y \Delta z \qquad (10.4)$$

因此經由控制體積表面流入控制體積的泥沙淨流入量之總和為

$$-\left(\frac{\partial uC_v}{\partial x} + \frac{\partial vC_v}{\partial y} + \frac{\partial wC_v}{\partial z} \right) \Delta x \Delta y \Delta z = -\nabla \cdot \left(C_v \vec{V} \right) \Delta x \Delta y \Delta z \qquad (10.5)$$

其中 $\vec{V} = u\vec{i} + v\vec{j} + w\vec{k}$ 為水流速度向量。

由質量守恆的原則，單位時間控制體積內泥沙的增加量等於經由控制體積表面流入控制體積的泥沙淨流入量，即

$$\frac{\partial C_v}{\partial t} \Delta x \Delta y \Delta z = -\left(\frac{\partial uC_v}{\partial x} + \frac{\partial vC_v}{\partial y} + \frac{\partial wC_v}{\partial z} \right) \Delta x \Delta y \Delta z$$

$$\rightarrow \quad \frac{\partial C_v}{\partial t} + \left(\frac{\partial uC_v}{\partial x} + \frac{\partial vC_v}{\partial y} + \frac{\partial wC_v}{\partial z} \right) = 0 \qquad (10.6)$$

或簡潔以向量形式表示成

$$\frac{\partial C_v}{\partial t} + \nabla \cdot C_v \vec{V} = 0 \qquad (10.7)$$

對於紊動水流，它的流速和濃度均具有脈動現象。將瞬時流速與濃度均寫成其平均值和脈動量的和，即

$$u = \bar{u} + u' \, ; \, v = \bar{v} + v' \, ; \, w = \bar{w} + w' \, ; \, C_v = \bar{C}_v + C_v' \qquad (10.8)$$

其中 $(\bar{u} , \bar{v} , \bar{w} , \bar{C}_v)$ 代表水流及濃度之時間平均值；(u' , v' , w' , C_v') 代表水流及濃度之脈動量。脈動量 u' , v' , w' 及 C_v' 的時間平均值均為零，即 $\overline{u'} = \overline{v'} = \overline{w'} = \overline{C_v'} = 0$。將（10.8）式代入（10.6）式後，再取時間平均，經整理後可得水流中泥沙擴散方程式

$$\underbrace{\frac{\partial \bar{C}_v}{\partial t}}_{\text{時間變化項}} + \underbrace{\frac{\partial \overline{u}\bar{C}_v}{\partial x} + \frac{\partial \overline{v}\bar{C}_v}{\partial y} + \frac{\partial \overline{w}\bar{C}_v}{\partial z}}_{\text{水流傳輸項}}$$
$$+ \underbrace{\frac{\partial \overline{u'C_v'}}{\partial x} + + \frac{\partial \overline{v'C_v'}}{\partial y} + \frac{\partial \overline{w'C_v'}}{\partial z}}_{\text{紊流擴散項}} = 0 \qquad (10.9)$$

或簡潔以向量形式表示成

$$\frac{\partial \bar{C}_v}{\partial t} + \nabla \cdot (\overline{\vec{V}}\bar{C}_v) + \nabla \cdot (\overline{\vec{V}'C_v'}) = 0 \qquad (10.10)$$

考量水流連續方程式 $\nabla \cdot \overline{\vec{V}} = 0$，上式可以寫成

$$\frac{\partial \bar{C}_v}{\partial t} + \overline{\vec{V}} \cdot \nabla \bar{C}_v + \nabla \cdot (\overline{\vec{V}'C_v'}) = 0 \qquad (10.11)$$

　　將瞬時流速和濃度寫成其平均值和脈動量之和時，增加了脈動量的未知數，增加 $\nabla \cdot (\overline{\vec{V}'C_v'})$ 項的處理難度，因此無法直接求解上述泥沙擴散方程

式。為了有效處理泥沙輸送的擾動量,不直接求解擾動量,而是間接的以平均值的梯度取代擾動量,即進一步假設泥沙輸送的擾動量與泥沙濃度梯度成比例關係為

$$
\begin{cases}
\overline{u'C_v'} = -\varepsilon_x \dfrac{\partial \overline{C}_v}{\partial x} \\[2mm]
\overline{v'C_v'} = -\varepsilon_y \dfrac{\partial \overline{C}_v}{\partial y} \\[2mm]
\overline{w'C_v'} = -\varepsilon_z \dfrac{\partial \overline{C}_v}{\partial z}
\end{cases}
\tag{10.12}
$$

其中 ε_x、ε_y、ε_z 分別為 x, y, z 方向的泥沙擴散係數(Sediment diffusion coefficients)。這樣的處理可以避免直接求解泥沙輸送的擾動量,而是以其平均值的梯度關係式取代泥沙輸送的擾動量。這是一個很聰明的做法,剩下的問題是如何估算這些對應的泥沙擴散係數。

將(10.12)式代入(10.11)式,並且為了簡潔,在此之後,將代表時間平均的符號「-」(橫槓)省略,則泥沙質量守恆方程式可以寫成

$$
\frac{\partial C_v}{\partial t} + \vec{V} \cdot \nabla C_v = \nabla \cdot \left(\varepsilon_x \frac{\partial C_v}{\partial x} \vec{i} + \varepsilon_y \frac{\partial C_v}{\partial y} \vec{j} + \varepsilon_z \frac{\partial C_v}{\partial z} \vec{k} \right)
\tag{10.13}
$$

或詳細寫成

$$
\underbrace{\frac{\partial C_v}{\partial t}}_{\text{局部項}} + \underbrace{u\frac{\partial C_v}{\partial x} + v\frac{\partial C_v}{\partial y}}_{\text{水平傳輸項}} + \underbrace{w\frac{\partial C_v}{\partial z}}_{\text{垂直沉降項}}
$$
$$
= \underbrace{\frac{\partial}{\partial x}\left(\varepsilon_x \frac{\partial C_v}{\partial x} \right) + \frac{\partial}{\partial y}\left(\varepsilon_y \frac{\partial C_v}{\partial y} \right) + \frac{\partial}{\partial z}\left(\varepsilon_z \frac{\partial C_v}{\partial z} \right)}_{\text{擴散項}}
\tag{10.14}
$$

假如 ε_x、ε_y 及 ε_z 與位置 x, y 及 z 無關,則上式可以寫成

$$\frac{\partial C_v}{\partial t} + u\frac{\partial C_v}{\partial x} + v\frac{\partial C_v}{\partial y} + w\frac{\partial C_v}{\partial z}$$

$$= \varepsilon_x \frac{\partial^2 C_v}{\partial x^2} + \varepsilon_y \frac{\partial^2 C_v}{\partial y^2} + \varepsilon_z \frac{\partial^2 C_v}{\partial z^2} \tag{10.15}$$

再進一步假設 $\varepsilon_x = \varepsilon_y = \varepsilon_z = \varepsilon =$ 常數，則泥沙擴散方程式可以更簡潔地表示成

$$\underbrace{\frac{\partial C_v}{\partial t}}_{\text{局部項}} + \underbrace{u\frac{\partial C_v}{\partial x} + v\frac{\partial C_v}{\partial y}}_{\text{水平傳輸項}} + \underbrace{w\frac{\partial C_v}{\partial z}}_{\text{垂直沉降項}}$$

$$= \underbrace{\varepsilon\left(\frac{\partial^2 C_v}{\partial x^2} + \frac{\partial^2 C_v}{\partial y^2} + \frac{\partial^2 C_v}{\partial z^2} \right)}_{\text{擴散項}} \tag{10.16}$$

或簡潔寫成

$$\underbrace{\frac{\partial C_v}{\partial t}}_{\text{局部項}} + \underbrace{\vec{V} \cdot \nabla C_v}_{\text{傳輸項}} = \underbrace{\varepsilon \nabla^2 C_v}_{\text{擴散項}} \tag{10.17}$$

10.2　垂直一維渾水含沙濃度分布

假設渾水流場是處於平衡階段，流場是穩定的，而且在水平方向是均勻的，即 $\partial(\ )/\partial t = 0$、$\partial(\ )/\partial x = 0$、$\partial(\ )/\partial y = 0$ 及泥沙沉降速度 $w = -\omega_0$（向上為正），而且泥沙濃度只在垂直方向有變化，$C_v = C_v(z)$，則泥沙擴散方程式可簡化成

$$-\omega_0 \frac{dC_v}{dz} = \frac{d}{dz}\left(\varepsilon_z \frac{dC_v}{dz} \right) \tag{10.18}$$

上式對 z 做一次積分後可得

$$\varepsilon_z \underbrace{\frac{dC_v}{dz}}_{\text{泥沙擴散量}} + \underbrace{\omega_0 C_v}_{\text{泥沙沉降量}} = 0 \tag{10.19}$$

上式垂直一維泥沙擴散方程式說明當渾水流場是處於平衡階段時，泥沙因重力作用向下的沉降量等於紊流作用使泥沙向上的擴散量。由此垂直一維泥沙擴散方程式可以推求渾水流場是處於平衡階段時的泥沙濃度在垂直方向的分布 $C_v(z)$。假如泥沙擴散係數 ε_z 為常數，不隨水深而改變，由上式可得

$$\frac{1}{C_v} dC_v = -\frac{\omega_0}{\varepsilon_z} dz \tag{10.20}$$

將上式積分，配合邊界條件，在接近底床處 $z = a$，$C_v = C_v(a) = C_{va}$，可得到濃度對數分布關係式為

$$\ln C_v = -\frac{\omega_0}{\varepsilon_z}(z-a) + \ln C_{va} \quad \text{for } z \geq a \tag{10.21}$$

或以指數形式表示為

$$C_v = C_{va} e^{-\frac{\omega_0}{\varepsilon_z}(z-a)} \quad \text{for } z \geq a \tag{10.22}$$

式中 C_{va} 為在距床面 $z = a$ 處之濃度。上式是 Lane-Kalinske 在 1941 年所提出的公式，此濃度分布公式在水面時濃度最小，在距床面 $z = a$ 處之濃度 C_{va} 最大，濃度離床面愈遠，濃度愈小，其間以指數方式遞減。1929 年 Hurst 的圓桶均勻擾動試驗所得之濃度分布大致上與上式相符合。此外，渾水水深為 h，剪力速度為 u_* 時，當把水流中擴散係數 ε_z 視為常數，一般採用下式估算平均泥沙擴散係數

$$\varepsilon_z = \frac{ku_* h}{6} \tag{10.23}$$

其中 k = Von Kármán 常數，$k \approx 0.4$，$\varepsilon_z = u_* h / 15 \approx 0.067 u_* h$。將上式代入濃度公式可得

$$C_v = C_{va} e^{-\frac{6(z-a)}{h} z_*} \quad \text{for } a \leq z \leq h \tag{10.24}$$

其中參數 $z_* = \omega_0/(ku_*)$，又稱為勞斯數（Rouse number），它反映的是泥沙沉降速度 ω_0 與剪力速度 u_* 的相對大小，ω_0 愈大（泥沙顆粒愈大）或 u_* 愈小（水流速度愈小），則參數 z_* 愈大，表層含沙濃度愈小，而且含沙濃度向河床方向的衰減率愈快。將上式重新整理，略為改寫一下，

$$\frac{C_v}{C_{va}} = e^{-6z_*\left(1-\frac{a}{h}\right)\left(\frac{z-a}{h-a}\right)} \quad \text{for } a/h \leq z/h \leq 1 \tag{10.25}$$

取 $a/h = 0.05$，然後以 C_v/C_{va} 為橫座標，以 $(z - a)(h - a)$ 為縱座標，可以繪出在不同勞斯數 z_* 條件下之泥沙濃度垂直分布，如圖 10.2 所示。

$$\frac{C_v}{C_{va}} = e^{-5.7z_*\left(\frac{z-a}{h-a}\right)} \quad \text{for } 0 \leq \frac{z-a}{h-a} \leq 1 \tag{10.26}$$

圖 10.2 中比較六個不同 z_* 值條件下之無因次含沙濃度分布，其中 $z_* = 1/16$、1/8、1/4、1/2、1 及 2。圖中曲線反映泥沙較細者，或者水流強度較大者，勞斯數 z_* 愈小，渾水中的含沙濃度較大，而且上下濃度較為均勻。

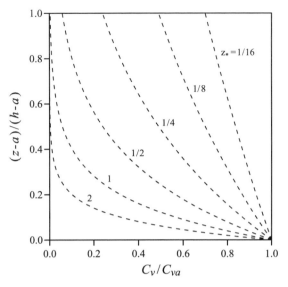

圖 10.2 比較不同勞斯數 z_* 下指數形式之泥沙濃度分布

10.3 勞斯泥沙濃度分布公式

實質上，泥沙交換係數 ε_z 不是一個常數，而是空間位置函數。勞斯（Rouse）含沙濃度分布公式處理方式，係假設泥沙交換係數 ε_z 與動量交換係數 ε_m 成線性比例關係，即 $\varepsilon_z = \beta_s \varepsilon_m$，其中 β_s 為比例係數，在實務應用上常取 $\beta_s \simeq 1$，即泥沙交換係數 ε_z 等於動量交換係數 ε_m。先以水深二維水流說明一下如何推估動量交換係數。對於水深二維均勻流，紊流剪應力與速度梯度之關係可以寫成

$$\tau = -\rho_f \overline{u'w'} = \rho_f \varepsilon_m \frac{du}{dz} \tag{10.27}$$

其中水深二維均勻流剪應力 $\tau(z)$ 在水深方面的變化為 $\tau(z) = \rho_f u_*^2 (1 - z/h)$，再假設流速分布符合對數分布，即 $du/dz = u_*/kz$，則

$$\varepsilon_m = \frac{\tau}{\rho_f (du / dz)} = ku_* z \left(1 - \frac{z}{h}\right) \tag{10.28}$$

由上式可得動量交換係數的水深平均值為 $\overline{\varepsilon}_m = ku_* h / 6$。假設泥沙交換係數 ε_z 與動量交換係數 ε_m 成線性比例關係，即 $\varepsilon_z = \beta_s \varepsilon_m$，其中 β_s 為比例係數。然後將（10.28）式代入（10.19）式可得

$$\beta_s ku_* \frac{z(h-z)}{h} \frac{dC_v}{dz} + \omega_0 C_v = 0 \tag{10.29}$$

將上式重新整理後寫成

$$\frac{1}{C_v} dC_v = -\frac{\omega_0}{\beta_s ku_*} \frac{h}{z(h-z)} dz = \frac{\omega_0}{\beta_s ku_*} \left(\frac{1}{(h-z)} - \frac{1}{z}\right) dz \tag{10.30}$$

積分上式可得

$$\ln C_v = \frac{\omega_0}{\beta_s ku_*} \ln \frac{h-z}{z} + C_2 \tag{10.31}$$

配合邊界條件，在接近底床處 $z = a$，$C_v = C_v(a) = C_{va}$，可求得積分常數

$$C_2 = \ln C_{va} - \frac{\omega_0}{\beta_s ku_*} \ln \frac{h-a}{a} \tag{10.32}$$

因此無因次濃度分布曲線為

$$\ln \frac{C_v}{C_{va}} = \frac{\omega_0}{\beta_s ku_*} \ln \left(\frac{h-z}{z} \cdot \frac{a}{h-a}\right) \tag{10.33}$$

重新整理後可得

$$\frac{C_v}{C_{va}} = \left(\frac{h-z}{z} \cdot \frac{a}{h-a} \right)^{z_*} = \left(\frac{a}{z} \cdot \frac{h-z}{z-a} \right)^{z_*} \left(\frac{z-a}{h-a} \right)^{z_*} \qquad (10.34)$$

上式是著名的泥沙濃度垂直分布公式，它是 Rouse 在 1937 年發表的公式，因此又簡稱為勞斯公式（Rouse equation），其中冪次方指數 $z_* = \omega_0 / (\beta_s k u_*)$，被稱為勞斯數（Rouse number）。將上式以 C_v/C_{va} 為橫軸，以 $(z - a)$ $(h - a)$ 為縱軸，可以繪出在不同 Rouse 數 z_* 條件下之泥沙濃度垂直分布，如圖 10.3 所示。

為了方便說明及理解繪圖程序，先設定幾個無因次參數，令 $Z = z/h$，$Z_a = a/h$，$X_* = C_v/C_{va}$ 及 $Y_* = (z - a)(h - a)$，則

$$Y_* = \frac{z-a}{h-a} = \frac{(z/h)-(a/h)}{1-(a/h)} = \frac{Z-Z_a}{1-Z_a} \qquad (10.35)$$

其中 $0 \leq Y_* \leq 1$。兩個無因次水深參數 Z 和 Y_* 之關係為

$$Z = Z_a + (1 - Z_a)Y_* \quad \text{for } Z_a \leq Z \leq 1 \qquad (10.36)$$

代入（10.34）式後可得

$$X_* = \left(\frac{Z_a}{Z} \cdot \frac{1-Z}{Z-Z_a} \right)^{z_*} Y_*^{z_*} \qquad (10.37)$$

在繪圖時，先給 Y_* 及 Z_a 值（即已知水深 h、懸浮載起算高度 a 及高度方向之位置 z），然後（10.36）式計算出對應之無因次高度 Z 值，再代入（10.37）式中求出對應之無因次濃度 X_* 值。例如無因次懸浮載起算高度 $Z_a = 0.05$，則 $Z = 0.05 + 0.95Y_*$，$0 \leq Y_* \leq 1$ 及 $0.05 \leq Z \leq 1$，無因次濃度分布關係為

$$X_* = \left(\frac{0.05}{Z} \cdot \frac{1-Z}{Z-0.05} \right)^{z_*} Y_*^{z_*} \qquad (10.38)$$

　　圖 10.3 比較 6 個不同 z_* 值及 $Z_a = 0.05$ 條件下之無因次泥沙濃度分布，其中 $z_* = 1/16$、1/8、1/4、1/2、1 及 2。圖中反映泥沙較細者或水流強度較大者，渾水中的含沙濃度較大，而且較為均勻。圖 10.4 比較 Rouse 和 Lane-Kalinske 之泥沙濃度分布，比較結果顯示在表面（$Y_* \approx 1$）及在下層（$0.05 < Y_* < 0.5$）處泥沙濃度分布之差異較大。

　　此外，由勞斯數 z_* 的大小大概也可以作為評估渾水中挾沙水流特性之參數：當 $z_* > 2.5$，以推移載為主；當 $1.2 < z_* < 2.5$，推移載及懸浮載相當；當 $0.8 < z_* < 1.2$，以懸浮載為主；當 $z_* < 0.8$，泥沙顆粒很小，以沖瀉載為主。

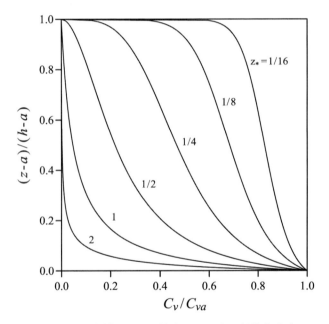

圖 10.3　比較不同 z_* 值之 Rouse 泥沙濃度分布

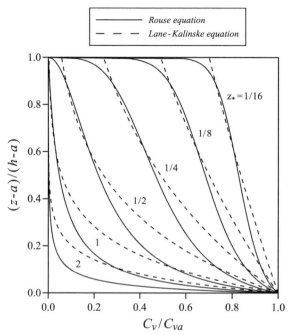

圖 10.4   **比較** Rouse **和** Lane-Kalinske **之泥沙濃度分布**

10.4   懸浮載輸沙公式

　　本節介紹愛因斯坦（Einstein）的懸浮載輸沙量公式。懸浮載輸沙量是指推移載表面（或稱在河床面附近的基準點高程 $z = a$）至水表面之間水流的挾沙量。已知含沙濃度 C_v 及水流速度 u 之關係式，將 C_v 和 u 相乘，然後從推移載表面積分到水面，即可得到懸浮載輸沙量（以體積計算）。當計算結果再乘上泥沙單位重 γ_s 時，可得以重量表示的單位寬度單位時間之懸浮載輸沙量 q_{sw}（以重量計，單位 kg/m-s），即

$$q_{sw} = \gamma_s \int_a^h C_v(z)u(z)dz \qquad （10.39）$$

愛因斯坦採用對數速度分布來描述水深方向之流速分布，並採用 Rouse 公

式來描述泥沙濃度分布，即

$$u(z) = 5.75u_* \log\left(\frac{30.2z\chi}{k_s}\right) \qquad (10.40)$$

$$C_v(z) = C_{va}\left(\frac{h-z}{z}\cdot\frac{a}{h-a}\right)^{z_*} \qquad (10.41)$$

因此單位寬度懸浮載輸沙量為

$$q_{sw} = \gamma_s \int_a^h C_{va}\left(\frac{h-z}{z}\cdot\frac{a}{h-a}\right)^{z_*} 5.75u_* \log\left(\frac{30.2z\chi}{k_s}\right)dz \qquad (10.42)$$

或以水深為參數將上式積分變數無因次化

$$\frac{q_{sw}}{5.75\gamma_s C_{va}u_*h} = \int_{a/h}^1 \left(\frac{1-z/h}{z/h}\cdot\frac{a/h}{1-a/h}\right)^{z_*} \log\left(\frac{30.2(z/h)\chi}{k_s/h}\right)d(z/h) \qquad (10.43)$$

如前一節所述，令 $Z_a = a/h$，$Z = z/h$，且令 $\Delta = k_s/\chi$，則上式可以寫成

$$\frac{q_{sw}}{5.75u_*\gamma_s C_{va}a} = \frac{Z_a^{z_*-1}}{(1-Z_a)^{z_*}}\int_A^1 \left(\frac{1-Z}{Z}\right)^{z_*}\left[\log\left(\frac{30.2}{\Delta/h}\right)+\log Z\right]dZ \qquad (10.44)$$

再令

$$I_1(Z_a, z_*) = 0.216\frac{Z_a^{z_*-1}}{(1-Z_a)^{z_*}}\int_{Z_a}^1 \left(\frac{1-Z}{Z}\right)^{z_*} dZ \qquad (10.45)$$

$$I_2(Z_a, z_*) = 0.216\frac{Z_a^{z_*-1}}{(1-Z_a)^{z_*}}\int_{Z_a}^1 \left(\frac{1-Z}{Z}\right)^{z_*} \ln Z\, dZ \qquad (10.46)$$

則

$$\frac{q_{sw}}{11.6\gamma_s u_* C_{va}a} = \left[2.303\log\left(\frac{30.2h}{\Delta}\right)I_1(Z_a, z_*) + I_2(Z_a, z_*)\right] \quad (10.47)$$

上式為愛因斯坦的每單位寬度懸浮載輸沙量公式，其中積分函數 I_1 及 I_2 是無因次懸浮載與底床載交接點高程 Z_a（$= a/h$）及勞斯數 z_* 的函數，又稱愛因斯坦積分函數（Einstein integrals）。這兩個積分函數是有些複雜的，無法直接得到答案。愛因斯坦建立兩個圖表，如圖 10.5 及 10.6 所示，提供在已知 (Z_a, z_*) 值時，以圖表法方式求得對應之 I_1 及 I_2 值。為了克服使用圖表法推求 I_1 及 I_2 值的不便性，郭俊克他們（Guo and Julien, 2004）發展一套可直接計算出 I_1 及 I_2 值的方法，將在本章 10.6 節中介紹。

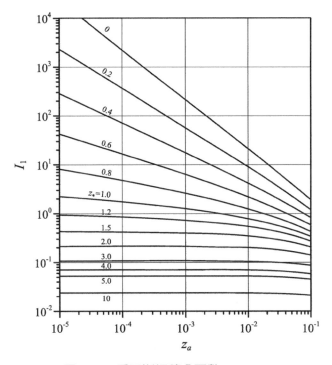

圖 10.5　愛因斯坦積分函數 $I_1(Z_a, z_*)$

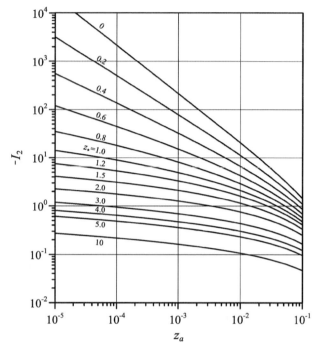

圖 10.6　愛因斯坦積分函數 $I_2(Z_a, z*)$

　　如前所述，C_{va}是基準點上（$z = a$）的濃度；在懸浮載含沙濃度分析時，並沒有考量底部含沙濃度如何求得，而是暫時將它視為在底部基準點上的邊界條件。接下來將說明如何估算基準點上的濃度 C_{va}。愛因斯坦在 1950 年提出將推移層的上緣設為基準點，並假設底部推移層厚度大約是泥沙粒徑的兩倍，因此 C_{va}是基準點上（$z = a \approx 2d$）的濃度。再假設 C_{va}為推移層內推移載的平均濃度。設 q_{bw} 為每單位寬度推移載輸沙量（以重量計），推移層厚度為 a，該位置對應的流速為 u_a，則

$$C_{va} = \frac{q_{bw}}{\gamma_s a u_a}$$

（10.48）

其中 u_a 為 $z = a$ 處之流速，用邊界層流次層公式來估算，即

$$\tau_0 = \mu_f \frac{du}{dz} \approx \mu_f \frac{u_a}{\delta} \quad \rightarrow \quad \rho_f u_*^2 \approx \mu_f \frac{u_a}{\delta} \tag{10.49}$$

又邊界層流次層 $\delta = 11.6 v_f / u_*$，由上式得 $u_a = 11.6 u_*$，再代入前式得推移層內推移載的平均含沙濃度為

$$C_{va} = \frac{1}{11.6} \frac{q_{bw}}{au_* \gamma_s} \tag{10.50}$$

或是寫成 $q_{bw} = 11.6 \gamma_s C_{va} u_* a$，此表示底床附近基準點含沙濃度 C_{va} 可由推移載輸沙量來推求得知。推移載輸沙量愈大，則 C_{va} 值愈高。將（10.50）式代入懸浮載輸沙量公式（10.47）式，可得

$$q_{sw} = \left[2.303 \log \left(\frac{30.2h}{\Delta} \right) I_1 + I_2 \right] q_{bw} \tag{10.51}$$

或簡潔寫成

$$q_{sw} = (P_E I_1 + I_2) q_{bw} \tag{10.52}$$

其中係數 $P_E = 2.303 \log(30.2h/\Delta)$。上式說明懸浮載輸沙量和推移載輸沙量成正比關係，比例係數為 $(P_E I_1 + I_2)$，它與參數 Z_a、z_* 及 h/Δ 有關。

10.5 懸浮載平均濃度

將懸浮載濃度分布函數做水深積分後取水深平均，可得懸浮載平均濃度 $\overline{C_v}$，即

$$\overline{C_v} = \frac{1}{h-a} \int_a^h C_v(z) dz \tag{10.53}$$

當採用愛因斯坦懸浮載濃度公式時

$$\overline{C_v} = \frac{1}{h-a} \int_a^h C_{va} \left(\frac{h-z}{z} \cdot \frac{a}{h-a} \right)^{z_*} dz \tag{10.54}$$

以水深為參數將上式積分變數改為無因次變數可得

$$\begin{aligned}
\overline{C_v} &= \frac{h}{h-a} \int_{a/h}^1 C_{va} \left(\frac{1-z/h}{z/h} \cdot \frac{a/h}{1-a/h} \right)^{z_*} d(z/h) \\
&= \frac{1}{1-Z_a} \left(\frac{Z_a}{1-Z_a} \right)^{z_*} C_{va} \int_{Z_a}^1 \left(\frac{1-Z}{Z} \right)^{z_*} dZ \\
&= \frac{1}{0.216} \cdot \frac{Z_a}{1-Z_a} \cdot C_{va} \cdot \underbrace{\left[0.216 \frac{Z_a^{z_*-1}}{(1-Z_a)^{z_*}} \int_{Z_a}^1 \left(\frac{1-Z}{Z} \right)^{z_*} dZ \right]}_{I_1(Z_a, z_*)}
\end{aligned} \tag{10.55}$$

因此

$$\overline{C_v} = \frac{1}{0.216} \cdot \frac{Z_a}{1-Z_a} \cdot I_1(Z_a, z_*) \cdot C_{va} \tag{10.56}$$

使用原先愛因斯坦懸浮載濃度分布函數可以求出濃度恰好等於平均濃度之位置 z_{ave}，即 $C_v(z_{ave}) = \overline{C_v}$。因此

$$C_{va} \cdot \left(\frac{h-z_{ave}}{z_{ave}} \cdot \frac{a}{h-a} \right)^{z_*} = \frac{1}{0.216} \cdot \frac{Z_a}{1-Z_a} \cdot I_1(Z_a, z_*) \cdot C_{va} \tag{10.57}$$

整理上式可得

$$\frac{h-z_{ave}}{z_{ave}} = \left[\frac{I_1(Z_a, z_*)}{0.216} \cdot \left(\frac{Z_a}{1-Z_a} \right)^{1-z_*} \right]^{1/z_*} \tag{10.58}$$

所以濃度恰好等於平均濃度之位置為

$$z_{ave} = \frac{h}{1 + \left(\dfrac{I_1(Z_a, z_*)}{0.216}\right)^{1/z_*} \left(\dfrac{Z_a}{1 - Z_a}\right)^{(1-z_*)/z_*}} \qquad (10.59)$$

由上式可知,當 $z_* \to 0$,$z_{ave} \to h$;當 $z_* \to \infty$,$z_{ave} \to a$。也就是說泥沙顆粒愈細,z_* 愈小,濃度恰好等於平均濃度之位置愈接近水面;反之,泥沙顆粒愈粗,z_* 愈大,濃度恰好等於平均濃度之位置將愈接近底床。例如 Z_a = 0.00064 及 z_* = 1.18 所對應之 I_1 = 0.81,則平均濃度 $\overline{C_v}$ = 0.0024C_{va},濃度分布曲線中與平均濃度相同之位置 z_{ave}/h = 0.106,接近底床。

10.6 細泥沙懸浮載輸沙公式

對於細泥沙懸浮載,當勞斯數 $z_* < 1$ 時,郭俊克建議一個比較簡單的方法計算懸浮載輸沙量(Guo & Wood, 1995)。這個較簡單的方法主要是在處理類似前述的兩個積分函數。他們也使用對數流速公式,並導入平均流速 U 到對數流速公式裡,即

$$\frac{u}{u_*} = \frac{1}{k}\ln Z + \text{const} \qquad (10.60)$$

將上式積分後取水深平均得到

$$\frac{U}{u_*} = -\frac{1}{k} + \text{const} \qquad (10.61)$$

因此得到包含平均流速的對數流速公式

$$\frac{u}{u_*} = \frac{1}{k}\ln Z + \left(\frac{U}{u_*} + \frac{1}{k}\right) \qquad (10.62)$$

在懸移載濃度分布方面,郭俊克也是使用 Rouse 懸移載濃度分布,即

$$C_v(Z) = C_{va}\left(\frac{1-Z}{Z} \cdot \frac{Z_a}{1-Z_a}\right)^{z_*}$$ （10.63）

在無因次基準點高程 Z_a（$= a/h$）方面，由於考慮非常細的泥沙，Z_a 很小，他們假設在推求每單位寬度單位時間懸浮載輸沙量（乾重量計）q_{sw} 時的積分下限可以從零開始，即

$$q_{sw} = \gamma_s \int_0^1 C_v(Z)u(Z)dZ$$ （10.64）

將流速及濃度公式代入上式之後可得

$$\frac{q_{sw}}{\gamma_s h u_* C_{va}} = \left(\frac{Z_a}{1-Z_a}\right)^{z_*}\left[\left(\frac{U}{u_*}+\frac{1}{k}\right)\int_0^1\left(\frac{1-Z}{Z}\right)^{z_*} dZ + \frac{1}{k}\int_0^1\left(\frac{1-Z}{Z}\right)^{z} \ln Z \, dZ\right]$$ （10.65）

或簡潔寫成

$$\frac{q_{sw}}{\gamma_s h u_* C_{va}} = \left(\frac{Z_a}{1-Z_a}\right)^{z_*}\left[\left(\frac{U}{u_*}+\frac{1}{k}\right)J_1(z_*) + \frac{1}{k}J_2(z_*)\right]$$ （10.66）

其中積分函數 $J_1(z_*)$ 及 $J_2(z_*)$ 分別為

$$J_1(z_*) = \int_0^1\left(\frac{1-Z}{Z}\right)^{z_*} dZ$$ （10.67）

$$J_2(z_*) = \int_0^1\left(\frac{1-Z}{Z}\right)^{z_*} \ln Z \, dZ$$ （10.68）

此處積分函數 $J_1(z_*)$ 及 $J_2(z_*)$ 相當於 10.7 節中的積分函數 $J_1(0, z_*)$ 及 $J_2(0, z_*)$。當勞斯數 $z_* < 1$ 時，郭俊克引入 Beta 函數及 Gamma 函數來分析此兩個積分函數，最後得到簡易的方法來計算此兩個積分函數。

$$J_1(z_*) = \frac{z_* \pi}{\sin(z_* \pi)} \qquad (10.69)$$

$$J_2(z_*) \approx -J_1(z_*) f(z_*) \qquad (10.70)$$

因此懸移載輸沙量為

$$q_{sw} = \gamma_s h u_* C_{va} \left(\frac{Z_a}{1-Z_a} \right)^{z_*} \left[\frac{U}{u_*} + \frac{1-f(z_*)}{k} \right] \frac{z_* \pi}{\sin z_* \pi} \qquad (10.71)$$

其中

$$f(z_*) = (1-\gamma) - \ln(2-z_*) + \frac{1}{1-z_*}$$
$$+ \frac{1}{2(2-z_*)} + \frac{1}{24(2-z_*)^2} \qquad (10.72)$$

其中 γ = Euler 常數 ≈ 0.5772156649。

$$\overline{C_v}(Z_a, z_*) = C_{va} \left(\frac{Z_a}{1-Z_a} \right)^{z_*} \int_0^1 \left(\frac{1-Z}{Z} \right)^{z_*} dZ$$
$$= C_{va} \left(\frac{Z_a}{1-Z_a} \right)^{z_*} J_1(z_*) = C_{va} \left(\frac{Z_a}{1-Z_a} \right)^{z_*} \frac{z_* \pi}{\sin(z_* \pi)} \qquad (10.73)$$

假如 $Z_a = 0.0001$ 及 $z_* = 0.25$，則所對應之平均濃度 $\overline{C_v} = 0.111 C_{va}$。當以平均濃度替代 C_{va} 時，則（10.71）式懸移質輸沙量可以表示為

$$q_{sw} = \gamma_s h u_* \overline{C_v} \left[\frac{U}{u_*} + \frac{1-f(z)}{k} \right]$$
$$= \underbrace{\gamma_s h \overline{C_v} U}_{\text{平均值計算量}} + \underbrace{\gamma_s h u_* \overline{C_v} \left(\frac{1-f(z_*)}{k} \right)}_{\text{修正項}} \qquad (10.74)$$

將先前愛因斯坦的懸移質底部濃度與推移質輸沙量之關係式,(10.50)式,即 $q_{bw} = 11.6\gamma_s C_{va} u_* a$,代入(10.74)式可得

$$q_{sw} = \left[\frac{Z_a^{z_*-1}}{11.6(1-Z_a)^{z_*}}\left(\frac{U}{u_*} + \frac{1-f(z_*)}{k}\right)\frac{z_*\pi}{\sin z_*\pi}\right]q_{bw} \qquad (10.75)$$

此式說明懸移質輸沙量與推移質輸沙量成比例關係。

10.7 愛因斯坦積分函數推估

⧗ 10.7.1 級數解法

為了克服使用圖表法推求愛因斯坦積分函數 I_1 及 I_2 值的不便性,本節將介紹 2004 年郭俊克他們(Guo & Julien)所發展出可直接推估 I_1 及 I_2 值的級數解計算方法。首先將愛因斯坦積分函數 I_1 及 I_2 分別以積分函數 $J_1(Z_a, z_*)$ 及 $J_2(Z_a, z_*)$ 來表示,即

$$I_1(Z_a, z_*) = 0.216\frac{Z_a^{z_*-1}}{\left(1-Z_a\right)^{z_*}} J_1(Z_a, z_*) \qquad (10.76)$$

$$I_2(Z_a, z_*) = 0.216\frac{Z_a^{z_*-1}}{\left(1-Z_a\right)^{z_*}} J_2(Z_a, z_*) \qquad (10.77)$$

其中

$$\begin{aligned}
J_1(Z_a, z_*) &= \int_{Z_a}^1 \left(\frac{1-Z}{Z}\right)^{z_*} dZ \\
&= \underbrace{\int_0^1 \left(\frac{1-Z}{Z}\right)^{z_*} dZ}_{J_1(z_*)} - \underbrace{\int_0^{Z_a} \left(\frac{1-Z}{Z}\right)^{z_*} dZ}_{F_1(z_*)}
\end{aligned} \qquad (10.78)$$

$$J_2(Z_a, z_*) = \int_{Z_a}^1 \left(\frac{1-Z}{Z}\right)^{z_*} \ln Z dZ$$

$$= \underbrace{\int_0^1 \left(\frac{1-Z}{Z}\right)^{z_*} \ln Z dZ}_{J_2(z_*)} - \underbrace{\int_0^{Z_a} \left(\frac{1-Z}{Z}\right)^{z_*} \ln Z dZ}_{F_2(z_*)} \qquad （10.79）$$

經過冗長的推導，郭俊克他們得到級數解析解為

$$J_1 = \begin{cases} \dfrac{z_*\pi}{\sin(z_*\pi)} - \left[\dfrac{(1-Z_a)^{z_*}}{Z_a^{z_*-1}} - z_*\displaystyle\sum_{k=1}^{\infty}\dfrac{(-1)^k}{k-z_*}\left(\dfrac{Z_a}{1-Z_a}\right)^{k-z_*}\right] & \text{for } z_* \neq n \\[4mm] (-1)^n[n\ln Z_a - Z_a + 1] + \displaystyle\sum_{k=0}^{n-2\geq 0}\left[\dfrac{(-1)^k n!}{(n-k)!k!}\dfrac{Z_a^{k-n+1}-1}{n-k-1}\right] & \text{for } z_* = n \end{cases} \qquad （10.80）$$

$$J_2 = \begin{cases} \dfrac{z_*\pi}{\sin(z_*\pi)}\left[\pi\cot(z_*\pi) - 1 - \dfrac{1}{z_*} + \displaystyle\sum_{k=1}^{\infty}\left(\dfrac{1}{k} - \dfrac{1}{z_*+k}\right)\right] - F_2(z_*) & \text{for } z_* \neq n \\[4mm] (-1)^n\left[\dfrac{n}{2}\ln^2 Z_a - Z_a\ln Z_a + Z_a - 1\right] & \\[3mm] \quad + \displaystyle\sum_{k=0}^{n-2\geq 0}\left\{\dfrac{(-1)^k n!}{(n-k)!k!}\left[\dfrac{Z_a^{1+k-n}\ln Z_a}{n-k-1} + \dfrac{Z_a^{1+k-n}-1}{(n-k-1)^2}\right]\right\} & \text{for } z_* = n \end{cases} \qquad （10.81）$$

其中

$$F_1(Z_a, z_*) = \frac{(1-Z_a)^{z_*}}{Z_a^{z_*-1}} - z_*\sum_{k=1}^{\infty}\frac{(-1)^k}{k-z_*}\left(\frac{Z_a}{1-Z_a}\right)^{k-z_*} \quad \text{for } z_* \neq n \qquad （10.82）$$

$$F_2(Z_a, z_*) = F_1(Z_a, z_*)\left(\ln Z_a + \frac{1}{z_*-1}\right) + z_*\sum_{k=1}^{\infty}\left(\frac{(-1)^k F_1(Z_a, z_*-k)}{(z_*-k)(z_*-k-1)}\right) \quad \text{for } z_* \neq n \qquad （10.83）$$

而且勞斯數 z_* 的適用範圍由原先的 $0 < z_* < 1$ 擴大為 $z_* > 0$。

⧗ 10.7.2 多項式迴歸公式法

　　郭俊克他們發展出的級數解計算方法，雖然改善了求解推估 I_1 及 I_2 圖表法的方便性及計算效率，但計算上仍然有些複雜。為了更直接而簡單的計算方法，2006 年 Abad & Garcia 提出六階多項式迴歸方程式來推估愛因斯坦積分函數值。他們首先將積分函數 $J_1(Z_a, z_*)$ 及 $J_2(Z_a, z_*)$ 改寫成 $INT_1(Z_a, z_*)$ 及 $INT_2(Z_a, z_*)$，然後利用已知 Z_a 及 z_* 值可求解得出 $INT_1(Z_a, z_*)$ 及 $INT_2(Z_a, z_*)$，即

$$INT_1(Z_a, z_*) = \left(\frac{Z_a}{1-Z_a}\right)^{z_*} J_1(Z_a, z_*)$$

$$= \int_{Z_a}^1 \left(\frac{(1-Z)/Z}{(1-Z_a)/Z_a}\right)^{z_*} dZ \tag{10.84}$$

$$INT_2(Z_a, z_*) = \left(\frac{Z_a}{1-Z_a}\right)^{z_*} J_2(Z_a, z_*)$$

$$= \int_{Z_a}^1 \left(\frac{(1-Z)/Z}{(1-Z_a)/Z_a}\right)^{z_*} \ln Z \, dZ \tag{10.85}$$

接著先固定 Z_a 值，以下列多項式方程式對不同的 z_* 進行迴歸

$$INT_1(Z_a, z_*) = \frac{1}{C_{10} + C_{11}z_* + C_{12}z_*^2 + C_{13}z_*^3 + C_{14}z_*^4 + C_{15}z_*^5 + C_{16}z_*^6} \tag{10.86}$$

$$INT_2(Z_a, z_*) = \frac{1}{C_{20} + C_{21}z_* + C_{22}z_*^2 + C_{23}z_*^3 + C_{24}z_*^4 + C_{25}z_*^5 + C_{26}z_*^6} \tag{10.87}$$

　　上述兩個多項式方程式中的係數 C_{1i} 及 C_{2i}，$i = 0, 1, 2, ...6$，與相對參考高度 Z_a 有密切之關係，都是 Z_a 的函數，即 $C_{1i} = C_{1i}(Z_a)$ 及 $C_{2i} = C_{2i}(Z_a)$。表 10.1 及表 10.2 列出十種 Z_a 值所對應之迴歸係數。一般 Z_a 值介於 0.01～0.1，最常用的是 $Z_a = 0.05$。

表 10.1　積分函數 $INT_1(z_*)$ 六階多項式之迴歸係數

Z_a	C_{10}	C_{11}	C_{12}	C_{13}	C_{14}	C_{15}	C_{16}
0.01	1.4852	0.2025	14.087	20.918	−10.910	2.0340	−0.1345
0.02	1.2134	1.9542	10.613	6.0002	−3.6259	0.6938	−0.0462
0.03	1.1409	2.4266	8.2541	2.4058	−1.7617	0.3474	−0.0234
0.04	1.1138	2.5982	6.7187	1.0290	−1.0010	0.2045	0.0139
0.05	1.1038	2.6626	5.6497	0.3822	−0.6174	0.1315	−0.0091
0.06	1.1020	2.6809	4.8640	0.0422	−0.3989	0.0894	−0.0063
0.07	1.1048	2.6775	4.2624	−0.1487	−0.2639	0.0629	−0.0045
0.08	1.1104	2.6636	3.7870	−0.2598	−0.1757	0.0454	−0.0033
0.09	1.1178	2.6448	3.4019	−0.3254	−0.1156	0.0333	−0.0025
0.10	1.1266	2.6239	3.0838	−0.3636	−0.0734	0.0246	−0.0019

Note: After Abad & Garcia (2006).

表 10.2　積分函數 $INT_2(z_*)$ 六階多項式之迴歸係數

Z_a	C_{20}	C_{21}	C_{22}	C_{23}	C_{24}	C_{25}	C_{26}
0.01	1.1510	2.1787	7.6572	−0.2777	−0.5700	0.1424	−0.0105
0.02	1.1428	2.4442	4.2581	−0.47133	−0.1505	0.0467	−0.0036
0.03	1.1744	2.4172	3.0015	−0.4405	−0.0490	0.0218	−0.0018
0.04	1.2143	2.3640	2.3373	−0.3955	−0.0104	0.0116	−0.0010
0.05	1.2574	2.3159	1.9239	−0.3558	0.0075	0.0064	−0.0006
0.06	1.3023	2.2773	1.6411	−0.3228	0.0167	0.0035	−0.0004
0.07	1.3486	2.2481	1.4351	−0.2955	0.0216	0.0017	−0.0003
0.08	1.3961	2.2269	1.2782	−0.2728	0.0243	0.0005	−0.0002
0.09	1.4450	2.2125	1.1548	−0.2536	0.0258	−0.0002	−0.0001
0.10	1.4952	2.2041	1.0552	−0.2372	0.0265	−0.0008	−0.00005

Note: After Abad & Garcia (2006).

⧗ 10.7.3　使用 Mathematica 計算軟體求解

步驟 1

開啟 Wolfram Mathematica 中 Table 函數功能。

步驟 2

選定 z_* 值，指定 Z_a 值或 Z_a 的範圍值。

步驟 3

例如設 $z_* = 0.2$，$Z_a = 0.01\sim0.1$，間隔 0.01，令 $B = 100Z_a$，則 Mathematica 中 Table 功能求解 $J_1(Z_a, z_*)$ 的輸入方式分別為

$$\text{Table}\left[\int_{\frac{B}{100}}^{1}\left(\frac{1\text{-}Z}{Z}\right)^{0.2} dZ, \ \{B, 1, 10\}\right] \quad (10.88)$$

步驟 4

輸入完按 Shift + Enter，可得到下列十個結果，$J_1(Z_a, 0.2)$，其中 $Z_a = 0.01\sim0.1$，間隔 0.01。

$J_1(0.01, 0.2)$	$J_1(0.02, 0.2)$	$J_1(0.03, 0.2)$	$J_1(0.04, 0.2)$	$J_1(0.05, 0.2)$
1.0376	1.0144	0.9935	0.9741	0.9557
$J_1(0.06, 0.2)$	$J_1(0.07, 0.2)$	$J_1(0.08, 0.2)$	J1(0.09, 0.2)	$J_1(0.10, 0.2)$
0.9380	0.9210	0.9044	0.8884	0.8727

步驟 5

同理，當 $z_* = 0.2$，$Z_a = 0.01\sim0.1$，間隔 0.01，則 Mathematica 中 Table 功能求解 $J_2(Z_a, z_*)$ 的輸入方式分別為

$$\text{Table}\left[\int_{\frac{B}{100}}^{1}\left(\frac{1\text{-}Z}{Z}\right)^{0.2} \frac{\text{Log}[Z]}{\text{Log}[e]} dZ, \ \{B, 1, 10\}\right] \quad (10.89)$$

步驟 6

輸入完按 Shift + Enter，也可得到十個 $J_2(Z_a, 0.2)$ 值，其中 $Z_a = 0.01\sim 0.1$，間隔 0.01。

$J_2(0.01, 0.2)$	$J_2(0.02, 0.2)$	$J_2(0.03, 0.2)$	$J_2(0.04, 0.2)$	$J_2(0.05, 0.2)$
1.2998	1.2017	1.1247	1.0594	1.0022
$J_2(0.06, 0.2)$	$J_2(0.07, 0.2)$	$J_2(0.08, 0.2)$	$J_2(0.09, 0.2)$	$J_2(0.10, 0.2)$
0.9509	0.9043	0.8615	0.8218	0.7848

步驟 7

重新選定適當之 z_* 值及 Z_a 的範圍值，重複前述步驟，可以得到新的 $J_1(Z_a, z_*)$ 值及 $J_2(Z_a, z_*)$ 值。

步驟 8

當 $J_1(Z_a, z_*)$ 及 $J_2(Z_a, z_*)$ 已知時，由（10.76）式及（10.77）式可求得對應之 $I_1(Z_a, z_*)$ 及 $I_2(Z_a, z_*)$。

習題

習題 10.1

試推導 Rouse 懸浮載（Suspended load）輸沙公式，並說明水流條件及泥沙顆粒大小對懸浮載泥沙濃度分布的影響。

習題 10.2

試推導 Einstein 非均勻粒徑河床質之懸浮載（Suspended load）輸沙公式，並說明推導過程中的各項假設。

習題 10.3

試詳細閱讀 Van Rijn（1984）一篇有關懸移質輸沙量公式之論文，然後列出估算床沙質懸移質輸沙量之計算步驟。（Van Rijn, L.C. (1984): Sediment Transport, Part II: Suspended Load Transport. Journal of Hydraulic Engineering, ASCE, Vol. 110 (11), 1613-1641）

名人介紹

愛因斯坦　教授

　　漢斯・阿爾伯特・愛因斯坦（Hans Albert Einstein），美籍瑞士裔泥沙研究學者及教育家，泥沙運動力學理論創始者。1904 年 5 月 14 日生於瑞士伯恩，1973 年 7 月 26 日去世。他是著名物理學家阿爾伯特・愛因斯坦的長子，為了區隔，人們有時叫他為小愛因斯坦。他在 1936 年獲得瑞士聯邦理工學院科學博士學位，1938 年移居美國，1947 年起任教於加州柏克萊大學（UC Berkeley）。他在加州柏克萊大學培育許多傑出學者，其中，中國泥沙及河流演變專家錢寧教授及美籍華人泥沙及河流演變專家沈學汶教授都是愛因斯坦的得意門生。小愛因斯坦首先提出床沙質和沖瀉質的概念，並闡明兩者在直接來源、河床演變中的作用和輸沙率的估算上的不同。他提出床面阻力由沙粒阻力及沙波阻力兩部分組成，只有前者與推移質輸沙率直接有關，並根據河流實測資料提出了確定沙波阻力的計算方法。他率先把隨機過程和力學分析結合起來研究推移質運動，透過試驗觀察，他發現床沙、推移質、懸移質之間存在著不斷交換的現象，並建立了包括推移質和懸移質在內的床沙質挾沙能力關係式。他的學生沈學汶教授曾經發表論文詳細說明他在泥沙研究方面的卓越貢獻（Hans A. Einstein's Contribution in Sedimentation, Journal of Hydraulics Division, ASCE, 1975）。他的傑出代表作為：The bed-load function for sediment transportation in open channel flows, USDA Soil Conservation Service, *Technical Bulletin No. 1026* (1950)。2014 年 Robert Ettema 教授和傳記作家 Cornelia F. Mutel 曾經在美國土木工程協會出版專書《Hans Albert Einstein: Life of a Pioneer in River Engineering》，介紹小愛因斯坦的一生及其在河流工程方面的貢獻。

參考文獻及延伸閱讀

1. 吳健民（1991）：泥沙運移學，中國土木水利工程學會。

2. 錢寧、萬兆惠（1991）：泥沙運動力學，科學出版社，中國。

3. Abad, J.D. and Garcia, M.H. (2006): Discussion of "Efficient algorithm for computing Einstein integrals" by Guo, J and Julien, P., Journal of Hydraulic Engineering, ASCE, Vol. 132(3), 337-339.

4. Beheshti A.A. and Ataie-Ashtiani B. (2008): Analysis of threshold and incipient conditions for sediment movement. Coastal Engineering, Vol. 55, 423-430.

5. Dey, S. (1999): Sediment threshold. Applied Mathematical Modelling, Vol.23, 399-417.

6. Einstein, H.A. (1950): The bed load function for sediment transport in open channel flows. USDA Technical Bulletin No. 1026.

7. Garde, R. J. and Ranga Raju, K. G. (1985): Mechanics of Sediment Transportation and Alluvial Stream Problems. John Wiley & Sons, New York.

8. Guo, J.（郭俊克）and Julien, P.Y. (2004): Efficient algorithm for computing Einstein integrals. Journal of Hydraulic Engineering, ASCE, Vol. 130(12), 1198-1201.

9. Guo, J.（郭俊克）and Wood, W.L. (1995): Find suspended sediment transport rates. Journal of Hydraulic Engineering, ASCE, Vol. 121(12), 919-922.

10. Iwagaki, Y. (1956): Fundamental Study on Critical Tractive Force. Transactions of the Japan Society of Civil Engineer, Vol.41, 1-21 (in Japanese).

11. Julien, P.Y. (1998): Erosion and Sedimentation. Cambridge University Press.

12. Misri, R.L., Garde, R.J. and Ranga Raju, K.G. (1984): Bed load transport of coarse non-uniform sediment. Journal of Hydraulic Engineering, ASCE, Vol. 110, 312-328.

13. Neill, C.R. (1968): Note on initial movement of coarse uniform material. Journal of Hudraulic Research, Vol. 6(2), 173-176.

14. Yang, C.T.（楊志達）(1977): The movement of sediment in rivers. Geophysical

Surveys, Vol. 3, 39-68.

15. Van Rijn, L.C. (1984): Sediment Transport, Part II: Suspended Load Transport. Journal of Hydraulic Engineering, ASCE, Vol. 110 (11), 1613-1641.

Chapter *11*

總輸沙量分析

　　河道中水流運移的泥沙包含來自於河床運移的泥沙（簡稱河床質輸沙，英文稱 Bed material load）及來自於上游集水區的細顆粒泥沙（簡稱沖瀉質輸沙，英文稱 Wash load）。沖瀉質的泥沙顆粒很細，隨水流流經河道，不在河道中落淤，與河道的沖淤沒有直接的關係。沖瀉質泥沙量的多寡取決於上游集水區的地質特徵，與河道水流特徵沒有直接關係。換言之，沖瀉質之多寡決定於上游集水區之供應率，無法由河流之輸沙能力推算。因此，一般在分析河道輸沙特性時，總輸沙量的計算係指河床質的總輸沙量。河床質輸沙甚小時，泥沙運動以推移質為主，或水流甚淺時推移量可近似代表總輸沙量。深水河流之推移質輸沙量可能僅占總輸沙量的 10～20%。河床質的總輸沙量計算可區分為均勻泥沙及非均勻泥沙兩大類。

11.1　均勻泥沙總輸沙量計算

　　當把河床質泥沙當作均勻泥沙處理時，選擇某一河床質上的泥沙粒徑來代表所有的泥沙粒徑，例如平均粒徑 d_m 或中值粒徑 d_{50} 作為代表粒徑。在實驗室進行泥沙輸送實驗時，為了方便及簡化問題，也常使用均勻泥沙作實驗。對於均勻泥沙的河床，河床質總輸沙量（q_t）等於推移質輸沙量（q_b）加上懸移質輸沙量（q_s）。輸沙研究的前輩們已經建立許多河床質總輸沙量公式可資使用，以下僅列出部分的公式簡要加以說明。

⧗ 11.1.1　愛因斯坦輸沙公式

　　對於均勻泥沙粒徑，若使用愛因斯坦（Einstein）輸沙量公式，推移質輸沙量（q_{bw}）與懸移質輸沙量（q_{sw}）存在一定的比例關係，因此總輸沙量（以重量計，單位 kg/m-s）可以寫成

$$q_{tw} = q_{sw} + q_{bw} = (P_E I_1 + I_2 + 1)q_{bw} = \left(1 + \frac{1}{P_E I_1 + I_2}\right)q_{sw} \qquad (11.1)$$

上式是單位寬度單位時間河床質總輸沙量公式，此式顯示總輸沙量
和推移質輸沙量成正比關係，比例係數為 $(1 + P_E I_1 + I_2)$，其中 $P_E =$
$2.303\log(30.2h/\Delta)$，I_1 及 I_2 為愛因斯坦輸沙積分函數，詳見本書第十章所
述。由（11.1）式可知若能得知推移載輸沙量或懸浮載輸沙量，以及對應
之比例係數，就可得到總輸沙量。

假如有一河道挾沙水流，其無因次底層厚度 $Z_a = 0.00064$ 及勞斯數 z_*
$=1.18$，查愛因斯坦積分函數圖可得積分函數 $I_1(Z_a, z_*) = 0.81$ 及 $I_2(Z_a, z_*)$
$= -3.85$；如果相對粗糙高度 $\Delta/h = 0.0002$，則所對應之參數及係數 $P_E =$
11.927 及比例係數 $(1 + P_E I_1 + I_2) = 6.81$；如果此時推移質輸沙量 $q_{bw} = 0.50$
kg/m-s，則由愛因斯坦公式可計算得懸浮載輸沙量 $q_{sw} = (P_E I_1 + I_2)q_{bw} =$
2.905 kg/m-s，河床質總輸沙量為 $q_{tw} = (1 + P_E I_1 + I_2)q_{bw} = 3.405$ kg/m-s。

⏳ 11.1.2 貝格諾德輸沙公式

貝格諾德在 1956 年建立推移質輸沙公式（Bagnold, 1956），詳如第十
章所述；他在 1966 年進一步建立包含懸浮質的總輸沙量公式（Bagnold,
1966），如下

$$q_{tw} = q_{bw} + q_{sw} = \frac{\tau_0 U}{[1-(\gamma_f/\gamma_s)]}\left(\frac{e_b}{\tan\alpha} + e_s(1-e_b)\frac{U}{\omega_0}\right) \qquad (11.2)$$

其中推移載效率係數 e_b 大約介於 $0.11\sim0.15$，隨泥沙粒徑增加而遞減（泥
沙粒徑 $0.03\sim1.0$ mm）。懸浮載效率係數 e_s 約為常數；實務上可取 $e_s(1 - e_b)$
≈ 0.01。泥沙動摩擦係數 $\tan\alpha$ 介於 $0.375\sim0.75$ 之間，它與泥沙粒徑及水流
剪應力有關（略成反比關係），如表 11.1 所示。

表 11.1　貝格諾德泥沙動摩擦係數

τ_* \ d	0.3 mm	0.4 mm	0.5 mm	0.7 mm	1.0 mm	1.5 mm	≥ 2.0 mm
0.3	--	--	--	--	--	0.42	0.375
0.4	--	--	--	--	0.52	0.40	0.375
0.6	--	0.75	0.71	0.55	0.47	0.38	0.375
1.0	0.75	0.73	0.67	0.48	0.42	0.375	0.375
2.0	0.73	0.68	0.58	0.45	0.38	0.375	0.375

⌛ 11.1.3　沈學汶輸沙公式

　　沈學汶和洪哲勝（Shen and Hung, 1972）用平均濃度 $\overline{C}_t$ 來表示輸沙量公式，單位用百萬分之一重量濃度（ppm），他們收集大量實驗資料建立平均濃度 $\overline{C}_t$ 與一個參數 S_h 之迴歸關係，$\overline{C}_t = f(S_h)$，

$$\log \overline{C}_t = -107,404.5 - 324,214.7 S_h \\ - 326,309.6 S_h^2 + 109,503.9 S_h^3 \tag{11.3}$$

其中參數 S_h 定義如下

$$S_h = \left(\frac{U S^{0.57}}{\omega_0^{0.32}} \right)^{0.0075} \tag{11.4}$$

注意上式中速度單位採英制，英呎／秒（ft/s），參數 S_h 不是無因次參數，它是有單位的。

⌛ 11.1.4　楊志達輸沙公式

　　楊志達的輸沙量公式也是用平均濃度 $\overline{C}_t$ 來表示，濃度用百萬分之一重量濃度（ppm）來表示（Yang, 1973）。楊志達收集大量實驗資料建立平均

濃度 $\overline{C}_t$ 與四個無因次參數之關係，

$$\overline{C}_t = f\left(\frac{\omega_0 d}{v_f}, \frac{u_*}{\omega_0}, \frac{US}{\omega_0}, \frac{U_c S}{\omega_0}\right) \tag{11.5}$$

其迴歸分析結果，對於沙質河床平均濃度 $\overline{C}_t$（ppm）為

$$\log \overline{C}_t = 5.435 - 0.286 \log \frac{\omega_0 d}{v_f} - 0.457 \log \frac{u_*}{\omega_0}$$
$$+ \left(1.799 - 0.409 \log \frac{\omega_0 d}{v_f} - 0.314 \log \frac{u_*}{\omega_0}\right) \log \left(\frac{US}{\omega_0} - \frac{U_c S}{\omega_0}\right) \tag{11.6}$$

對於礫石河床平均濃度 $\overline{C}_t$（ppm）為

$$\log \overline{C}_t = 6.681 - 0.633 \log \frac{\omega_0 d}{v_f} - 4.816 \log \frac{u_*}{\omega_0}$$
$$+ \left(2.784 - 0.305 \log \frac{\omega_0 d}{v_f} - 0.282 \log \frac{u_*}{\omega_0}\right) \log \left(\frac{US}{\omega_0} - \frac{U_c S}{\omega_0}\right) \tag{11.7}$$

其中無因次化泥沙起動臨界流速（U_c/ω_0）與顆粒沉降雷諾數（$\omega_0 d/v_f$）之經驗關係式列於第八章圖 8.4 及（8.49）式。

11.2 非均勻泥沙遮蔽效應

　　對非均勻粒徑而言，由於泥沙大小不一樣，底床泥沙會有遮蔽或暴露的現象，使得部分泥沙處於不容易或容易起動的狀態。一般而言，細顆粒泥沙被粗顆粒泥沙遮蔽的機會大，較不容易起動。對於均勻泥沙，一般認為在沙粒雷諾數很大時，無因次泥沙起動臨界剪應力 $\tau_{*c} \approx 0.04 \sim 0.06$，但是對於非均勻粒徑之泥沙，若以中值粒徑作代表粒徑，它的 τ_{*c} 值比較小一些，$\tau_{*c} \approx 0.03$（Misri et al., 1984; Wu et al., 2000）。早在 1950 年愛因斯坦就已經注意到泥沙遮蔽效應，愈細的泥沙，泥沙遮蔽效應愈明顯。

先將非均勻粒徑泥沙按照粒徑大小依序分成 N 個小組，求出各小組對應之泥沙代表粒徑，並分析個別代表粒徑對應之河床質及懸移質比例，再推求個別粒徑河床質及懸移質輸沙量，然後按照其占有之比例權重計算該個別粒徑對應之總輸沙量；將 N 組個別粒徑之總輸沙量相加即可得非均勻粒徑之總輸沙量，

$$q_{tw} = \sum_{i=1}^{N} q_{twi} = \sum_{i=1}^{N} (q_{bwi} + q_{swi}) \tag{11.8}$$

其中 q_{twi}、q_{bwi} 及 q_{swi} 分別為粒徑 d_i 之總輸沙量、推移質及懸移質輸沙量；有時也可以寫成 $q_{twi} = i_t q_{tw}$、$q_{bwi} = i_b q_{bw}$ 及 $q_{swi} = i_s q_{sw}$。i_t 為粒徑 d_i 之顆粒在總輸沙量中占有之百分比，i_s 及 i_b 分別為粒徑 d_i 之顆粒在懸移質及推移質中所占有之百分比。對非均勻粒徑泥沙粒徑 d_i 所對應之無因次泥沙起動臨界剪應力 τ_{*ci} 為

$$\tau_{*ci} = \frac{\tau_{ci}}{(\gamma_s - \gamma_f) d_i} = \xi_i \tau_{*c} \tag{11.9}$$

其中 $\xi_i =$ 對應於粒徑 d_i 之泥沙遮蔽因子，它和泥沙粒徑大小、分布及水流強度有密切之關係。對於非均勻粒徑之泥沙，若以中值粒徑作代表粒徑，如前所述，無因次臨界起動剪應力 τ_{*c} 值大約為 0.03。如吳偉明論文中所述（Wu et al., 2000），1965 年 Egiazaroff 曾經提出估算遮蔽因子 ξ_i 與泥沙粒徑比 d_i/d_m 的經驗關係式

$$\xi_i = \left(\frac{\log(19)}{\log(19 d_i / d_m)} \right)^2 \tag{11.10}$$

1980 年 Hayashi et al. 也曾經提出

$$\xi_i = \begin{cases} \left(\dfrac{\log(8)}{\log(19 d_i / d_m)} \right)^2 & \text{for } d_i / d_m \geq 1.0 \\ (d_i / d_m)^{-1} & \text{for } d_i / d_m < 1.0 \end{cases} \tag{11.11}$$

上式說明愈細的泥沙它的遮蔽效應愈明顯，遮蔽因子 ξ_i 愈大，泥沙愈不容易起動。

對於非均勻粒徑泥沙的河床而言，粒徑 d_i 及粒徑 d_j 占的比例為 P_{bi} 及 P_{bj}，吳偉明等人提出粒徑 d_i 被粒徑 d_j 遮蔽及暴露的機率（Wu et al., 2000），並且累加後得到河床上粒徑 d_i 被遮蔽及暴露的機率 P_{hi} 及 P_{ei} 分別為

$$P_{hi} = \sum_{j=1}^{N} \frac{P_{bj}d_j}{d_i + d_j} \ ; \ P_{ei} = \sum_{j=1}^{N} \frac{P_{bj}d_i}{d_i + d_j} \qquad (11.12(a), (b))$$

河床上粒徑 d_i 對應之遮蔽因子 ξ_i 定義為

$$\xi_i = \left(\frac{P_{hi}}{P_{ei}} \right)^{0.6} \qquad (11.13)$$

例題 11.1

若河床上泥沙可以分成兩組（$N = 2$），第一組 $d_1 = 1$ mm，對應之 $P_{b1} = 0.4$；第二組 $d_2 = 5$ mm，對應之 $P_{b2} = 0.6$，試依照吳偉明的方法計算粒徑 1 mm 粒徑泥沙及 5 mm 泥沙被遮蔽及暴露的機率。

答：

粒徑 1 mm 粒徑泥沙的被遮蔽機率及暴露機率分別為

$$P_{h1} = \sum_{j=1}^{N=2} \frac{P_{bj}d_j}{d_1 + d_j} = \frac{P_{b1}d_1}{d_1 + d_1} + \frac{P_{b2}d_2}{d_1 + d_2} = \frac{0.4}{2} + \frac{0.6 \times 5}{6} = 0.7$$

$$P_{e1} = \sum_{j=1}^{N=2} \frac{P_{bj}d_1}{d_1 + d_j} = \frac{P_{b1}d_1}{d_1 + d_1} + \frac{P_{b2}d_1}{d_1 + d_2} = \frac{0.4}{2} + \frac{0.6}{6} = 0.3$$

同理，粒徑 5 mm 泥沙的被遮蔽及暴露的機率分別為

$$P_{h2} = \sum_{j=1}^{N=2} \frac{P_{bj}d_j}{d_2 + d_j} = \frac{P_{b1}d_1}{d_2 + d_1} + \frac{P_{b2}d_2}{d_2 + d_2} = \frac{0.4}{6} + \frac{0.6 \times 5}{10} = \frac{11}{30} \approx 0.367$$

$$P_{e2} = \sum_{j=1}^{N=2} \frac{P_{bj}d_2}{d_2+d_j} = \frac{P_{b1}d_2}{d_2+d_1} + \frac{P_{b2}d_2}{d_2+d_2} = \frac{0.4 \times 5}{6} + \frac{0.6 \times 5}{10} = \frac{19}{30} \approx 0.633$$

上述説明粒徑較小的遮蔽機率大於暴露機率（$P_{h1} > P_{e1}$），因此 d_1 對應之遮蔽因子 $\xi_1 \approx 1.66$；反之，粒徑較大的遮蔽機率小於暴露機率（$P_{h2} < P_{e2}$），因此 d_2 對應之遮蔽因子 $\xi_2 \approx 0.72$。吳偉明的泥沙起動遮蔽因子與愛因斯坦泥沙遮蔽因子在意義上相似，但是有些不同的，前者是修正無因次泥沙起動剪應力，後者是修正無因次水流強度。

例題 11.2

若河床上泥沙可以分成六組（$N = 6$），粒徑分布如下表所列，試 (1) 計算各分組平均粒徑、整體平均粒徑；(2) 依照吳偉明的方法計算各分組平均粒徑對應之泥沙遮蔽機率、暴露機率及遮蔽因子。

答：

分組 i	粒徑分布 d_i (mm)	平均粒徑 $\overline{d}_i$ (mm)	含量比率 P_{bi} (%)	遮蔽機率 P_{hi} (%)	暴露機率 P_{ei} (%)	遮蔽因子 ξ_i
1	$0.0 < d_1 < 0.15$	0.075	1.8	0.8059	0.1941	2.349
2	$0.15 < d_2 < 0.21$	0.18	5.8	0.6396	0.3604	1.411
3	$0.21 < d_3 < 0.30$	0.25	32.0	0.5636	0.4364	1.166
4	$0.30 < d_4 < 0.42$	0.36	40.2	0.4757	0.5243	0.943
5	$0.42 < d_5 < 0.60$	0.50	17.8	0.3992	0.6608	0.734
6	$0.60 < d_6 < 1.40$	1.00	2.4	0.2518	0.7482	0.520

上述分析表中整體平均泥沙粒徑 $d_m = \sum_{i=1}^{6} P_{bi}\overline{d}_i = 0.35$ mm。表中及圖 11.1 顯示泥沙起動遮蔽因子隨相對粒徑 d/d_m 之增加而減小，泥沙愈小，遮蔽因子愈大。

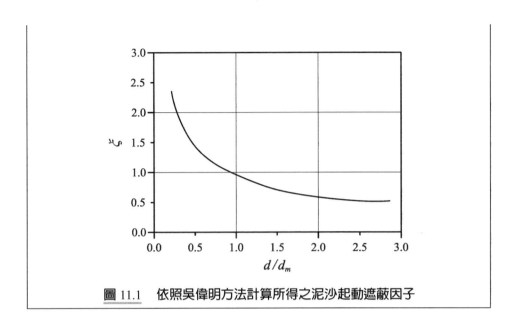

圖 11.1　依照吳偉明方法計算所得之泥沙起動遮蔽因子

11.3　非均勻泥沙總輸沙量計算

⧗ 11.3.1　愛因斯坦輸沙公式

　　如果按照愛因斯坦的輸沙量公式（Einstein, 1950），對應於粒徑 d_i 之懸浮載 q_{swi} 與底床載 q_{bwi} 之間有一定的關係，即 $q_{swi} = q_{bwi}(P_EI_1 + I_2)_i$，或寫成 $i_s q_{sw} = i_b q_{bw}(P_EI_1 + I_2)_i$，其中 $(P_EI_1 + I_2)_i$ 為對應於粒徑 d_i 之比例係數，i_s 為非均值懸浮載中粒徑 d_i 之泥沙占有之比例，i_b 為非均值底床載中粒徑 d_i 之泥沙占有之比例。因此對於非均質總輸沙量可以表示為

$$q_{tw} = \sum_{i=1}^{N}\left[i_b q_{bw}(P_EI_1 + I_2 + 1)_i\right] \qquad (11.14)$$

其中不同粒徑對應之推移質輸沙量可由推移質輸沙強度 ϕ_* 與水流參數 ψ_* 關係式，$\phi_* = \phi_*(\psi_*)$ 推求；在此，對於非均勻泥沙，將 ϕ 及 ψ 加上下標，用以和均勻泥沙輸沙強度 ϕ 及水流參數 ψ 有所區格。考量非均質粒徑大小差異所產生的遮蔽效應，愛因斯坦將無因次水流參數修訂為

$$\psi_* = \xi Y \left(\beta / \beta_x \right)^2 \frac{(G-1)d}{R_b'S} = \xi Y \left(\beta / \beta_x \right)^2 \psi \qquad （11.15）$$

其中 G = 泥沙比重；ξ = 遮蔽因子，它和泥沙相對粒徑 d/d_0 有關，如圖 11.2 所示，當 d/d_0 愈小，遮蔽因子 ξ 愈大；Y = 壓力修正係數，它和泥沙相對粒徑 d_{65}/δ 有關，如圖 11.3 所示；d_0 = 床沙組成中受到遮蔽作用的最大粒徑；當 $\Delta/\delta \leq 1.80$，$d_0 = 1.39\delta$，當 $\Delta/\delta > 1.80$，$d_0 = 0.77\Delta$，其中 δ 為邊界層流次層厚度，$\Delta = k_s/\chi = d_{65}/\chi$，$\chi$ = 對數流速分布之修正因子，如圖 4.6 所示；$\beta = \log(10.6)$；$\beta_x = \log(10.6d_0/\Delta)$。對於均勻泥沙，$\xi = 1$、$Y = 1$、$(\beta/\beta_x) = 1$，即 $\psi_* = \psi$。

對應各小份泥沙粒徑 d_i 之無因次推移質輸沙量 ϕ_* 為

$$\phi_* = \frac{i_b}{i_0} \frac{q_{bw}}{\gamma_s} \left(\frac{1}{G-1} \right)^{1/2} \left(\frac{1}{gd_i^3} \right)^{1/2} \qquad （11.16）$$

其中 i_0 為非均值河床質粒徑 d_i 之泥沙占有之比例。

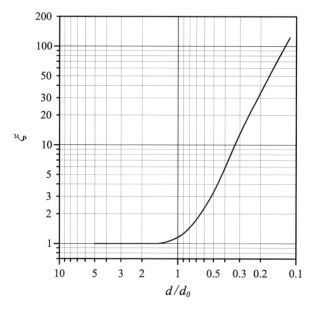

圖 11.2　愛因斯坦非均勻泥沙遮蔽因子和泥沙粒徑之關係

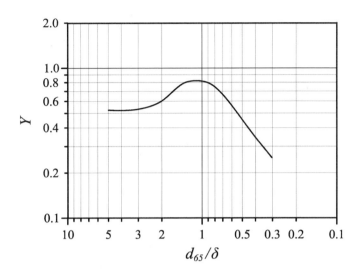

圖 11.3 愛因斯坦非均勻泥沙壓力因子和泥沙粒徑之關係

　　除了愛因斯坦建立無因次推移質輸沙參數 ϕ_* 與水流參數 ψ_* 之關係圖（詳細推導過程見第九章）之外，以下列出三種其他可資利用的推移質輸沙量的經驗公式 $\phi_* = \phi_*(\psi_*)$，並進行比較，如圖 11.4 所示。

$$\phi_* = 8\left(\frac{1}{\psi_*} - 0.047\right)^{3/2} \qquad \text{for } \frac{1}{\psi_*} > 0.047 \qquad （11.17）$$

$$\phi_* = 9.2\left(\frac{1}{\psi_*} - 0.03\right)^{5} \psi_*^{3.85} \qquad \text{for } \frac{1}{\psi_*} > 0.03 \qquad （11.18）$$

$$\phi_* = 40K_*\left(\frac{1}{\psi_*}\right)^{3} \qquad \text{for } \frac{1}{\psi_*} > 0.09 \qquad （11.19）$$

其中係數 K_* 如（3.30）式所列，即

$$K_* = \sqrt{\frac{2}{3} + \frac{36v_f^2}{(G-1)gd^3}} - \sqrt{\frac{36v_f^2}{(G-1)gd^3}}$$

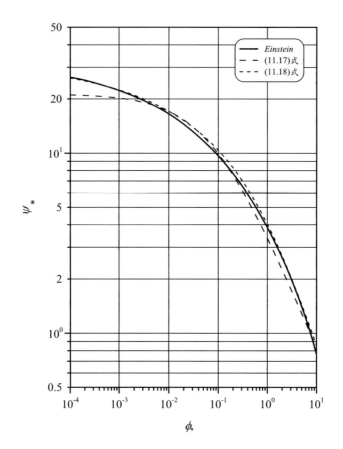

圖 11.4　愛因斯坦關係曲線與（11.17）式及（11.18）式之比較

　　圖中顯示（11.18）式和愛因斯坦關係曲線相當一致，而（11.17）式必須在 $1/\psi_* > 0.047$（或 $\psi_* < 21.3$）條件下，才與愛因斯坦關係曲線接近。（11.19）式為 Einstein-Brown 曲線，它和泥沙粒徑及水的黏滯度有關（係數 K_*）。圖 11.5 顯示，在比重 $G = 2.65$ 及 $v_f = 1.0$ mm²/s 條件下，泥沙粒徑大小差異對於 ϕ_* 與 ψ_* 關係曲線的影響。圖 11.6 顯示泥沙粒徑及水的黏滯度對於係數 K_* 值的影響。在水的黏滯度相同之條件下，泥沙粒徑較大者 K_* 值較大；泥沙粒徑相同之條件下，水的黏滯度較大者 K_* 值較小。

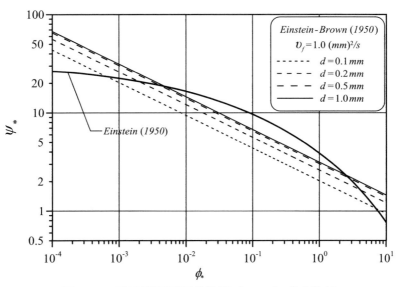

圖 11.5 愛因斯坦關係曲線和（11.19）式之比較

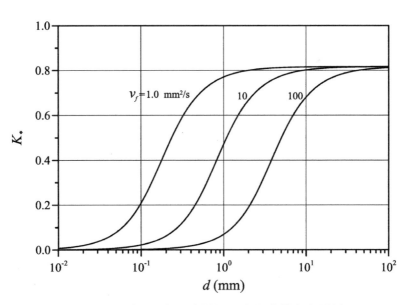

圖 11.6 係數 K_* 與泥沙粒徑及水的黏滯度之關係

⏳ 11.3.2　愛因斯坦河床質總輸沙量的分析步驟

步驟 1

選擇順直河段，水流接近勻流，求出河段平均能量坡度 S，求出通水斷面與水深之關係特性，求出平均的河床質粒徑分布。

步驟 2

假設合適的對應於河床輸沙之有效水力半徑 R'_b，然後求出對應之水力半徑 R、流速 U 及流量 Q。對應於河床輸沙之有效水力半徑 R'_b 係指扣除河道岸壁阻力及河床沙波阻力之水力半徑。

步驟 3

求對數流速分布修正因子 χ、邊界層流次層厚度 δ、泥沙粒徑 d_{65}、有效粗糙高度 Δ、遮蔽粒徑參數 d_0。

步驟 4

由泥沙相對粒徑 d_{65}/δ 推求愛因斯坦非均勻泥沙壓力因子 Y；由參數 d_0/Δ 推求 $\beta_x = \log(10.6 d_0/\Delta)$。

步驟 5

將河床質泥沙採樣樣本的粒徑分布分成 N 小份，求出各小份泥沙平均粒徑 $\overline{d_i}$ 及該小份泥沙占總樣本泥沙的重量百分比 i_{0i}。

步驟 6

求小份泥沙平均粒徑對應之 d/d_0 及遮蔽因子 $\xi(d/d_0)$。

步驟 7

計算水流函數 ψ（Shields 參數的導數）及非均勻泥沙修正後水流函數 ψ_*，即 $\psi_* = \xi(\beta/\beta_x)^2 \psi$。

步驟 8

由修正後水流函數 ψ_*，關係式 $\phi_* = \phi_*(\psi_*)$，推求各小份泥沙平均粒徑 $\overline{d_i}$ 對應之推移質輸沙強度函數 ϕ_*，然後計算出底床載輸沙量 $i_b q_{bw}$，即

$$i_b q_{bw} = i_0 \gamma_s \phi_* (G-1)^{1/2} g^{1/2} \overline{d_i}^{3/2} \tag{11.20}$$

步驟 9

求泥沙粒徑 $\overline{d_i}$ 對應之無因次底層厚度 Z_a ($=a/R$)、沉降速度 w_0 及勞斯數 z_* ($=2.5w_0/u_*$)，其中可取 $a = 2\overline{d_i}$。

步驟 10

求泥沙粒徑 $\overline{d_i}$ 對應之愛因斯坦積分函數值 $I_1(Z_a, z_*)$ 及 $I_2(Z_a, z_*)$，及計算 $P_E = 2.303\log(30.2h/\Delta)$。

步驟 11

求泥沙粒徑 $\overline{d_i}$ 對應之輸沙量 $q_{tw} = i_b q_{bw}(P_E I_1 + I_2 + 1)_i$。

步驟 12

計算單位寬度河床載總輸沙量

$$q_{tw} = \sum_{i=1}^{N} q_{twi} = \sum_{i=1}^{N} \left[i_b q_{bw} (P_E I_1 + I_2 + 1)_i \right] \tag{11.21}$$

若河道為寬度 B 之矩形渠道，則河床載總輸沙量 $Q_{tw} = Bq_{tw}$。

11.3.3　愛因斯坦在泥沙學上的主要貢獻

愛因斯坦（Einstein）在泥沙學上的主要貢獻，可歸納為四點：(1) 將泥沙運動按其來源區分為床沙質（Bed material load）及沖瀉質（Wash load）；(2) 將河床阻力區分為沙粒阻力（Grain resistance）及沙波阻力（Form resistance），沙粒阻力對推移質的運動有直接關聯；(3) 結合隨機性質及力學分析研究推移質運動，考慮到水流的脈動及大量泥沙同時存在時所產生的隨機性質，以及泥沙在外力作用下產生各種運動狀態的力學必然性；(4) 考量床沙—推移質—懸移質之間存在著不斷的交換現象，建立起同時包含推移質及懸移質在內的床沙質挾沙能力關係；(5) 考慮水流對於大小不同的

顆粒的影響及這些顆粒相互之間的影響。有效計算天然混合沙中大小不同顆粒的輸沙率。

11.4 吳偉明輸沙公式

吳偉明等人（Wu et al., 2000）由豐富的實驗資料及現場量測資料，分析河道上非均勻泥沙運移情形，考量細顆粒泥沙的遮蔽效應，分別建立計算推移質及懸移質的輸沙公式，進而建立河床質總輸沙量的計算步驟，說明如下：

步驟 1

選擇順直河段，水流接近均勻流，求出河段平均能量坡度 S，求出通水斷面與水深之關係特性；分析河床質粒徑分布，將泥沙按粒徑大小區分為 N 小份，分析各小份的泥沙占有百分比 i_0、平均粒徑 d_i（省略平均符號「—」）、沉降速度 w_{0i}；分析整體平均泥沙粒徑 d_m、泥沙中值粒徑 d_{50}、密度 ρ_s 或單位重 γ_s（$= \rho_s g$），比重 G（$= \gamma_s/\gamma_f$）；計算整體泥沙所對應之泥沙起動臨界剪應力 τ_c 及無因次臨界剪應力 τ_{*ci}，$\tau_{*c} = \tau_c/[(\gamma_s - \gamma_f)d_m]$。

步驟 2

計算河床質粒徑分布各小份泥沙平均粒徑 d_i 所對應之被遮蔽及暴露的機率 P_{hi} 及 P_{ei} 分，然後計算對應之遮蔽因子 $\xi_i = (P_{hi}/P_{ei})^{0.6}$。

步驟 3

計算各小份泥沙平均粒徑 d_i 所對應之泥沙起動臨界剪應力 τ_{ci}（$= \xi_i \tau_c$），或寫成 $\tau_{ci} = \xi_i \tau_{*c}(\gamma_s - \gamma_f)d_i$；對於非均勻泥沙吳偉明等人建議採用 $\tau_{*c} \approx 0.03$，因此 $\tau_{ci} \approx 0.03\xi_{ic}(\gamma_s - \gamma_f)d_i$。

步驟 4

由河道流速、水深、坡度推求河道剪應力 τ 及河床剪應力 τ_b（$= \gamma_f R_b S$）。對於天然寬闊的河道可取 $\tau_b = \gamma_f h S$；實驗室渠道，可先扣除岸壁阻力後再

推求得到 τ_b。

步驟 5

　　推估對應於河道底床之曼寧係數 n_b 值，由中值粒徑計算對應用底床泥沙之曼寧係數 n'_b（$= d_{50}^{1/6}/20$）值，然後計算對應於泥沙顆粒的底床剪應力 τ'_b，即 $\tau'_b = (n'_b/n_b)^{3/2}\tau_b$。

步驟 6

　　計算各小份泥沙平均粒徑 d_i 對應之無因次推移載輸沙量 ϕ_{bi}（吳偉明公式）

$$\phi_{bi} = \frac{q_{bwi}}{i_0\gamma_s\sqrt{(G-1)gd_i^3}} = 0.0053\left[\left(\frac{n'_b}{n_b}\right)^{3/2}\left(\frac{\tau_b}{\tau_{ci}}\right)-1\right]^{2.2} \tag{11.22}$$

步驟 7

　　計算各小份泥沙平均粒徑 d_i 對應之無因次懸浮載輸沙量 ϕ_{si}（吳偉明公式）

$$\phi_{si} = \frac{q_{swi}}{i_0\gamma_s\sqrt{(G-1)gd_i^3}} = 0.0000262\left[\left(\frac{\tau_0}{\tau_{ci}}-1\right)\left(\frac{U}{\omega_{0i}}\right)\right]^{1.74} \tag{11.23}$$

其中沉降速度可用下列經驗公式估算

$$\omega_{0i} = \sqrt{(13.95\nu_f/d_i)^2 + 1.09(G-1)gd_i} \\ -(13.95\nu_f/d_i) \tag{11.24}$$

步驟 8

　　計算各小份泥沙平均粒徑 d_i 所對應之底床質總輸沙量 q_{twi}

$$q_{twi} = q_{bwi} + q_{swi} = i_0\gamma_s\sqrt{(G-1)gd_i^3}(\phi_{bi} + \phi_{si}) \tag{11.25}$$

然後累積求得底床質總輸沙量 q_{tw}

$$q_{tw} = \sum_{i=1}^{N} q_{twi} = \sum_{i=1}^{N} (q_{bwi} + q_{swi}) \tag{11.26}$$

例題 11.3

假設有一矩形渠道，渠寬 $B = 45$ m、水深 $h = 6$ m、渠床坡度 $S = 0.00065$；渠床具有平整之沙床面，床面泥沙為均勻泥沙，泥沙粒徑 $d = 0.012$ m，泥沙比重 $G = 2.65$，泥沙單位重 $\gamma_s = 25{,}970$ N/m³；水溫 $T = 15.6°C$，水單位重 $\gamma_f = 9{,}800$ N/m³，運動黏滯度 $\nu_f = 1.14 \times 10^{-6}$ m²/s。試用愛因斯坦方法推估 (1) 推移質輸沙量；(2) 懸移質輸沙量；(3) 底床質總輸沙量。

答：

(1) 推移質輸沙量計算

通水面積 $A = Bh = 270$ m²；水力半徑 $R = A/P = 270/57 = 4.74$ m。

假設 $R = R_b = 4.74$ m，則渠床剪應力 $\tau_b = \gamma_f R_b S = 30.2$ N/m²。

無因次水流參數 $\psi = \dfrac{(\gamma_s - \gamma_f)d}{\gamma_f R_b S} = \dfrac{1.65 \times 0.012}{4.74 \times 0.00065} = 6.43$

由愛因斯坦輸沙關係曲線（圖 9.9）可推求出無因次推移質輸沙參數 $\phi = 0.37$

（或由迴歸經驗式 $\phi = 9.2(\psi^{-1} - 0.03)^5 \psi^{3.85} = 0.37$）

$\phi = \dfrac{q_{bw}}{\gamma_s} \left(\dfrac{1}{G-1} \right)^{1/2} \left(\dfrac{1}{gd^3} \right)^{1/2}$

$\to q_{bw} = \phi \gamma_s \sqrt{(G-1)gd^3} = 50.8$ N/m-s $= 5.18$ kg/m-s

總推移質輸沙量 $Q_{bw} = B q_{bw} = 45 \times 5.18 = 233.1$ kg/s

(2) 懸移質輸沙量計算

粒徑 $d = 0.012$ m $= 12$ mm > 2.75 mm，

球體沉速 $\omega_0 = 2.262\sqrt{gd} = 0.776$ m/s；

天然沙沉速 $\omega_0 = 103.9\sqrt{d} = 103.9\sqrt{12} = 360$ mm/s $= 0.36$ m/s

剪應速度 $u_* = \sqrt{\tau_b / \rho_f} = 0.174$ m/s，

次層厚度 $\delta = 11.6 \nu_f / u_* = 7.6 \times 10^{-5}$ m。

取 $k_s = d = 0.012$ m；$k_s / \delta = 157.9$

$\rightarrow$ 修正因子 $\chi = 1.0 \rightarrow \Delta = k_s / \chi = 0.012$ m

$P_E = 2.303 \log(30.2h / \Delta) = 9.624$；基準點 $Z_a = a / h = 2d / h = 0.004$；

Rouse 數 $z_* = \omega_0 / (\beta_s k u_*) = 0.36 / (0.4 \times 0.174) = 5.17$

查圖可得 $I_1(Z_a, z_*) = 0.050$；$I_2(Z_a, z_*) = -0.29$；

懸移質輸沙量 $q_{sw} = (P_E I_1 + I_2) q_{bw} = 0.191 \times 5.18 = 0.99$ kg/m-s

總懸移質輸沙量 $Q_{sw} = B q_{sw} = 45 \times 0.99 = 44.6$ kg/s

(3) 底床質總輸沙量計算

單位寬度底床質總輸沙量

$q_{tw} = (1 + P_E I_1 + I_2) q_{bw} = 1.191 \times 5.18 = 6.17$ kg/m-s

底床質總輸沙量 $Q_{tw} = B q_{tw} = 45 \times 6.17 = 277.7$ kg/s

本題泥沙較粗，以推移質為主，推移載（占 84%）大於懸移載（占 16%）。

例題 11.4

假設有一矩形渠道，渠寬 $B = 3$ m、水深 $h = 1$ m、渠床坡度 $S = 0.001$；渠床具有平整之沙床面，床面泥沙為非均勻泥沙，粒徑分布如下：

粒徑範圍 （mm）	平均粒徑 （mm）	比率	粒徑範圍 （mm）	平均粒徑 （mm）	比率
$1.0 > d \geq 0.60$	0.80	0.02	$0.30 > d \geq 0.20$	0.25	0.32
$0.60 > d \geq 0.42$	0.51	0.18	$0.20 > d \geq 0.14$	0.17	0.07
$0.42 > d \geq 0.30$	0.36	0.40	$0.14 > d \geq 0.01$	0.08	0.01

泥沙平均粒徑 $d_m = 0.34$ mm、$d_{65} = 0.36$ mm、比重 $G = 2.65$、單位重 $\gamma_s = 25{,}970$ N/m^3；水溫 T = 24°C，水單位重 $\gamma_f = 9{,}800$ N/m^3，

運動黏滯度 $v_f = 0.91 \times 10^{-6}$ m²/s。試用愛因斯坦方法推估 (1) 推移質輸沙量；(2) 懸移質輸沙量；(3) 底床質總輸沙量。

答：

(1) 推移質輸沙量計算

通水面積 $A = Bh = 3$ m；水力半徑 $R = A/P = 3/5 = 0.6$ m。

假設 $R = R_b = 0.6$ m，則渠床剪應力 $\tau_b = \gamma_f R_b S = 6.0$ N/m²。

對於非均勻泥沙 $\psi_* = \xi Y(\beta/\beta_x)^2 \psi$，遮蔽因子 $\xi = f(d/d_0)$，壓力修正因子 $Y = f(d_{65}/\delta)$，係數比 $\beta/\beta_x = \log(10.6)/\log(10.6 d_0/\Delta)$，剪應速度 $u_* = \sqrt{\tau_b/\rho_f} = 0.077$ m/s，次層厚度 $\delta = 11.6 v_f / u_* = 1.37 \times 10^{-4}$ m。

取 $k_s = d_{65} = 0.36$ mm $= 3.6 \times 10^{-4}$ m；

$k_s/\delta = 2.63 \rightarrow Y = 0.55$，$\chi = 1.20 \rightarrow$；$\Delta = k_s/\chi = 3.0 \times 10^{-4}$ m；

$\Delta/\delta = 2.19 > 1.8 \rightarrow d_0 = 0.77\Delta = 2.31 \times 10^{-4}$ m；

$\beta/\beta_x = 1.12 \rightarrow (\beta/\beta_x)^2 = 1.264$

因此對於非均勻泥沙，粒徑 d 對應之 $\psi_* = \xi Y(\beta/\beta_x)^2 \psi = 0.70 \xi \psi$

其中水流參數 $\psi = \dfrac{(\gamma_s - \gamma_f)d}{\gamma_f R_b S} = \dfrac{1.65d}{0.6 \times 0.001} = 2{,}750d$

由愛因斯坦曲線（圖 9.9）（或由經驗式 $\phi_* = 9.2(\psi_*^{-1} - 0.03)^5 \psi_*^{3.85}$）可推求得出對應各粒徑之無因次推移質輸沙參數 ϕ_*。假設 $i_{0i}/i_{bi} \approx 1.0$，然後求得

$q_{bwi} = i_0 \phi_* \gamma_s \sqrt{(G-1)g d_i^3} \approx 4.02 i_0 \phi_* \gamma_s d_i^{3/2}$；

$q_{bwi} = 0.127 i_0 \phi_* d_i^{3/2}$ （d_i in mm）

d_i (mm)	i_0	d_i/d_0	ξ	ψ	ψ_*	ϕ_*	q_{bwi} (kg/m-s)	i_b
0.80	0.02	3.46	1.0	2.20	1.54	4.42	0.021	0.0161
0.51	0.18	2.21	1.0	1.40	0.98	8.11	0.250	0.1912
0.36	0.40	1.56	1.1	0.99	0.76	11.24	0.545	0.4168

d_i (mm)	i_0	d_i/d_0	ξ	ψ	ψ_*	ϕ_*	q_{bwi} (kg/m-s)	i_b
0.25	0.32	1.08	1.2	0.69	0.58	15.77	0.425	0.3250
0.17	0.07	0.74	1.7	0.47	0.56	16.47	0.066	0.0505
0.08	0.01	0.035	18.0	0.22	2.77	1.85	0.0005	0.0004
Sum:	1.0	—	—	—	—	—	1.3075	1.0

單位寬度推移質輸沙量 $q_{bw} = \sum q_{bwi} = 1.3075$ kg/m-s

總推移質輸沙量 $Q_{sw} = Bq_{sw} = 3 \times 1.3075 = 3.9225 \approx 3.92$ kg/s

(2) 懸移質輸沙量計算

係數 $P_E = 2.303 \log(30.2h/\Delta) = 11.52$；

基準點 $Z_a = a/h = 2d/h$；

Rouse 數 $z_* = \omega_0/(\beta_s k u_*) = \omega_0/(0.4 \times 0.077) = 32.47\omega_0$

用 Rubey 天然沙沉降速度經驗公式

$$\omega_0 = 127.2\left[\left(\frac{2}{3} + \frac{0.0022v_f^2}{d^3}\right)^{1/2} - \left(\frac{0.0022v_f^2}{d^3}\right)^{1/2}\right]\sqrt{d}$$

(d in mm, ω_0 in mm/s, and v_f in mm^2/s)

由查圖或直接電腦計算可得 $I_1(Z_a, z_*)$ 及 $I_2(Z_a, z_*)$；

懸移質輸沙量 $q_{swi} = q_{bwi}(P_E I_1 + I_2)_i = q_{bwi}(11.52 I_1 + I_2)_i$

d_i (mm)	i_0	ω_0 (m/s)	Z_a	z_*	I_1	$-I_2$	q_{bwi} (kg/m-s)	q_{swi} (kg/m-s)
0.80	0.02	0.086	0.00160	2.79	0.12	0.71	0.021	0.014
0.51	0.18	0.064	0.00102	2.08	0.20	1.19	0.250	0.279
0.36	0.40	0.049	0.00072	1.59	0.35	2.02	0.545	1.097
0.25	0.32	0.033	0.00050	1.07	1.13	5.11	0.425	3.361
0.17	0.07	0.024	0.00034	0.78	3.83	12.88	0.066	2.062
0.08	0.01	0.006	0.00016	0.19	272.2	479.5	0.0005	1.328
Sum:	1.0						1.3075	8.141

單位寬度懸移質輸沙量 $q_{sw} = \sum q_{sw_i} = 8.141$ kg/m-s

懸移質總輸沙量 $Q_{sw} = Bq_{sw} = 3 \times 8.141 = 24.42$ kg/s

(3) 底床質總輸沙量計算

單位寬度底床質總輸沙量 $q_{tw} = \sum q_{bw_i}(1+P_E I_1 + I_2)_i = 9.448$ kg/m-s

底床質總輸沙量 $Q_{tw} = Q_{bw} + Q_{sw} = Bq_{tw} = 3 \times 9.448 = 28.34$ kg/s

本題泥沙較細，以懸移質為主，底床載（占 13.8%）小於懸移載（占 86.2%）。

例題 11.5

假設有一矩形渠道，渠寬 $B = 30$ m、水深 $h = 2$ m、渠床坡度 $S = 0.0003$；床面泥沙為非均勻泥沙，粒徑分布如下：

粒徑範圍 （mm）	平均粒徑 （mm）	比率	粒徑範圍 （mm）	平均粒徑 （mm）	比率
$0.0 < d \le 0.15$	0.075	0.02	$0.30 < d \le 0.42$	0.36	0.40
$0.15 < d \le 0.21$	0.18	0.06	$0.42 < d \le 0.60$	0.51	0.18
$0.21 < d \le 0.30$	0.25	0.32	$0.60 < d \le 1.40$	1.00	0.02

曼寧係數 $n = n_b = 0.035$，泥沙比重 $G = 2.65$、單位重 $\gamma_s = 2,650$ kg/m³ (25,970 N/m³)；水溫 T = 15℃，水單位重 $\gamma_f = 1,000$ kg/m³ (9,800 N/m³)，運動黏滯度 $v_f = 1.14 \times 10^{-6}$ m²/s。試用吳偉明的方法推估 (1) 推移質輸沙量；(2) 懸移質輸沙量；(3) 底床質總輸沙量。

答：

(1) 推移質輸沙量計算

泥沙平均粒徑 $d_m = 0.42$ mm、$d_{35} = 0.33$ mm、$d_{50} = 0.36$ mm、$d_{65} = 0.42$ mm；

通水面積 $A = Bh = 60$ m²；水力半徑 $R = A/P = 60/34 = 1.765$ m。假設 $R = R_b = 1.765$ m，則渠床剪應力 $\tau_0 = \tau_b = \gamma_f R_b S = 5.295$ N/m²。

平均流速 $U = (1/n_b)R_b^{2/3}S^{1/2} = 0.723$ m/s

剪應速度 $u_* = \sqrt{\tau_b/\rho_f} = 0.073$ m/s，

次層厚度 $\delta = 11.6v_f/u_* = 1.81 \times 10^{-4}$ m。

整體泥沙代表粒徑粒徑所對應之無因次臨界剪應力取 $\tau_{*c} = 0.03$；

各分級粒徑 d_i 對應之臨界剪應力 $\tau_{ci} = \xi_i\tau_{*c}(\gamma_s - \gamma_f)d_i = 485.1\xi_i d_i$；

各分級粒徑 d_i 對應之遮蔽因子 ξ_i 的計算過程詳見例題 11.2。

沉速經驗公式 $w_0(d_i) = \sqrt{(13.95v_f/d_i)^2 + 1.09(G_s-1)gd_i} - (13.95v_f/d_i)$

$n_b' = d_{50}^{1/6}/20 = 0.00036^{1/6}/20 = 0.0133$；$n_b'/n_b = 0.0133/0.035 = 0.38$

輸沙有效剪應力 $\tau_b' = (n_b'/n_b)^{3/2}\tau_b = 0.38^{3/2} \times 5.295 = 1.24$ N/m^2；

推移質輸沙參數 $\phi_{bi} = \dfrac{q_{bwi}}{i_0\gamma_s\sqrt{(G_s-1)gd_i^3}} = 0.0053\left[\left(\dfrac{\tau_b'}{\tau_{ci}}\right) - 1\right]^{2.2}$

懸移質輸沙參數 $\phi_{si} = \dfrac{q_{swi}}{i_0\gamma_s\sqrt{(G_s-1)gd_i^3}} = 0.0000262\left[\left(\dfrac{\tau_0}{\tau_{ci}} - 1\right)\left(\dfrac{U}{w_{0i}}\right)\right]^{1.74}$

均值 d_i (mm)	比率 i_0	ω_{0i} (m/s)	ξ_*	τ_{ci} (N/m^2)	ϕ_{bi}	ϕ_{si}	q_{bwi} (kg/m-s)	q_{swi} (kg/m-s)
0.075	0.02	0.0031	2.349	0.0855	1.626	440.39	0.00023	0.0610
0.18	0.06	0.0164	1.411	0.1232	0.677	13.25	0.00105	0.0205
0.25	0.32	0.0283	1.166	0.1414	0.482	3.840	0.00650	0.0518
0.36	0.40	0.0469	0.943	0.1646	0.329	1.215	0.00096	0.0354
0.51	0.18	0.0687	0.734	0.1816	0.256	0.524	0.00566	0.0116
1.00	0.02	0.1179	0.520	0.2523	0.107	0.113	0.00072	0.0008
						Sum:	0.01512	0.1811

單位寬度推移質輸沙量 $q_{bw} = \sum q_{bwi} = 0.01512$ kg/m-s

總推移質輸沙量（推移載）$Q_{bw} = Bq_{bw} = 30 \times 0.01512 = 0.4536$ kg/s

(2) 懸移質輸沙量計算

單位寬度懸移質輸沙量 $q_{sw} = \sum q_{swi} = 0.1811$ kg/m-s

懸移質總輸沙量 $Q_{sw} = Bq_{sw} = 30 \times 0.1811 = 5.433$ kg/s

(3) 底床質總輸沙量計算

單位寬度底床質總輸沙量 $q_{tw} = q_{bw} + q_{sw}$ =0.19622 kg/m-s

底床質總輸沙量 $Q_{tw} = Bq_{tw} = 30 \times 0.19622 \approx 5.89$ kg/s

本題泥沙較細，以懸移質為主，推移載（占 7.7%）小於懸移載（占 92.3%）。

11.5 結語

如本書第五章所述，河道水流輸沙現象大致上可區分為推移載（Bed load）、懸移載（Suspended load）及沖瀉載（Wash load），其中推移載及懸移載的泥沙來源係來自於河床泥沙，而沖瀉載的泥沙來自於上游集水區。推移載及懸移載的泥沙會有交換作用，而且與河床泥沙也會有交換作用。本書第八章至第十一章所探討的問題是河床泥沙的起動條件、推移輸沙及懸移輸沙的原理與計算方法。前人從不同的角度及做法出發，已經建立了許許多多的輸沙量計算方式。有從水流剪應力、水流能量、水流流量、水流速度或河床沙波傳遞等不同的角度做出發，進而採用經驗迴歸法（Regression approach）、機率法（Probabilistic approach）或序率法（Stochastic approach）等不同方法建立輸沙量的計算公式。各種不同的輸沙公式，不論是以理論為基礎，或是以因次分析所組成的無因次參數為基礎，這些公式都是利用實驗室量測資料或是河川現場量測資料來校訂的。各家輸沙公式的適用範圍往往受到輸沙校訂資料的來源、特性與範圍所限制，例如輸沙校訂資料的河道特性、河床泥沙特性、水流特性及溫度等等。一般而言，實驗室的量測資料較為精準，但是受限於試驗水槽尺寸及泥沙大小的影響，所得結果無法充分反映天然河川的特性；由於進行河川現場輸沙及水流的量測相當費時費力，而且現場輸沙及水流往往具有相當的變異，不好量測，因此好的河川現場輸沙量測資料也是相當有限。使用輸沙公式時，最好先了解各家公式的適用範圍，然後依據河道、水流及河

床泥沙的特性，選用適當的公式。有時選用幾個較接近的適當公式，分別計算，然後將結果做平均作為該河道之代表輸沙量。

　　河道懸移輸沙中常含有一些不屬於床沙的細顆粒泥沙，即沖瀉載，或稱沖瀉質（Wash-load material），這些細顆粒泥沙在河道水流中懸浮，持續維持懸浮狀態，往下游輸送。沖瀉載輸沙過程中不與底床（及推移載）泥沙發生明顯的交換作用。在定量上，目前沒有定論如何區隔沖瀉載泥沙與床沙懸移載泥沙。一般將懸移載中粒徑小於床沙粒徑 d_{10}（或 d_{15}）以下的泥沙視為沖瀉載，或直接將粒徑 #200 號篩以下（小於 0.074 mm）的泥沙視為沖瀉載。就河道泥沙輸送的機理而言，沖瀉載係因為泥沙沉速遠小於紊流垂向向上之脈動流速，使得懸浮泥沙能克服重力作用持續長期懸浮於水流之中。如第十章所提到，Rouse 數（$z_* = \omega_0/ku_*$）是一個評估懸移載的重要參數，也有學者將懸移載中 Rouse 數 $z_* < 0.06$ 的泥沙視為沖瀉載。沖瀉載的輸沙過程由於不與底床（及推移載）泥沙發生明顯的交換作用，因此無法由泥沙特性與水流特性來建立沖瀉載的輸沙公式。沖瀉載輸沙量的多寡取決於上游泥沙的供給量，而上游泥沙的供給量取決於地表特性及上游雨水土壤沖蝕率。在暴雨過程中，集水區輸送大量土壤沖蝕的泥沙被地表逕流帶入河道，使河道水流轉為混濁，河水中沖瀉載含量轉多；反之，雨水停了一段時間之後，地表逕流減小，河水變清，表示上游泥沙來源減少，沖瀉載含量變小。對於山地河川而言，洪水期間河水中懸移含沙量變大，而且大多屬於沖瀉載泥沙。由於沖瀉載輸沙量無法用理論公式來計算，實務上係利用洪水期間河川現地觀測所得之懸移輸沙量及水流流量之資料來建立懸移輸沙量及水流流量之關係率定曲線，以提供給水利工程規劃設計來使用。

　　此外，本書各章節所陳述的輸沙公式均是平衡輸沙公式，也就是說在渠道處於定量均勻流的情況下所建立的水流條件和輸沙能力之關係式。然而，對於實際的河川，由於河道坡度、斷面形狀、河床粗糙度、河床粒徑、沙床形狀、水工結構物以及降雨情形等種種不同因素，使得河道中的水流常處於非均勻流況，河道中不同河段的輸沙率也處於不一樣的狀態。當水流及泥沙輸送處於非均勻狀態時，河道中各河段的輸沙能力與泥沙來

源會有所不同，因而導致河道的沖刷或淤積現象。如果某河段其上游河段的泥沙來源大於該河段的輸沙能力，將導致該河段發生淤積現象；反之如果小於該河段的輸沙能力，則該河段將產生沖刷現象。當掌握了河道的幾何特徵、河床坡度、床沙特性及輸沙相關公式，進而結合河道水流方程式及輸沙方程式，並利用數值分析方法及配合邊界條件，就可以量化評估河道的沖淤變化，其結果可提供給水利工程人員從事河道治理規劃、設計及決策之參考。

習題

習題 11.1

某沖積河道，河寬 $B = 21$ m，河床平均坡度 $S = 0.0017$，河床泥沙粒徑相當均勻，中值粒徑 $d_{50} = 0.28$ mm，水流深度 $h = 0.52$ m，平均流速 $U = 1.2$ m/s，水溫為 15℃，水流中床沙質含量平均濃度 $\bar{C}_m = 2,000$ ppm。試 (1) 按照直接量測資料估算總輸沙量 Q_{tw}^*；(2) 用楊志達公式（Yang, 1973）計算總輸沙量濃度 $\bar{C}_t$，然後算出總輸沙量 Q_{tw}，並求 Q_{tw} / Q_{tw}^* 比值；(3) 用沈學汶公式（Shen & Hung, 1972）計算總輸沙量濃度 $\bar{C}_t$，然後算出總輸沙量 Q_{tw}，並求 Q_{tw} / Q_{tw}^* 比值。

習題 11.2

某沖積河道觀測資料顯示河寬 $B = 60$ m，河床平均坡度 $S = 0.0005$，曼寧係數 $n = 0.042$，河道流量 $Q = 200$ cms，水流深度 $h = 3.0$ m，水溫為 15℃，河床泥沙粒徑介於 0.002～4.0 mm，床沙採取粒徑分析結果如下表：

粒徑分級 （mm）	幾何平均 （mm）	比率 （%）	粒徑分級 （mm）	幾何平均 （mm）	比率 （%）
$0.002 < d \leq 0.0625$	0.011	0.4	$0.50 < d \leq 1.0$	0.707	5.0
$0.0625 < d \leq 0.125$	0.088	4.5	$1.0 < d \leq 2.0$	1.414	0.5
$0.125 < d \leq 0.25$	0.177	19.5	$2.0 < d \leq 4.0$	2.828	0.1
$0.25 < d \leq 0.50$	0.354	70.0	—	—	—

(1) 試繪出泥沙粒徑分布圖，求對應之泥沙粒徑 d_{16}、d_{35}、d_{50}、d_{65}、d_{84} 及平均值 d_m。

(2) 試用愛因斯坦（Einstein）方法推估此非均質泥沙之河床質總輸沙量 Q_{tw}（kg/s）。

習題 11.3

某沖積河道觀測資料與習題 11.2 相同，試 (1) 用吳偉明方法（Wu et al., 2000）分析上表中七種非均勻泥沙平均粒徑對應之被遮蔽及暴露的機率 P_{hi} 及 P_{ei}，然後計算對應之遮蔽因子 $\xi_i = (P_{hi}/P_{ei})^{0.6}$；(2) 用吳偉明方法計算推移質輸沙量 Q_{bw}、懸移質輸沙量 Q_{sw} 及河床質總輸沙量 Q_{tw}（kg/s）。

習題 11.4

試詳細閱讀 Van Rijn（1984）兩篇有關推移質輸沙量公式及懸移質輸沙量公式之論文，詳參考文獻，然後列出計算推移載及懸移載之步驟。

習題 11.5

某沖積河道觀測資料與習題 11.2 相同。先試詳細閱讀 Van Rijn（1984）兩篇有關推移載及懸移載之論文，然後試用 Van Rijn 的方法計算推移質輸沙量 Q_{bw}、懸移質輸沙量 Q_{sw} 及河床質總輸沙量 Q_{tw}（kg/s）。

參考文獻及延伸閱讀

1. 王文江（2013）：水利工程中之泥沙問題，研究報告編號 SFRDESTR-13-HY-01-15，中興工程科技研究發展基金會。

2. 錢寧、萬兆惠（1991）：泥沙運動力學，科學出版社，中國。

3. Bagnold, R.A. (1956): Flow of cohesionless grains in fluids. Philosophical Transaction, RSL, No. 964, Vol. 249.

4. Bagnold, R.A. (1966): An approach to the sediment transport problem from general physics. Geological Survey Professional Paper 422-I, USA.

5. Einstein, H.A. (1950): The bed load function for sediment transport in open channel flows. USDA Technical Bulletin No. 1026.

6. Garde, R. J. and Ranga Raju, K. G. (1985): Mechanics of Sediment Transportation and Alluvial Stream Problems. John Wiley & Sons, New York.

7. Julien, P.Y. (1998): Erosion and Sedimentation. Cambridge University Press.

8. Misri, R.L., Garde, R.J. and Ranga Raju, K.G. (1984): Bed load transport of coarse non-uniform sediment. Journal of Hydraulic Engineering, ASCE, Vol. 110, 312-328.

9. Shen, H.W.（沈學汶）and Hung, C.S. (1972): An engineering approach to total bed material load by regression analysis. Proceedings of the Sedimentation Symposium to honour Prof. Einstein, Chap. 14.

10. Wu, W.M.（吳偉明）, Wang, Sam S.Y. and Jia, Y. (2000): Nonuniform sediment transport in alluvial rivers. Journal of Hydraulic Research, Vol. 38(6), 427-434.

11. Van Rijn, L.C. (1984a): Sediment Transport, Part I: Bed Load Transport. Journal of Hydraulic Engineering, ASCE, Vol. 110 (10), 1431-1456.

12. Van Rijn, L.C. (1984b): Sediment Transport, Part II: Suspended Load Transport. Journal of Hydraulic Engineering, ASCE, Vol. 110 (11), 1613-1641.

13. Yang, C.T. (1973): Incipient motion and sediment transport. Journal of the Hydraulics Division, ASCE, Vol. 99 (HY10), 1679-1704.

14. Yang, C.T., A. Molinas, and B. Wu (1996): Sediment transport in the Yellow River, Journal of Hydraulic Engineering, ASCE, Vol. 122(5), 237-244.

國家圖書館出版品預行編目資料

泥沙運行學／詹錢登著. ――初版.――臺北
市：五南，2018.02
　面；　公分
　ISBN 978-957-11-9492-9（平裝）
1.水利學
443.1　　　　　　　　106021110

5G40

泥沙運行學

作　　者 ― 詹錢登

發 行 人 ― 楊榮川

總 經 理 ― 楊士清

主　　編 ― 王者香

責任編輯 ― 許子萱

封面設計 ― 謝瑩君

出 版 者 ― 五南圖書出版股份有限公司

地　　址：106台北市大安區和平東路二段339號4樓

電　　話：(02)2705-5066　　傳　　真：(02)2706-6100

網　　址：http://www.wunan.com.tw

電子郵件：wunan@wunan.com.tw

劃撥帳號：01068953

戶　　名：五南圖書出版股份有限公司

法律顧問　林勝安律師事務所　林勝安律師

出版日期　2018年2月初版一刷

定　　價　新臺幣420元

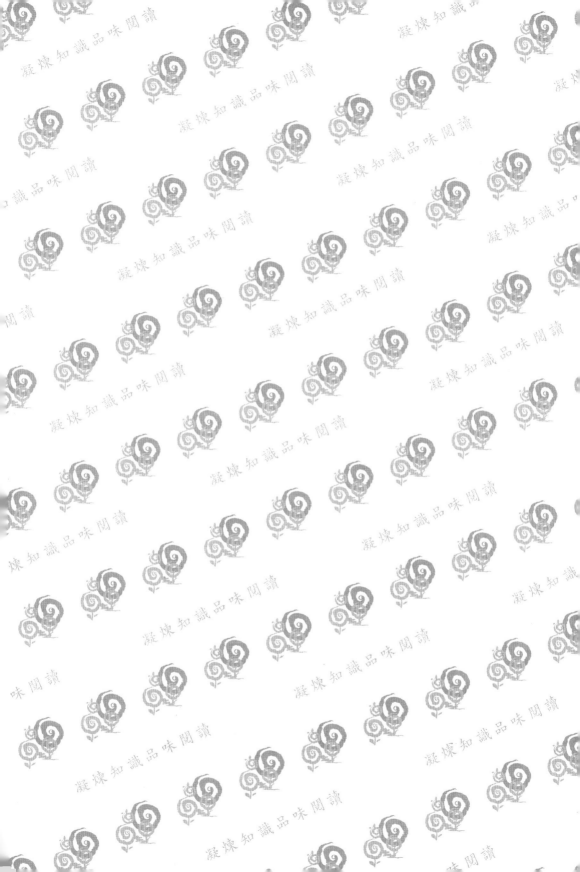